云南省森林灾害预警与控制实验室
云南省高层次人才教学名师计划项目（51400669）
国家自然科学基金项目（31560211）
云南省教育厅科学研究基金项目（2014Y330）
共同资助

生命科学前沿及应用生物技术

G 蛋白信号途径相关蛋白生物信息学
——以禾谷炭疽菌为例

Mapping and Bioinformatics Analysis on G Protein Signaling Pathway Related Protein of *Colletotrichum graminicola*

韩长志　杨　斌　编著

科学出版社
北　京

内 容 简 介

禾谷炭疽菌侵染玉米、小麦、高粱等禾本科作物引起炭疽病，给各国农业生产造成巨大的经济损失。目前，经济林木、花卉及中药材等诸多植物炭疽病的发生逐年增加，本书为实现林下经济背景下植物炭疽病防治药剂的开发提供了新思路。

全书共 13 章，第一章综述了禾谷炭疽菌的研究情况，第二章介绍了 G 蛋白信号途径，第三章内容为禾谷炭疽菌中 G 蛋白信号途径绘制，第四章到第十三章分别对 GPCR、Gα、Gβ、Gγ、PhLP、RGS、AC、PKA-R、PKA-C、Pde、MAPK、PI-PLC、PKC 等蛋白质，从保守结构域、理化性质、疏水性、信号肽、转运肽、亚细胞定位及二级结构、遗传关系等方面进行了生物信息学分析。

本书不仅可用作高等院校本科生学习生物信息学技能的案例教材，而且可作为科研院所相关专业硕士研究生、研究人员的参考用书。

图书在版编目（CIP）数据

G 蛋白信号途径相关蛋白生物信息学：以禾谷炭疽菌为例/韩长志，杨斌编著. —北京：科学出版社，2016.5
（生命科学前沿及应用生物技术）
ISBN 978-7-03-047098-0

Ⅰ.①G… Ⅱ.①韩… ②杨… Ⅲ. ①禾本科–炭疽病–研究 Ⅳ.①S432.4

中国版本图书馆 CIP 数据核字(2016)第 014808 号

责任编辑：王 静 岳漫宇 / 责任校对：何艳萍
责任印制：徐晓晨 / 封面设计：刘新新

科 学 出 版 社 出版
北京东黄城根北街 16 号
邮政编码：100717
http://www.sciencep.com

北京厚诚则铭印刷科技有限公司 印刷
科学出版社发行 各地新华书店经销
*
2016 年 5 月第 一 版 开本：B5 (720×1000)
2017 年 1 月第三次印刷 印张：11
字数：210 000

定价：78.00 元

(如有印装质量问题，我社负责调换)

前　言

林下经济是指借助林地生态环境，以林地资源为依托，充分利用林下的自然条件、土地资源和林荫空间，在林冠下开展林、农、牧等多种活动的复合式经营，使农、林、牧各业实现资源共享、优势互补、循环相生、协调发展的生态农业模式。目前云南省林下经济发展模式大致可以分为林下种植、林下养殖、林下产品采集加工、森林生态旅游四大模式。然而无论上述哪一种发展模式，均需依托经济林木、园林花卉、中药材等植物开展相关经济活动，目前关于林下经济背景下植物炭疽病的防治研究尚缺乏新的作用机制药剂报道。

炭疽菌属真菌包括约600个种，可以侵染3200多种单子叶植物和双子叶植物。作为该属中重要的病原菌之一，禾谷炭疽菌［*Colletotrichum graminicola* (Cesati) Wilson］引起的玉米炭疽病在美国、印度等国家非常普遍，该菌还可以侵染小麦、高粱等禾本科作物引起炭疽病，给各国农业生产造成巨大的经济损失。2012 年，随着禾谷炭疽菌、希金斯炭疽菌全基因组序列的公布，人们对上述炭疽菌开展了诸多方面的研究工作，特别是近些年诸多学者利用生物信息学方法对其全基因组序列进行分析，取得了较多的研究成果。

生物信息学（bioinformatics）是以生物信息为研究对象，涉及其采集、处理、存储、传播、分析和解释等各方面的学科，作为生命科学与计算机学科的交叉学科，是通过综合利用生物学、计算机科学和信息技术来揭示生命体中大量而复杂的蛋白质序列数据所具有的神奇奥秘。生物信息学分析则作为探索生命过程未知世界的一种方法，不仅要收集整理原始数据，而且要对这些序列进行深入解析，以探索蛋白质所具有的功能，并有助于揭示更多大自然生命的奥秘。对科研工作者而言，生物信息学分析的魅力在于利用已知信息探索未知领域，更好地服务于生物学实验的开展。与传统实验室中开展的实验相同，生物信息学分析所采用的原始研究材料、所开展研究的对象及所使用的研究方法均有严格的要求。因此，生物信息学分析对较好地开展后续研究具有重要的指导价值和理论意义。

植物与病原菌互作的过程中，众多细胞信号转导途径参与其中，现已明确 G 蛋白（guanine nucleotide binding protein，鸟嘌呤核苷酸结合蛋白）信号途径是真核生物中最保守的信号传导机制之一。G 蛋白信号调控因子（RGS）、磷酸肌醇特异磷脂酶 C（PI-PLC）、腺苷酸环化酶（AC）作为 Gα-GTP 的效应分子，将信号进一步向下游传递，从而发挥着重要作用。GPCR 作为 G 蛋白信号转导途径上接收外源信号、传递信号重要的表面受体，在植物与病原菌互作过程中发挥着诸多重要的作用。

近些年，关于禾谷炭疽菌、希金斯炭疽菌的 MAPK 途径蛋白预测，致病基因鉴定，基因功能、分泌蛋白预测及 RGS、14-3-3 蛋白、磷酸二酯酶、AC、PITP 等 G 蛋白信号途径相关蛋白的生物信息学分析已见报道。然而，目前学术界尚缺乏对禾谷炭疽菌 G 蛋白信号途径较为系统性的论述，特别是在林下经济背景条件下，经济林木、花卉及中药材等诸多植物炭疽病的发生逐年增加，本研究工作将为进一步开展同属于炭疽菌属但其基因组序列尚未公布的胶孢炭疽菌研究提供重要的理论指导，也为实现林下经济背景下植物炭疽病防治药剂的开发提供重要的新思路。

鉴于作者水平有限，加上时间有限，本书存在不足之处在所难免，请各位读者及时提出宝贵意见，以便再版时能够进行更正。

韩长志

2016 年 3 月 22 日于昆明

目　　录

第一章　禾谷炭疽菌的研究进展

一、经 济 危 害

（一）侵染植物种类多

炭疽菌属真菌约包括600个种，可以侵染3200多种单子叶植物和双子叶植物[1]。作为该属中重要的病菌——禾谷炭疽菌［*Colletotrichum graminicola*（Cesati）Wilson］，其可以侵染玉米、小麦、高粱等禾本科农作物引起炭疽病，给各国农业生产造成巨大的经济损失[2-6]。

（二）经济损失非常重

自20世纪70年代以来，由禾谷炭疽菌引起的玉米炭疽病在美国、印度等国家非常普遍[2,7,8]。根据美国2005年的统计数据，玉米作为主要的农作物，广泛用作动物饲料、甜味剂和燃料，总产值超过210亿美元。作为影响玉米经济损失的重要病原菌，禾谷炭疽菌是造成热带亚热带地区玉米重要病害的原因之一，每年造成6%的经济损失。鉴于该病原菌所具有的诸如易培养、易保存及常规遗传转化、致病性明显等诸多特性，使得该病原菌成为研究的模式菌株[9]。其对玉米的危害，主要涉及叶片受害，症状表现为：病斑梭形至近梭形，中央浅褐色，四周深褐色，大小为(2～4) mm×(1～2) mm，病部生有黑色小粒点，即病原菌的分生孢子盘，后期病斑融合，致叶片枯死（图1-1）。

图1-1　禾谷炭疽菌危害玉米的病害症状[9]（彩图请扫封底二维码）
Figure 1-1　The stalk-rot symptoms caused by *Colletotrichum graminicola* on maize

小麦炭疽病主要危害小麦的叶鞘和叶片。叶鞘染病发生的症状主要表现为：基部叶鞘先发病，初生褐色病变，产生1～2cm长的椭圆形病斑，边缘暗褐色，中间灰褐色，后沿叶脉纵向扩展成长条形褐斑，致病部以上叶片发黄枯死。叶片染病发生的症状主要表现为：前期叶片表面形成近圆形至椭圆形病斑，后期病部连成一片，致叶片早枯。以上病部在后期均会出现小黑粒点，即病原菌的分生孢子盘。茎秆染病时，一般在小麦的茎秆处出现梭形褐色病斑。

高粱炭疽病主要危害高粱叶片，成为高粱重要病害之一，高粱各产区都有发生。从苗期到成株期均可染病。苗期染病危害叶片，导致叶枯，造成高粱死苗。叶片染病病斑梭形，中间红褐色，边缘紫红色，病斑上现密集小黑点，即病原菌分生孢子盘。炭疽病多从叶片顶端开始发生，大小（2～4）mm×（1～2）mm，严重的造成叶片局部或大部枯死。叶鞘染病病斑较大，椭圆形，后期也密生小黑点。高粱抽穗后，病原菌还可侵染幼嫩的穗颈，受害处形成较大的病斑，其上也生小黑点，易造成病穗倒折。此外，还可危害穗轴和枝梗或茎秆，造成腐败。

二、形态特征及分类地位

（一）形态特征

分生孢子盘黑色，散生或聚生在病斑的两面，直径30～200μm，初埋生在叶鞘的表皮下，后黑色小粒点突破表皮外露；刚毛暗褐色或黑色，具3～7个隔膜，正直或微弯，顶端浅褐色，稍尖，基部稍膨大，大小为（60～119）μm×（4～6）μm，分散或成行排列在分生孢子盘中；分生孢子单胞无色至褐色，梗圆柱形，具分隔，不分枝，大小为（10～15）μm×（3～5）μm；分生孢子新月形至纺锤形，略弯，单胞无色，大小（17～32）μm×（3～5）μm（图1-2）。有性态为 *Glomerella graminicola* Politis.，又称禾生小丛壳。

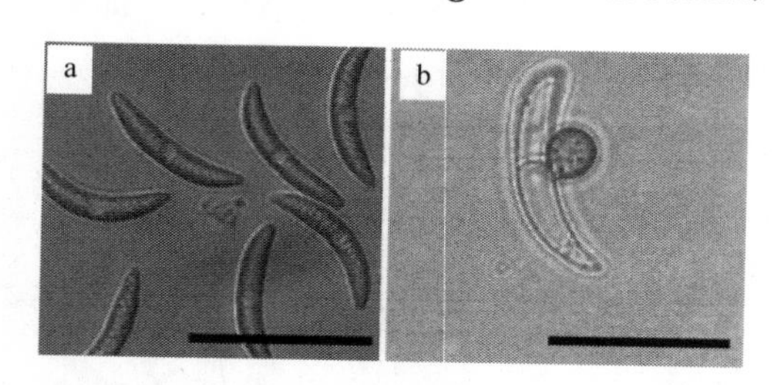

图1-2 禾谷炭疽菌分生孢子和附着胞形态特征[10]（彩图请扫封底二维码）

Figure 1-2 Morphological characteristics of spores and appresoria in *C. graminicola*

a. 分生孢子；b. 附着胞

a. spore；b. appresoria

a，b中标尺分别代表30μm、20μm

The black bar of a and b is 30μm，20μm long，respectively

（二）分类地位

依据 Ainsworth（1973）分类系统[11]，该菌属于半知菌亚门（Deuteromycotina）腔孢纲（Coelomycetes）黑盘孢目（Melanconiales）炭疽菌属（*Colletotrichum*）。有性态为禾生小丛壳，属子囊菌亚门真菌，在自然条件下少见。

三、生活史及侵染过程

真菌为了实现侵染、定殖寄主植物体内的目的，一般会通过向植物细胞内分泌毒素、角质酶、果胶酶、纤维素酶等致病因子的方式，破坏寄主植物的免疫反应，从而在其体内建立寄生关系。基于对炭疽菌属真菌侵染过程的研究成果，已经明确该属真菌具有胞内半营养型寄生定殖和表皮下定殖两种侵染策略[12]。

禾谷炭疽菌具有寄主专化性，不同菌株对小麦的致病性有差异，病原菌生长适温为 25℃。其除侵染玉米外，还可侵染小麦、大麦、燕麦、黑麦、高粱及禾本科杂草。以玉米炭疽病为例，该病原菌以分生孢子或菌丝体在玉米病残体上越冬，分生孢子外有黏液，可较好地保护其免受干燥和高温的破坏；翌年春天，环境条件合适时，越冬菌丝可以形成分生孢子盘，从而产生分生孢子，同样，越冬的分生孢子可借助风雨、昆虫传播，当其接触到寄主植物时，分生孢子萌发形成附着胞和芽管，可直接侵入，也可通过植物的气孔、伤口进行侵入，从而导致植物众多组织发病（图 1-3）。此时，玉米叶片发生枯萎，病原菌产生分生孢子，进一步侵染叶片及后期侵染茎秆。随着叶片病斑逐渐发展，玉米植株变得较为衰弱，同时，随着玉米茎秆被侵染，茎基腐病发生逐步严重，常伴有茎外皮变黑甚至茎秆发生倒伏现象，玉米植株变得更加衰弱。当在同一个生长季，环境条件、寄主植物合适时，病原菌可以不断进行再侵染，从而导致更大范围的病害发生，造成重大经济损失。

自然条件下，禾谷炭疽菌在田间寄主植物上一般产生无性阶段的菌丝和分生孢子，很少发生有性生殖；而在人工培养条件下，其可以由分生孢子形成闭囊壳、子囊孢子等来完成生活史的有性生殖过程（图 1-3）。

根据禾谷炭疽菌利用寄主植物营养的情况，可以将其侵染过程划分为前期活体营养阶段、中期兼性营养阶段及后期死体营养阶段。该菌的侵染过程一般分为 5 个主要步骤，即分生孢子附着在寄主表面、分生孢子萌发形成芽管、芽管伸长形成附着胞及侵染钉形成、菌丝在寄主组织中扩展（图 1-4a）。具体而言，在前期，其分生孢子可以分泌一些胶状物质从而实现附着于寄主组织表面的目的，初步建立接触期，而后分生孢子萌发形成芽管，芽管伸长形成附着胞，附着胞进一步分化形成侵入钉，而侵入钉可以直接穿过植物表皮侵入到植物细胞中（图 1-4b）。上述过程，对病原菌而言，其需要获取自身生长发育所需的大量营养成分，这个时

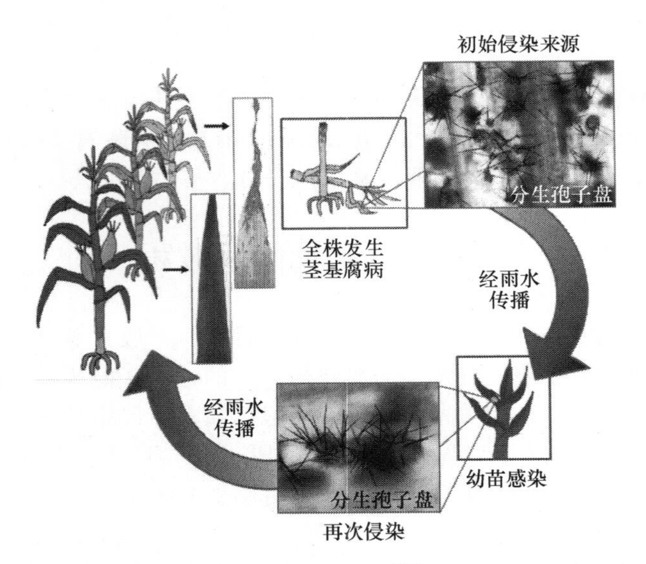

图 1-3　禾谷炭疽菌侵染玉米的病害循环[13]（彩图请扫封底二维码）
Figure 1-3　Disease cycle of corn anthracnose caused by *C. graminicola*

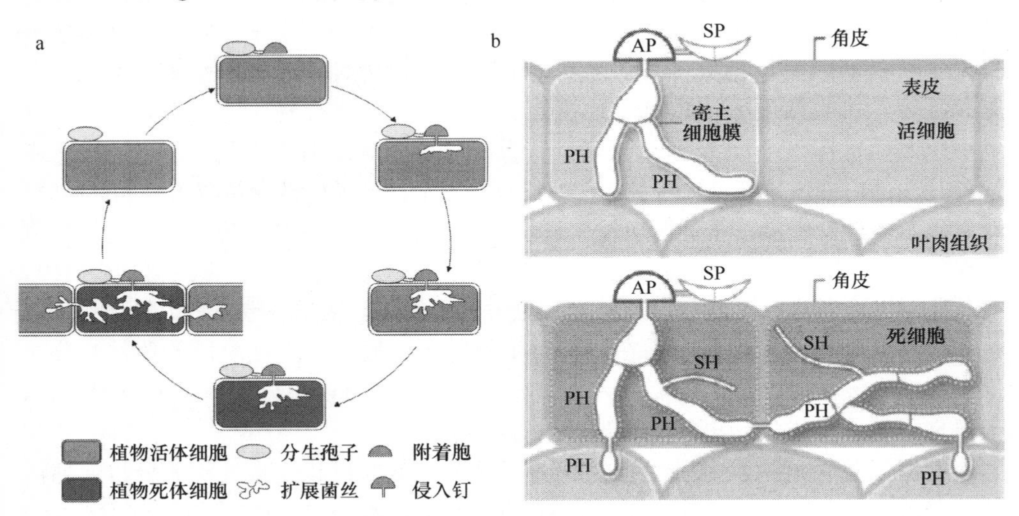

图 1-4　禾谷炭疽菌的侵染进程模式图[9]（彩图请扫封底二维码）
Figure 1-4　Infection process of *C. graminicola*
a. 整体；b. 局部
a. overall；b. local
SP、AP、PH、SH 分别表示禾谷炭疽菌的分生孢子、附着胞、初生菌丝、次生菌丝
SP，AP，PH and SH is spore，appressorium，biotrophic primary hyphae and necrotrophic secondary hyphae，respectively

期的植物组织并不发生死亡现象，病原菌的营养方式主要为活体营养。而在后期，随着病原菌在寄主细胞内不断进行扩展，其产生大量的次生菌丝，而这些菌丝又分泌出大量的细胞壁降解酶，从而使得寄主植物组织发生降解，成为病原菌进一步生长发育的营养来源，该时期的营养方式主要为死体营养（图 1-4a）。介于上述两者之间的营养时期是处于中间类型的兼性营养阶段，该时期植物组织并没有完全死亡，但已经被大量菌丝体扩展、破坏，病原菌在利用该时期植物组织营养时，涉及死体、活体营养方式（图 1-4）。就禾谷炭疽菌侵染玉米而言，经过分生孢子形成过程、萌发过程及营养阶段（图 1-5）。

此外，前人研究发现，胶孢炭疽菌在侵染不同寄主植物时，所表现的侵染策略兼有炭疽菌属所具有的两种模式。具体而言，在侵染诸如紫花苜蓿（*Medicago sativa*）、圭亚那笔花豆（*Stylosanthes guianensis*）、西卡柱花草（*Stylosanthes scabra*）等植物时，表现为胞内半营养型寄生定殖策略；在侵染诸如番木瓜（*Carica papaya*）、麝香葡萄（*Muscadinia rotundifolia*）、油梨（*Persea americana*）等植物时，则表现出表皮下定殖策略[14]；在侵染诸如橘属（*Citrus* spp.）、笔花豆属（*Stylosanthes* spp.）植物时，则会出现上述两种侵染方式[12]。然而，对同属于炭疽菌属的禾谷炭疽菌而言，并未见其具有上述侵染策略的研究报道，有待于今后进一步进行明确。该病原菌寄主范围较广，推测其在侵染不同植物的策略方式上也具有一定的多样性特点，因此，深入解析该菌在侵染过程中相关基因的功能具有重要的理论和实践意义。

四、遗 传 关 系

炭疽菌属的种间甚至种内菌株间形态变异大，近似种之间的分类特征差异又较小，从而造成该属在分类上较为困难。国内外学者对炭疽菌的鉴定主要以传统的形态鉴定为基础，并结合 rDNA ITS（internal transcribed spacer）和随机扩增 DNA 多态性（RAPD）等分子生物学技术进行[15, 16]。前期对胶孢炭疽菌与同属于炭疽菌属的其他真菌之间的遗传关系进行分析，从 NCBI（National Center for Biotechnology Information）中搜索炭疽菌属的 rDNA ITS 序列，共获得 239 条，其中尤以胶孢炭疽菌所含序列最多，为 114 条，其次为尖孢炭疽菌（*Colletotrichum acutatum*）24 条，黄瓜（西瓜）炭疽病菌（*Colletotrichum orbiculare*）18 条，利用 Cluster W 1.8 和 MEGA 4.0 聚类分析软件对其进行初步分析，明确同一属不同真菌之间的亲缘关系。但是对形态学较为相似的炭疽菌属真菌而言，除了依赖于 ITS 数据分析明确不同真菌之间的亲缘关系外，还应借助于其他实验数据，这样才能得出更为准确的结论[17]。同样，前人利用 *ITS*、*ACT*、*CHS-1*、*TUB2*、*HIS3* 5 个基因对炭疽菌属中 27 个真菌开展遗传关系分析，基于多位点对准的最大简约法分析，结果显示禾谷炭疽菌与 *C. navitas*、*C. nicholsonii* 亲缘关系密切[9]（图 1-6）。

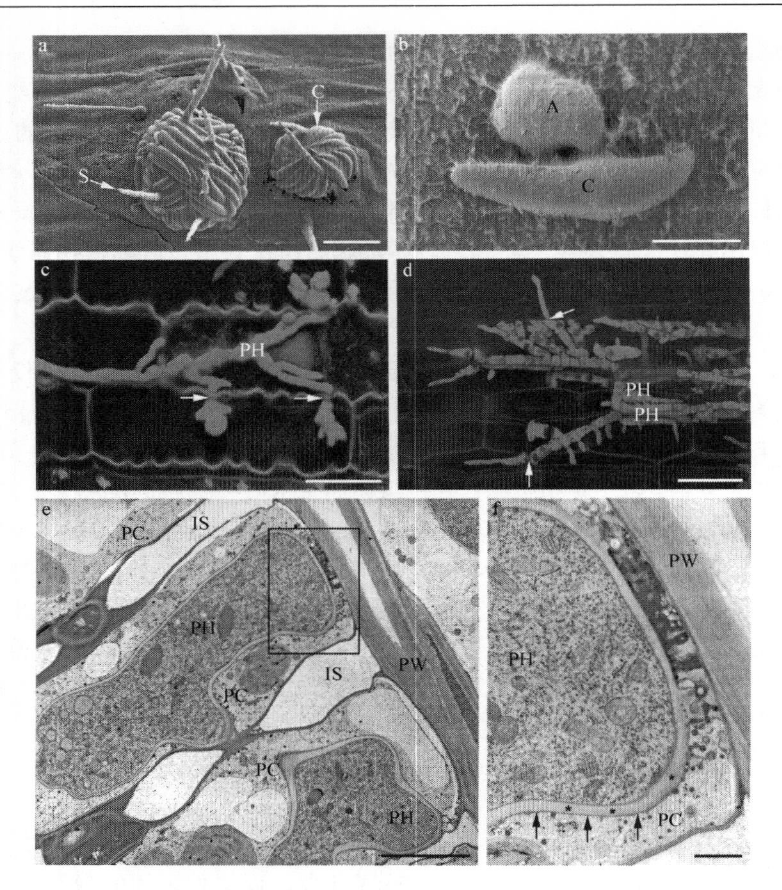

图 1-5 禾谷炭疽菌的侵染玉米进程[9]（彩图请扫封底二维码）

Figure 1-5 Infection on maize process of *C. graminicola*

孢子形成过程：(a）经低温扫描电镜获得的像头发一样的刚毛（S）和分生孢子团（C）照片，标尺为 25μm。萌发过程：(b）经低温扫描电镜获得的叶片表面分生孢子（C）和其萌发形成的附着胞（A），标尺为 10μm。活体营养阶段：(c）经激光共聚焦显微镜获得的定殖于叶片表面细胞的初生菌丝（PH），箭头表示菌丝在细胞侵入点上的收缩位置，标尺为 50μm。(d）经激光共聚焦显微镜获得的病原菌在叶鞘内扩展造成的损伤，标尺为 50μm，箭头表示侵染细胞点。(e)、(f）经投射电镜获得的接种后 48h 叶鞘细胞胞内感染的初生菌丝。(f）是（e）方框中由寄主细胞膜（箭头）包裹的菌丝放大照片，寄主细胞膜与真菌细胞壁密切接触（星号）。(e）标尺为 5μm，(f）标尺为 1μm。IS 表示细胞间隙；PW 表示细胞壁；PC 表示植物细胞质

sporulation：(a）Cryo-SEM image showing hair-like setae（S）and conidial mass（C），bar = 25μm.germination：(b）Cryo-SEM image showing conidium（C）and it is germinating to form an appressorium（A）on the leaf surface，bar = 10μm. biotrophic phase：(c）confocal image showing primary hyphae（PH）colonizing leaf epidermal cells，arrows indicate hyphal constrictions at sites of cell-to-cell penetration，bar = 50μm.（d）confocal micrograph showing primary hyphae at the margin of an expanding lesion within leaf sheath，bar = 50μm，arrows indicate sites of cell-to-cell penetration.（e)、(f）TEM images showing sheath cells infected by intracellular primary hyphae，48h after inoculation.（f）enlargement showing hypha enveloped by host cell membrane（arrows），making close contact with the fungal cell wall（asterisks）. bar = 5μm（e），1μm（f）. IS. intercellular space；PW. plant wall；PC. plant cytoplasm

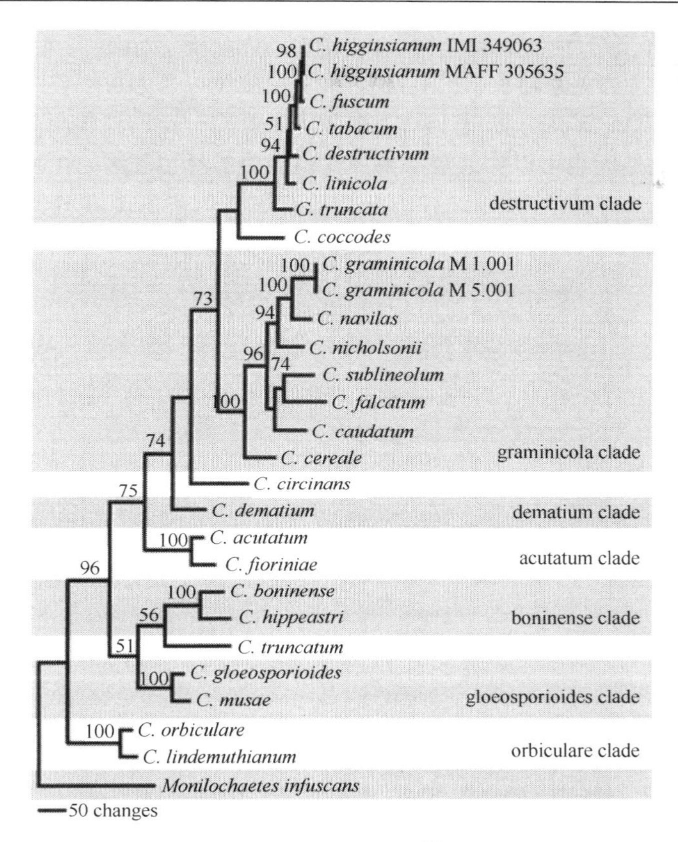

图 1-6　炭疽菌属不同真菌的遗传关系分析[9]（彩图请扫封底二维码）

Figure 1-6　Phylogeny of *Colletotrichum* species

高于 70%的 Bootstrap 支持率（500 重复）在节点处得以显示；薯毛链孢（*Monilochaetes infoscans*）作为外部群体

Bootstrap support values（500 replicates）above 70% are shown at the nodes; *Monilochaetes infoscans* was used as an outgroup

目前，学术界对炭疽菌属真菌分类的研究多采用一些在真菌上常用的分子标记基因，尚缺乏对来自于不同物种中保守信号途径方面的标记基因的探索研究。随着 *C. graminicola*、希金斯炭疽菌（*Colletotrichum higginsianum*）全基因组序列的释放[9]，为进一步开展炭疽菌属真菌分类研究提供了重要的数据支持。前期，通过对 *C. graminicola* 与其他炭疽菌属真菌中的β-微管蛋白及 G 蛋白信号调控因子（regulators of G protein signaling，RGS）的分析，明确 *C. graminicola* 与其他炭疽菌属病菌 *C. higginsianum*、*C. orbiculare*、*C. gloeosporioides* Nara gc5、*C. hanaui* 亲缘关系均较近[18,19]（图 1-7a），两者的编码基因可以作为炭疽菌属区别于其他属真菌的标记基因，同时 RGS 在上述所分析的炭疽菌中又具有一定的遗传距离差异性，推测 RGS 的编码基因可以作为炭疽菌属真菌分类的标记基因。此外，通过对 *C. graminicola*、*C. higgin-*

sianum 中 14-3-3 蛋白序列的分析[20,21]，明确 *C. gloeosporioides* 与 *C. graminicola*、*C. higginsianum* 亲缘关系较近（图 1-7b），该蛋白质编码基因可以作为炭疽菌属区别于其他属真菌的标记基因，同时 14-3-3 在属内又具有一定的遗传距离差异性，推测该蛋白质的编码基因也可以作为炭疽菌属真菌分类的标记基因。上述分析结果对进一步开展以保守细胞信号转导途径所涉及的基因作为炭疽菌属分类标记基因的研究，以及开展炭疽菌属真菌的分类研究提供了重要的理论支撑。

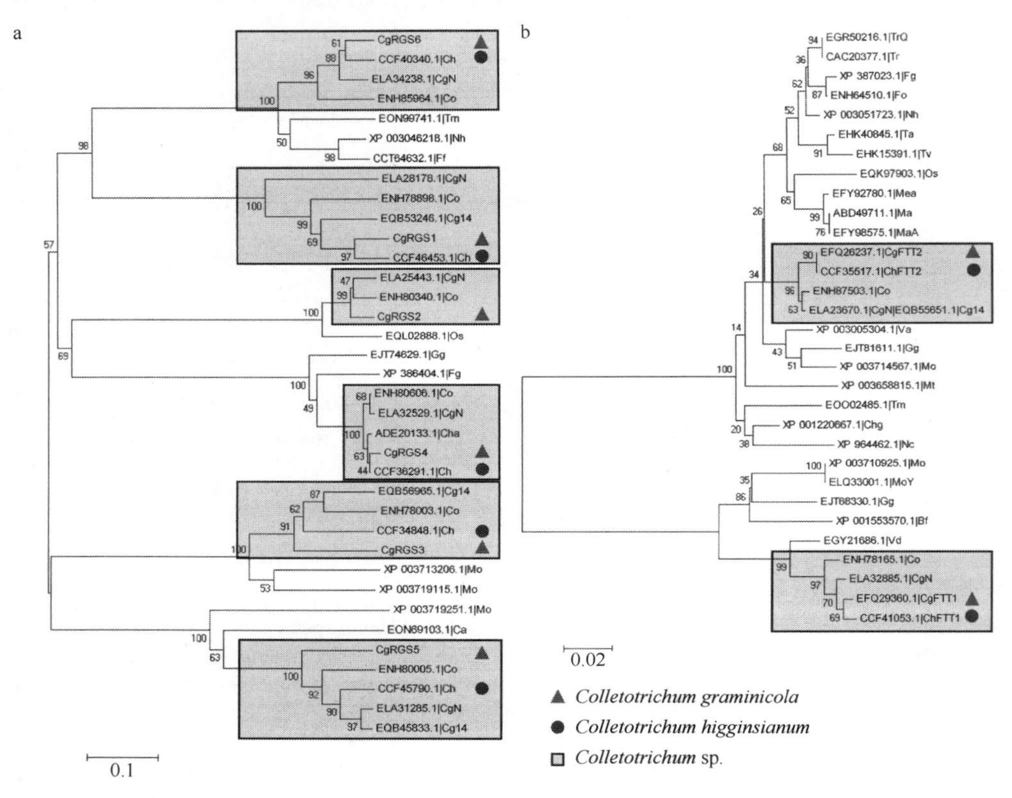

图 1-7 不同真菌 RGS、14-3-3 蛋白的遗传关系（彩图请扫封底二维码）

Figure 1-7 Phylogeny of RGS or 14-3-3 protein in different fungi

a. RGS；b. 14-3-3 蛋白

a. regulators of G protein signaling；b. 14-3-3 protein

Ch、CgN、Cg14、Co、Cha、Ca、Tm、Nh、Ff、Fg、Gg、Mo、Os 分别是 *Colletotrichum higginsianum*、*Colletotrichum gloeosporioides* Nara gc5、*Colletotrichum gloeosporioides* Cg-14、*Colletotrichum orbiculare*、*Colletotrichum hanaui*、*Coniosporium apollinis*、*Togninia minima*、*Nectria haematococca*、*Fusarium fujikuroi*、*Fusarium graminearum*、*Gaeumannomyces graminis* var. *tritici*、*Magnaporthe oryzae*、*Ophiocordyceps sinensis* 物种的缩写

Ch，CgN，Cg14，Co，Cha，Ca，Tm，Nh，Ff，Fg，Gg，Mo and Os is abbreviation of *Colletotrichum higginsianum*，*Colletotrichum gloeosporioides* Nara gc5，*Colletotrichum gloeosporioides* Cg-14，*Colletotrichum orbiculare*，*Colletotrichum hanaui*，*Coniosporium apollinis*，*Togninia minima*，*Nectria haematococca*，*Fusarium fujikuroi*，*Fusarium graminearum*，*Gaeumannomyces graminis* var. *tritici*，*Magnaporthe oryzae* and *Ophiocordyceps sinensis*，respectively

五、防治措施

（一）农业防治措施

对于玉米炭疽病的防治，可以利用选育抗性品种、降低田间湿度及轮作等防治措施，具体而言有以下方面。

1）应选用‘垦黏 2 号’、‘渝糯 1 号’、‘西玉 7 号’、‘白黏早玉米’、‘黄黏早玉米’等优良品种，或者选用一些抗病品种，选用无病、包衣的种子，如未包衣，则种子需用拌种剂或浸种剂灭菌。

2）合理安排玉米的种植密度，保证通风透光效果；同时，选用排灌方便的田块，开好排水沟，降低地下水位，达到雨停无积水；大雨过后及时清理沟系，防止湿气滞留，降低田间湿度。

3）有条件的地区可以实行与非禾本科作物进行轮作及水旱轮作，深翻土壤，及时中耕，提高地温，促使病残体分解，减少病原和虫原。有条件的地方还可以适时早播、早移栽、早间苗、早培土、早施肥，及时中耕培土，培育壮苗。

4）播种或移栽前，及时清除田间及四周杂草，以及在收获后及时处理病残体，进行深翻，把病残体翻入土壤深层，以减少初侵染源。集中烧毁或沤肥。要注意避免使用未充分腐熟的肥料、带菌有机肥或混有禾本科作物病残体的肥料，施用酵素菌沤制的堆肥或腐熟的有机肥；避免过分偏施氮肥，采用配方施肥技术，适当增施磷钾肥，加强田间管理，培育壮苗，增强植株抗病力，有利于减轻病害。

（二）化学防治

1）使用种子质量 0.5%的 50%福美双粉剂或 50%拌种双粉剂或 50%多菌灵可湿性粉剂拌种，可有效防治苗期种子传染的炭疽病。

2）在流行年份或个别感病田区域，应从孕穗期开始喷洒 36%甲基硫菌灵悬浮剂 600 倍液，或 50%多菌灵可湿性粉剂 800 倍液，或 50%苯菌灵可湿性粉剂 1500 倍液，或 25%炭特灵可湿性粉剂 500 倍液，或 80%大生 M-45 可湿性粉剂 600 倍液。对于发病较重的地区或地块，可在 15 天后再防治一次。

目前，随着禾谷炭疽菌全基因组序列公布[9]，国内外学者从病菌的侵染过程[22-24]、群体遗传性[25-27]、遗传转化[28]、细胞信号转导[29]、致病基因[30-33]、生物信息学分析[18,34]等方面进行了深入研究。生产上对炭疽病的防治主要采用苯并咪唑类杀菌剂（多菌灵、甲基托布津、苯菌灵）进行，特别是与该菌同属的胶孢炭疽菌（*Colletotrichum gloeosporioides*）对多菌灵的抗药性受到广泛关注[35-40]，而生产上尚未有新的有效药剂用于炭疽病的防治。

第二章　G 蛋白信号途径相关蛋白概述

G 蛋白是鸟苷酸结合蛋白（guanine nucleotide-binding protein）的简称，也是存在于膜结构中的一类蛋白质家族，根据其分子结构中少数氨基酸残基序列上的差异，目前已被区分出有数十种，但其结构和功能极为相似。G 蛋白信号转导途径在植物与病原菌互作过程中发挥着诸多重要的作用。应该说明的是，所有能与 GTP 结合的蛋白质都可以称为“G 蛋白”，但并不是所有“G 蛋白”均参与细胞信号传递。在研究信号传递时，特指与细胞表面受体偶联的异三聚体 G 蛋白（heterotrimeric GTP binding protein）。因此，本书中关于 G 蛋白的研究是指异三聚体 G 蛋白。

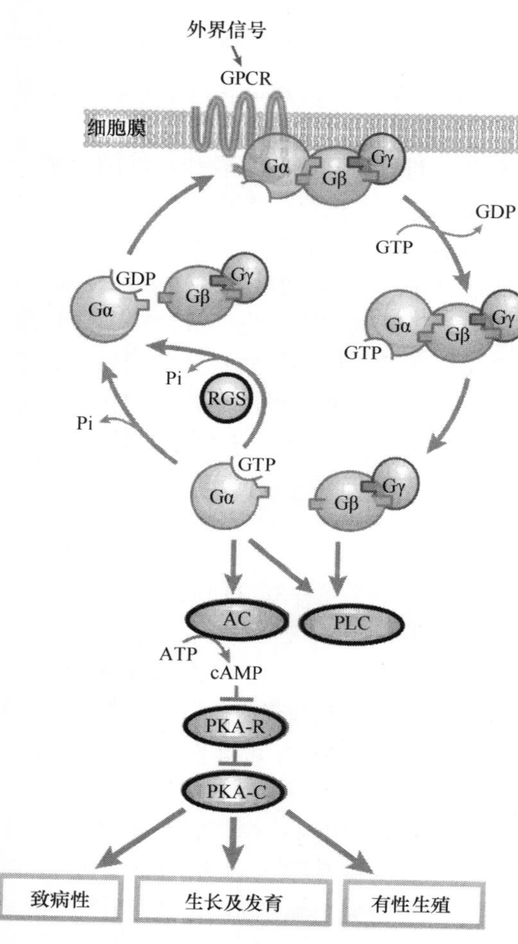

图 2-1　G 蛋白信号途径（有修改）[41-43]
（彩图请扫封底二维码）
Figure 2-1　The G protein cycle

G 蛋白通常由 Gα、Gβ 和 Gγ 3 个亚基组成，Gα 亚基通常起催化作用，当 G 蛋白未被激活时，结合 GDP（二磷酸鸟苷）；当感知到外界信号后，G 蛋白与激活了的受体蛋白（GPCR）在膜中相遇时，Gα 亚基与 GDP 分离而又与 GTP（三磷酸鸟苷）结合；此后，Gα 亚基同其他两个亚基（Gβ、Gγ）分离，并对下游效应分子产生信号传导（图 2-1），通过 AC、PLC 等效应分子进一步进行信号传导，涉及 cAMP-PKA 信号途径、MAPK 信号途径及 IP3-Ca^{2+}/DAG-PKC 信号途径。

随着禾谷炭疽菌全基因组序列的释放[9]，目前关于该菌 MAPK 途径蛋白预测[29]、分泌蛋白预测[44]及 14-3-3 蛋白[20]和 RGS[18]生物信息学分析等已见报道，而关于 G 蛋白信号途径效应酶生物信息学分析的报道尚不多见。一般而言，G 蛋白信号途径涉及 3 个主要组成成员，即能感受外界环境及刺激等信号并具有七次跨膜结构域的 GPCR 蛋白，信号传递受体 Gα、Gβ、Gγ 及 PhLP，效应分子（表 2-1）。

表 2-1　G 蛋白信号途径的基本组成情况[43]

Table 2-1　The composition of G protein signal pathway

类型 Type	受体 Receptor	传递蛋白 Transferrin	效应分子 Effector
名称 Name	GPCR	Gα、Gβ、Gγ、PhLP	AC、PKA-R、PKA-C、MAPKKK、MAPKK、MAPK、Pde、PI-PLC、RGS、PKC

一、GPCR

细胞表面最大的受体家族就是 G 蛋白偶联受体（G protein-coupled receptor，GPCR）。编码 GPCR 的基因有 1000 多个，占人类基因组总数超过 2%。G 蛋白信号转导途径系统中用于感知碳源、信息素等外来信号途径的 G 蛋白偶联受体，是接收外源信号、传递信号重要的表面受体[41]。典型的 GPCR 在二级结构上具有七跨膜结构域，该特征作为 GPCR 的重要特征，受到学术界的广泛关注。前人利用 TMHMM version 2.0、TMHMM version 1.0、HMMTOP 及 DAS 等 15 种常用的跨膜预测软件对 883 个已经在 SWISS-PROT 收录的 GPCR 进行分析，结果显示，基于 HMM 算法的 TMHMM 和 HMMTOP 具有非常好的评价准确性，正确率在 85%，而其他程序所预测的准确率均较低[45]。在模式真菌粗糙脉孢霉（*Neurospora crassa*）中已经发现 10 个 GPCR，可以分为 5 类[46]。目前，一些担子菌[47]、结合菌[47]、半知菌[48]中的 GPCR 也有报道。

GPCR 一直是基础研究的热点和重要的药物靶点，以 GPCR 作为靶点的处方药物占据全世界药物市场的 50%。近年提出的 GPCR 功能选择理论，预示不同配体可以诱导 GPCR 的不同构象，从而选择性地激活下游的信号转导通路，但目前尚缺乏以结构与功能为基础的实验证据。早在 2003 年，肖瑞平教授的研究团队就发现，绝大多数的 β_2 肾上腺素受体（β_2-AR）激动剂能同时活化 β_2-AR 下游的 G_s 及 G_i 两种蛋白质，引起双重信号转导[49]；而菲洛特罗（fenoterol，一种 β-受体激动剂）却仅选择性激活 β_2-AR-G_s 信号转导，但是其功能选择性的分子机制一直是未解之谜。

最新研究发现，β_2-AR 的 308 位酪氨酸（Y308）对配体主导的 G_s 选择性或偏向性信号转导至关重要。菲洛特罗的类似物(R, R′)-4′-aminofenoterol 激活野生型

β_2-AR 诱发 G_s 信号，但激活 β_2-AR-Y308F 突变体诱发 G_s 与 G_i 双重信号[50]。计算机模拟及对一系列菲洛特罗衍生物的心肌生物学实验表明，配体中的 4′-*O* 或 4′-*N* 与 β_2-AR-Y308 酚羟基之间的特异性氢键决定了 β_2-AR-G_s 的偏向性信号。该研究首次发现了一个与功能选择性信号转导密切相关的配体与受体相互作用，揭示了 β_2-AR 功能选择性信号转导的结构基础，为基于结构的功能选择性药物设计提供了新的视角。

典型的 G 蛋白偶联受体传递信号的基本原理是：特异性的配体结合到相应的 7 次跨膜的 GPCR 上，引起 GPCR 构象的变化；构象发生变化之后的 GPCR 能够结合相应的 GDP 结合状态的三聚体 G 蛋白，并诱导三聚体的 Gα 亚基构象发生变化，释放结合的 GDP；处于空置状态的 Gα 亚基迅速与周围环境中的 GTP 结合；结合了 GTP 的 Gα 亚基立即与 GPCR 和 Gβγ 亚基复合物分离（图 2-2）；自由的 Gα 亚基和 Gβγ 亚基分别与下游的效应蛋白结合，通过调控效应蛋白的活性来实现信号的转导；Gα 亚基在同效应蛋白结合的同时或者之后，水解结合的 GTP 成为 GDP，于是 Gα 亚基在自身的调节下关闭功能，回到非活性的 GDP 结合状态，并与 Gβγ 亚基形成三聚体，等待下一次信号转导。三聚体 G 蛋白就是通过这样的循环来实现分子信号的“开”与“关”，从而使得信号能够得到正确有效传导。

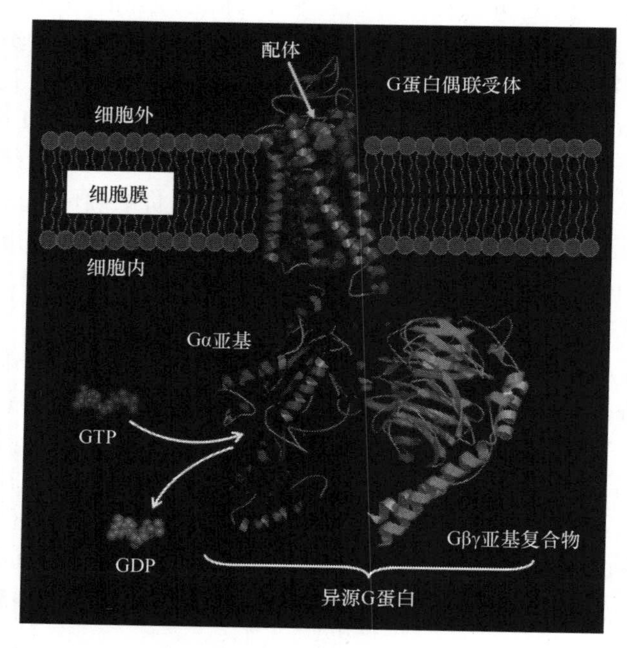

图 2-2　GPCR 结合催化三聚体 G 蛋白交换鸟嘌呤核苷酸示意图（彩图请扫封底二维码）
Figure 2-2　The schematic of GPCR combined with catalytic heterotrimeric G protein guanine nucleotide exchange

二、Gα、Gβ、Gγ 及 PhLP

（一）Gα、Gβ、Gγ

G 蛋白的分子质量为 100kDa 左右，基本结构由 Gα、Gβ、Gγ 3 种亚基组成。G 蛋白在结构上没有跨膜蛋白的特点，它们能够固定于细胞膜内侧，主要是通过对其亚基上氨基酸残基的脂化修饰作用把 G 蛋白锚定在细胞膜上。

在天然电泳中 Gβ 与 Gγ 仍紧密结合在一起，G 蛋白三聚体是 GPCR 信号途径中的重要分子。由于 Gβ 亚基具有 7 个重复的 WD 结构域形成的螺旋桨状空间结构，新合成的 Gβ 需要分子伴侣来对其进行正确折叠，而且 Gβ 需要与 Gγ 形成异源二聚体才能具有稳定的构象并形成有功能的蛋白质复合物。

能够激活腺苷酸环化酶的 G 蛋白称为 G_s，对该酶有抑制作用的 G 蛋白称为 G_i。当 G_s 处于非活化态时，为异三聚体，Gα 亚基上结合着 GDP，此时受体及环化酶也无活性；激素配体与受体结合后导致受体构象改变，其上与 G_s 结合的位点暴露，受体与 G_s 在膜上扩散导致两者结合，形成受体-G_s 复合体，$G_s\alpha$ 亚基构象改变，排斥 GDP，结合 GTP 而活化，Gα 亚基从而与 Gβγ 亚基解离，同时暴露出与环化酶结合的位点；Gα 亚基与环化酶结合而使后者活化，利用 ATP 生成 cAMP；一段时间后，Gα 亚基上的 GTP 酶活性使结合的 GTP 水解为 GDP，亚基恢复最初构象，从而与环化酶分离，环化酶活化终止，Gα 亚基重新与 Gβγ 亚基复合体结合。重复此过程。

在上述过程中，G_s 穿梭于膜上两个蛋白质——受体与腺苷酸环化酶之间，起了一个信号传递者的作用，而 G_s 上结合 GTP-GDP 循环在激活-灭活环化酶中起了关键作用。

1. Gα

Gα 亚基分子质量为 39～46kDa，差别最大，通常被用作 G 蛋白的分类依据。一般而言，不同的 Gα 亚基均具有以下共同的特点：①具有一个 GTP 结合位点，本身具有 GTP 酶的活性，即可以把 GTP 水解成 GDP 和无机磷酸；②在某些 G 蛋白的 Gα 亚基上，有些特殊的氨基酸（Arg 或 Cys）残基可被特定的细胞毒素所修饰，从而调节其生理功能；③在蛋白质一级结构中有几个高度保守的结构域，即 P 区域、G'区域和 G 区域，P 与 G'区域都与 GTP 结合及 GTP 酶活力有关，G 区域则与 GTP 结合及与腺苷酸环化酶相互作用有关。另外，与 GPCR 受体接触的是 Gα 的 C 端 α-螺旋等。

2. Gβ

Gβ 亚基分子质量为 36kDa 左右，各种 G 蛋白的 Gβ 亚基在肽图和免疫化学特性及氨基酸序列方面很相似，Gβ 亚基与 Gγ 非共价紧密结合。对于因为各种原因而错误折叠的蛋白质，细胞可通过其质量控制系统进行清除，以避免其正常生理功能受到影响。但是对于细胞采用怎样的机制来清除错误折叠的 Gβ，尤其是其中涉及的时空变化，目前知之甚少。

前期研究发现，错误折叠的 Gβ 能够被泛素化修饰，进而通过泛素-蛋白酶体通路完成降解。同时，胞质动力蛋白质（cytoplasmic dynein）复合物——一种能在微管上运动的分子马达（molecular motor）——的调节蛋白质 Nudel 可以直接结合错误折叠的 Gβ，将其装载到该分子马达上，进而运输到中心体区域。这一运输过程显著地促进了错误折叠的 Gβ 的降解，而后者过量时使其积累在中心体周围形成聚集体（aggresome）。另外，Gβ 的降解不仅有助于对新合成的 Gβ 进行质量控制，而且还可能作为 Gβγ 信号的负反馈调节机制。这些发现提出了 Nudel 作为动力蛋白调节因子的新功能，并有助于深入理解细胞内蛋白质质量控制系统在空间上的精细调控。上述结果揭示了细胞迁移中一种新的分子机制：Nudel 在细胞运动前缘结合 Paxillin，从而选择性地增强整合素介导的新生黏附位点的强度，以利于前缘的伸展；而在黏着斑中，FAK 与 Paxillin 的结合使单位黏附结构的黏附强度下降，从而有利于细胞尾部的收缩。朱学良研究组一直从事细胞周期与运动等方面的研究，关于 Nudel 蛋白，他们曾发现这个蛋白质能和黏着斑激酶（FAK）通过与 Paxillin 发生竞争性结合，以相反的方式调节细胞的新生黏附位点（nascent adhesion）的强度[51]。

3. Gγ

Gγ 亚基共同的结构特征是：分子质量为 6～13kDa 的小肽；N 端有 α-螺旋结构与 Gβ 亚基 N 端相互作用；C 端有 CAAX 基序，其中 C 为半胱氨酸，是脂化修饰的位点，A 为脂肪族氨基酸，X 代表任意氨基酸[52]。各种 G 蛋白之间 Gγ 亚基比较相似，但也有些差别。Cook 等[53]通过分析比较不同物种 38 个 Gγ 亚基的氨基酸序列发现，不同类型的 Gγ 亚基 N 端变异最大，但同类型 Gγ 的 N 端在不同物种间却相对很保守，这说明 Gγ 亚基的 N 端实质上是类型特异性的变异[53]。Gβ 和 Gγ 亚基的选择性结合则由亚基的 WD 区域主要是 215～258 氨基酸决定的[54]，Gβ 和 Gγ 亚基形成二聚体的能力除了与本身的结构有关外，还与它们的组织分布相关。

丝状真菌一般只有 1 个 Gγ 亚基，该蛋白质一般由约 100 个氨基酸残基组成，在不同种属间的一致性为 39%～92%，目前只发现新型隐球菌、灰盖鬼伞、柄孢霉和米根霉有 1 个以上的 Gγ 亚基[41]。前人通过对粗糙脉孢菌的 Gγ 基因 *gng-1* 进行敲除，发现其表型与 Gβ 基因 *gnb-1* 敲除子一样，分生孢子产生异常，不产生有性生殖结构，胞内 cAMP 水平降低[55]。同样，对板栗疫病菌的 Gγ 基因 *cpgg-1* 进行敲除，其表型与 Gβ 基因 *cpgb-1* 敲除子一样，具有分生孢子产生减少，毒力降低，菌丝分支和色素产生减少，菌丝生长加快等特点，同时突变菌株对高盐、高渗、高温等条件更敏感[56]。

（二）PhLP

类光传感因子蛋白（phosducin-like protein，PhLP）是G蛋白信号调节蛋白之一。PhLP蛋白已经在盘基网柄菌（*Dictyostelium discoideum*）得到明确[57]。PhLP是一类通过正调节Gβγ亚基而参与到G蛋白信号转导途径中的调节蛋白[58]。构巢曲霉中有3个PhLP，分别为PhnA、PhnB和PhnC，其中PhnA与板栗疫病菌的Gβγ激活蛋白Bdm-1相似[59]。同时，发现PhnA位于8号染色体上与Gβ基因*sfaD*紧密相邻的位置上，仅距1.4kb；PhnA敲除菌株的表型与ΔsfaD菌株一样，生物量减少，过度产孢，有性繁殖受阻。PhnB和PhnC的功能研究还鲜见报道。此外，在传统食品发酵真菌红色红曲菌M-7的基因组中，李利通过预测分析发现，在*sfaD*的同源基因*Mgb1*下游距其终止密码子1298bp处，有一个1031bp长的ORF，其编码的蛋白质序列含有Gβ亚基的作用位点和Phd-like结构域，且与构巢曲霉PhnA相似性达68%，推测其与PhnA同源，是红色红曲菌中的PhLP[42]。

三、调控蛋白RGS

植物与病原菌互作的过程中，病原菌为了更好地操控植物，可以分泌大量的效应分子来与植物中的防卫反应相关分子发生作用，从而得以在植物中实现定殖、扩展等过程。在这一过程中，众多细胞信号转导途径参与其中，从而完成对外界环境刺激、内部信号传递及应对反应处置等，其中尤以将外界信号传递到细胞内部的G蛋白（guanine nucleotide binding protein，鸟嘌呤核苷酸结合蛋白）信号途径所发挥的作用最大，而这一途径中的G蛋白信号调控因子（regulators of G protein signaling，RGS）所具有的主要功能在于通过促进G蛋白Gα亚基（Gα）偶联的GTP水解，使Gα和Gβγ亚基发生重新聚合，导致G蛋白失活而实现快速关闭上述信号途径，即对异三聚体G蛋白途径具有负调控作用[60,61]。

基于此，学术界对真菌RGS的研究从其结构特征、定位情况及功能等方面开展了大量工作[62]，众多病原菌中含有的RGS数量得以明确，如酿酒酵母（*Saccharomyces cerevisiae* S288c）中含有4个RGS，分别为Sst2、Rgs2、Rax1和Mdm1[63,64]，构巢曲霉（*Aspergillus nidulans*）中含有5个RGS，分别为F1bA、RgsA、RgsB、RgsC、GprK[43,65-67]，板栗疫病菌（*Cryphonectria parasitica*）中的CPRGS-1[68]，绿僵菌（*Metarhizium anisopliae*）中的Cag8[69]及稻瘟菌（*Magnaporthe oryzae*）中的MoRgsl、MoRgs2、MoRgs3、MoRgs4、MoRgs5、MoRgs6、MoRgs7、MoRgs8[70,71]，轮枝镰孢菌（*Fusarium verticillioides*）中含有6个RGS，分别为RgsA、RgsB、RgsC1、

RgsC2、FlbA1 和 FlbA2[72]，玉米赤霉菌（*Gibberella zeae*）中含有 7 个 RGS，分别为 FgFlbA、FgFlbB、FgRgsA、FgRgsB、FgRgsB2、FgRgsC 和 FgGprK[73]。同样，一些其他真菌中含有的 RGS 数量也有报道，如新型隐球菌（*Cryptococcus neoformans*）中含有 3 个，分别为 Crg1、Crg2、Crg3[74,75]，捕食线虫的真菌寡孢节丛孢（*Arthrobotrys oligospora*）中含有 7 个 RGS[62]。然而，对上述真菌中 RGS 功能的了解却十分有限[62]，现已明确真菌中的 RGS 多与菌丝生长发育过程中的有性生殖调控及侵染过程中的次生代谢产物、色素合成等过程有关[64]。

四、G 蛋白信号途径下游效应分子

由 G 蛋白偶联受体所介导的细胞信号途径主要包括：cAMP-PKA 信号途径、MAPK 信号途径和 IP3-Ca^{2+}/DAG-PKC 信号途径（图 2-3）。

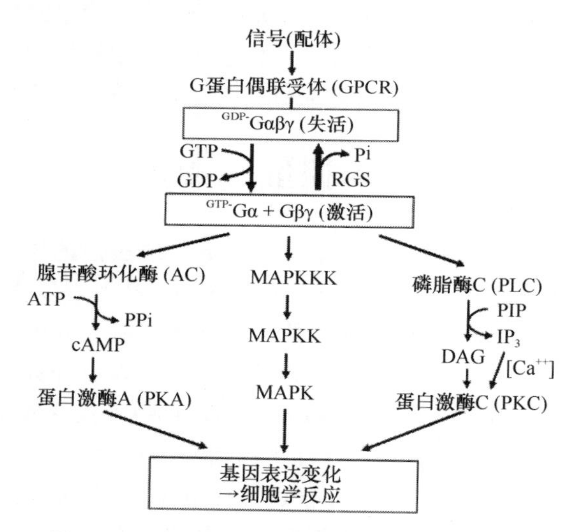

图 2-3 G 蛋白偶联受体相关信号转导途径[43]
Figure 2-3 G protein-coupled receptor signal transduction pathways

（一）cAMP-PKA 途径

cAMP-PKA 信号途径涉及的反应链可表示为：激素→G 蛋白偶联受体→G 蛋白→腺苷酸环化酶→cAMP→cAMP 依赖的蛋白激酶 A→基因调控蛋白→基因转录。一般而言，cAMP 信号途径由定位在细胞膜上的 5 种成分组成：①激活型激素受体（R_s）；②抑制型激素受体（R_i）；③与 GDP 结合的活化型调节蛋白（G_s）；④与 GDP 结合的抑制型调节蛋白（G_i）；⑤催化成分，即腺苷酸环化酶（AC）。

细胞外信号与相应受体结合，导致细胞内第二信使cAMP的水平发生变化而引起细胞反应的信号途径。这一信号途径的首要效应酶是腺苷酸环化酶，通过腺苷酸环化酶调节胞内cAMP的水平。cAMP可被磷酸二酯酶（Pde）限制性地降解消除。

cAMP信号途径的主要效应是激活靶酶和开启基因表达，这是通过蛋白激酶A完成的。蛋白激酶A由两个催化亚基和两个调节亚基组成，在没有cAMP时，以钝化复合体形式存在。cAMP与调节亚基结合，改变调节亚基构象，使调节亚基和催化亚基解离，释放催化亚基。活化的蛋白激酶A催化亚基可使细胞内某些蛋白质的丝氨酸或苏氨酸残基磷酸化，于是改变蛋白质的活性。

同样，与cAMP信使系统相似，cGMP信使系统由GC催化产生，Pde酶催化灭活。受体鸟苷酸环化酶的配体是心房肌肉细胞分泌的一组肽类激素心房排钠肽（ANP）。当血压升高时，心房细胞分泌ANP，促使肾细胞排水、排钠，同时导致血管平滑肌细胞松弛，结果使血压下降。介导ANP反应的受体分布在肾和血管平滑肌细胞表面。ANP与受体结合直接激活胞内鸟苷酸环化酶的活性，使GTP转化为cGMP，cGMP作为第二信使结合并激活cGMP依赖的蛋白激酶G（PKG），导致靶细胞的丝氨酸/苏氨酸残基活化。

除了与细胞膜结合的鸟苷酸环化酶外，在细胞质基质中还存在可溶性的鸟苷酸环化酶，它们是NO作用的靶酶，催化产生cGMP。cGMP与cAMP存在拮抗作用。因此，细胞信号传递具有以下特征：①多途径、多层次的细胞信号传递通路具有收敛或发散的特点。每种受体能识别各自的特异性配体，来自各种非相关受体的信号，可以在细胞内收敛成激活一个共同效应器的信号，从而引起细胞生理、生化反应和细胞行为改变。来自相同配体的信号又可以发散激活各种不同的效应器，导致多样化的细胞应答。②细胞信号转导既有专一性，又有作用机制的相似性。③信号转导过程具有信号放大作用，但这种放大作用又必须受到适度控制，这表现为信号的放大作用和信号所启动作用的终止并存。④细胞的信号转导具有适应的机制。当细胞长期暴露在某种形式的刺激下时，细胞对刺激的反应将会降低。

1. AC

腺苷酸环化酶（adenylate cyclase，AC）作为G蛋白信号途径的重要调节因子，其功能主要在于将cAMP转化为5′-AMP，从而完成信号的终止过程。通过对该酶的功能进行深入解析，有助于为今后开发以此为药剂靶标的化学农药提供重要的理论指导。

2. PKA-R 及 PKA-C

蛋白激酶A（protein kinase A，PKA）又称依赖于cAMP的蛋白激酶A（cyclic-AMP dependent protein kinase A），是一种结构最简单、生化特性最清楚的蛋白激酶。

PKA全酶分子是由4个亚基组成的四聚体，其中2个是调节亚基（regulatory subunit，R亚基），另2个是催化亚基（catalytic subunit，C亚基）。R亚基的分子质量为49～55kDa，C亚基的分子质量为40kDa，总分子质量约为180kDa；全酶没有活性。在大多数哺乳类细胞中，至少有两类蛋白激酶A，一类存在于胞质溶胶，另一类结合在细胞膜、核膜和微管上。

激酶是激发底物磷酸化的酶，所以蛋白激酶A的功能是将ATP上的磷酸基团转移到特定蛋白质的丝氨酸或苏氨酸残基上进行磷酸化，被蛋白激酶磷酸化了的蛋白质可以调节靶蛋白的活性。

一般认为，真核细胞内几乎所有cAMP的作用都是通过活化PKA从而使其底物蛋白发生磷酸化而实现的。

3. Pde

磷酸二酯酶（phosphodiesterase，PDEase，Pde）作为G蛋白信号途径的重要调节因子，其功能主要在于将环磷酸腺苷cAMP转化为5′-AMP及将环磷酸鸟苷cGMP转化为5′-GMP，从而完成信号的终止过程。cAMP及cGMP作为生物体内普遍存在的感受外界激素和营养信号的第二信使[76]，在生物生命活动中发挥着重要的生化作用。在真核模式生物酿酒酵母 *Saccharomyces cerevisiae* 中，现已明确含有2个磷酸二酯酶，分别为Pdel和Pde2，前者为低亲和磷酸二酯酶，其缺失与否对cAMP浓度没有明显的影响，其功能尚不清楚；后者则为高亲和磷酸二酯酶，其也存在于其他真核生物中，其功能在于通过调控生物体内cAMP浓度来激发后续信号传递途径，产生诸如假菌丝分化和细胞周期调控等一系列反应[77]。目前在稻瘟菌（*Magnaporthe oryzae*）[70]、粟酒裂殖酵母菌（*Schizosaccharomyces pombe*）[78]、白色念珠菌（*Candida albicans*）[79]、盘基网柄菌（*Dictyostelium discoideum*）[80]等诸多真菌中已见相关报道。通过对该酶的功能进行深入解析，有助于为今后开发以此为药剂靶标的化学农药提供重要的理论指导。

信号传导的终止是依赖于cAMP信号的减少完成的。在G蛋白活化一段时间后，Gα亚基上的GTP酶活性使结合的GTP水解为GDP，亚基恢复最初构象，从而与环化酶分离，环化酶活化终止，Gα亚基重新与Gβγ亚基复合体结合。这样减少了cAMP的产生，同时在cAMP的磷酸二酯酶（Pde）催化下降解生成5′-AMP。当cAMP信号终止后，靶蛋白的活性则在蛋白质脱磷酸化作用下恢复原状。

（二）MAPK途径

1. MAPKKK

促分裂原活化蛋白激酶（mitogen-activated protein kinase，MAPK）信号途径

作为 G 蛋白信号转导过程中重要的下游途径，在病原菌生长发育、致病过程方面起着重要的作用[41]。现已明确酿酒酵母中存在 5 种保守的 MAPK 信号途径，即 Fus3、Kss1、Slt2、Hog1、Smk1。然而，对植物病原真菌而言，其 MAPK 信号途径中的 Fus3 与 Kss1 具有部分冗余性，且未发现与 Smk1 序列结构类似的激酶。植物与病原菌互作的过程中，众多细胞信号转导途径参与其中，现已明确 G 蛋白信号途径及其下游的信号传导途径及 cAMP（cyclic-AMP，环腺苷酸）信号传导途径具有重要的作用。

就禾谷炭疽菌 MAPK 研究而言，林春花等[29]基于酿酒酵母典型 MAPK 信号转导途径中的关键蛋白质，利用全基因组序列对其 MAPK 途径进行了简图绘制，然而对上述 MAPK 信号途径中关键蛋白质生物信息学的研究尚未见报道。

MAPK 是一组能被不同的细胞外刺激，如细胞因子、神经递质、激素、细胞应激及细胞黏附等激活的丝氨酸-苏氨酸蛋白激酶。由于 MAPK 是培养细胞在受到生长因子等丝裂原刺激时被激活而被鉴定的，因此得名。所有的真核细胞都能表达 MAPK。MAPK 途径的基本组成是一种从酵母到人类都保守的三级激酶模式，包括 MAPK 激酶（MAP kinase kinase kinase，MKKK）、MAPK 激酶（MAP kinase kinase，MKK）和 MAPK，这 3 种激酶能依次激活，共同调节着细胞的生长、分化、对环境的应激适应、炎症反应等多种重要细胞生理、病理过程[81]。

2. MAPKK

MAPK 是信号从细胞表面传导到细胞核内部的重要传递者。已在哺乳动物细胞中鉴定了 14 种 MKKK，7 种 MKK 和 12 种 MAPK。分析显示，这些激酶属于不同亚族。MKKK 的 4 个亚族已得到鉴定，其中 Raf 亚族研究得最为透彻，包括 B-Raf、A-Raf、Raf1；MEKK 亚族由 4 种 MEKK（MEKK1~MEKK4）构成；ASK1 和 Tpl2 组成了 MKKK 的第三个亚族；第四个亚族与上述 3 个有较大不同，它包括 MST（mammalian sterile 20-like）、SPRK、MUK（MAPK upstream kinase）、TAK1，以及相关程度最小的 MOS（moloney sarcoma oncoprotein）。对 MKK 来说，MEK1 与 MEK2 密切相关，而 MKK3 与 MKK6 密切相关。

3. MAPK

生命个体的生长发育受到遗传信息和环境变化两方面因素的调节控制。遗传信息决定个体发育的基本模式，而环境信息又极大地影响着细胞的基因表达进而影响着细胞的一系列生理生化过程，如细胞的增殖、分化和发育等[82]。促分裂原活化蛋白激酶级联反应位于细胞信号转导网络的中心，该途径几乎涉及所有的生理和病理过程，如细胞的生长发育分化、光合作用、新陈代谢、神经递质的合成与释放、不良环境的适应、病原物侵染等[83-85]。MAPK 可分为 4 个亚族：ERK、 p38、JNK 和 ERK5，这些通路由它们而得名，如利用 JNK 的 MAPK 通路被称为 JNK 通路。MAPK 级联途径核心组分之间的识别和活化机制，上游受体和下游标记分子的分离鉴定已成为近年来细胞信号转导研究的热点[86]。

MAPK 具有双重磷酸化激活、信号途径特异性[86]。MAPK 的活化是由名为活化环的氨基酸序列的双重磷酸化控制的，这是 MAPK 级联信号途径的一个重要特征。在这个活化环中，3 碱基基序 Thr-X-Tyr 中的 Thr 和 Tyr 是上游特定 MAPKK 催化的双重磷酸化位点，其中的 X 因 MAPK 种类不同而异。目前，玉米黑粉菌（*Ustilago maydis*）有关调节有性生殖及致病性的信号途径研究得十分清楚[87]。稻瘟病是世界范围内水稻三大病害之一，对水稻的生产常造成毁灭性危害。稻瘟菌（*Magnaporthe oryzae*）PMK1 信号途径（MAPK）负责调控附着胞形成后期及侵入寄主。PMKl 的缺失突变体不能形成附着胞，但仍然能够只识别疏水界面和应答 cAMP 信号刺激。PMK1 对侵入寄主后的侵染菌丝生长也是必需的[88]。同时，由 MK1 调控的下游转录因子之一 MST12（STE12 homolog），对致病性是必需的，MST12 突变体能够产生细胞膨压正常的附着胞，但是不能形成侵入钉，这是由成熟附着胞内的细胞骨架不能正常发挥作用造成的[89]。

在其他侵染植物时能形成附着胞的病原真菌中，如 *Cochliobolus heterostrophus*[90]、*Colletotrichum lagenarium*[91]、*C. gloeosporioides*、*Pyrenophora teres*、*Bipolaris oryzae*[92]等，类似于 Fus3/Kss1 的信号途径也已被鉴定出来，而且该信号途径对附着胞的形成也是必需的[91,93-96]。对于侵染时不能形成附着胞的小麦叶部病原菌 *Mycosphaerella graminicola* 和 *Stagonosspora nodorum*，PMKl 的同源序列也是侵染所必需的[97]。

（三）IP3-Ca^{2+}/DAG-PKC 途径

1. PI-PLC

植物与病原菌互作的过程中，众多细胞信号转导途径参与其中，现已明确 G 蛋白信号途径是真核生物中最保守的信号转导机制之一。磷酸肌醇特异磷脂酶 C（PI-PLC）、腺苷酸环化酶（AC）、G 蛋白信号调控因子（RGS）作为 Gα-GTP 的效应分子[41,43]，将信号进一步向下游传递，从而发挥着重要作用[98]。基于此，学术界关于真菌 RGS 的研究产生了较多成果[62]，而 PI-PLC 仅在稻瘟菌[99]、玉米大斑病菌[100]、新生隐球菌[101]、黄色黏球菌[102]及粗糙脉孢菌[103]等病菌中有一定研究。随着该菌全基因组序列的公布[9]，学术界对该菌 G 蛋白信号调控因子[18]及 MAPK 途径的相关因子[29]进行了一些研究，然而对该菌中存在的 PI-PLC 情况尚不清楚。

胞外信号分子与细胞表面 G 蛋白偶联受体结合，激活细胞膜上的磷脂酶 C

（PLC），使细胞膜上 4,5-二磷酸磷脂酰肌醇（PIP2）水解成 1,4,5-三磷酸肌醇（IP3）和二酰甘油（DAG）两个第二信使，胞外信号转换为胞内信号。IP3 动员细胞内源钙到细胞质，使胞内 Ca^{2+}浓度升高；DAG 激活蛋白激酶 C（PKC），活化的 PKC 进一步使底物磷酸化，并可激活 Na^{+}-H^{+}交换引起细胞内 pH 升高。以磷脂酰肌醇代谢为基础的信号途径的最大特点是胞外信号被膜受体接受后，同时产生两个胞内信使，分别启动两个信号传递途径，即 IP3-Ca^{2+}和 DAG-PKC 途径，实现细胞对外界信号的应答，因此又把这一信号系统称为“双信号系统”。

2. PKC

蛋白激酶 C 是 G 蛋白偶联受体系统中的效应物，在非活性状态下是水溶性的，游离存在于胞质溶胶中，激活后成为膜结合的酶。蛋白激酶 C 的激活是脂依赖性的，需要膜脂 DAG 的存在，同时又是 Ca^{2+}依赖性的，需要胞质溶胶中 Ca^{2+}浓度升高。当 DAG 在细胞膜中出现时，胞质溶胶中的蛋白激酶 C 被结合到细胞膜上，然后在 Ca^{2+}的作用下被激活。同蛋白激酶 A 一样，蛋白激酶 C 属于多功能丝氨酸和苏氨酸激酶。

蛋白激酶 C 是一种细胞质酶，在未受刺激的细胞中，PKC 主要分布在细胞质中，呈非活性构象。一旦有第二信使的存在，PKC 将成为膜结合的酶，它能激活细胞质中的酶，参与生化反应的调控，同时也能作用于细胞核中的转录因子，参与基因表达的调控，是一种多功能的酶。

（1）PKC 的转位

PKC 广泛分布于多种组织、器官和细胞，静止细胞中 PKC 主要存在于胞质中，当细胞受到刺激后，PKC 以 Ca^{2+}依赖的形式从胞质中移位到细胞膜上，此过程称为转位（translocation）。一般将 PKC 的转位作为 PKC 激活的标志。

（2）PKC 的激活

PKC 的活性依赖于钙离子和磷脂的存在，但只有在磷脂代谢中间产物二酰甘油（DAG）存在时，生理浓度的钙离子才起作用，这是由于 DAG 能增加 PKC 对底物的亲和力。4,5-二磷酸磷脂酰肌醇（PIP2）在磷脂酶 C 作用下水解生成 DAG 和 IP3。IP3 促进细胞内钙离子的释放，在激活 PKC 的过程中与 DAG 起协同作用。乙酸豆塞外佛波酯（12-*O*-tertradecanoylphordol-13-acetate，TPA 或 phorbol-12-myristate-13-acetate，PMA）是一种促肿瘤剂，由于其结构与 DAG 相似，可在很低尝试下模拟 DAG，活化 PKC，使 PKC 亲和力增至 10^{-7} mol/L。PKC 是 TPA 的受体，当 TPA 插入细胞膜后可以替代 DAG 而直接活化 PKC。当过高剂量 TPA 处理细胞时，可使靶细胞中 PKC 迅速耗竭，反而影响细胞的信号传递。

多种化学物质或抗生素对PKC的活性具有抑制作用，根据抑制剂作用PKC靶部位的不同可以将其分为两组：一组是作用于催化区的抑制剂，它们可与蛋白激酶的保守残基结合，因此对PKC无明显的选择性；另一组是作用于调节区的抑制剂，它们可与Ca^{2+}、磷脂和二酰甘油/佛波酯相结合，因而有较高的选择性。

目前发现膜的效应器酶并不只有腺苷酸环化酶一种，因而第二信使物质也不只cAMP一种，如近年来还发现，有相当数量的外界刺激信号作用于受体后，可以通过一种称为Go的G蛋白再激活一种称为磷脂酶C的膜效应器酶，其以膜结构中称为磷脂酰肌醇的磷脂分子为间接底物，生成两种分别称为三磷酸酰肌醇（IP3）和二酰甘油（DAG）的第二信使，从而影响细胞内过程，完成跨膜信号传递。

第三章　禾谷炭疽菌 G 蛋白信号途径图绘制

一、G 蛋白信号途径图绘制

（一）G 蛋白信号途径相关蛋白获取

1. GPCR 获取

利用关键词“G protein coupled receptor”及“GPCR”等对炭疽菌属蛋白质数据库（http://www.broadinstitute.org/annotation/genome/colletotrichum_group/MultiHome.html）在线进行搜索，同时以模式生物酿酒酵母 *Saccharomyces cerevisiae* S288c 中 3 个（GPCR）（GCR1、STE2、STE3）蛋白序列为基础[104]进行 Blastp 比对分析（参数选择默认，文中如没有特殊说明，下同）。另外，通过美国国家生物技术信息中心（NCBI）（http://www.ncbi.nlm.nih.gov）明确该菌中 GPCR 蛋白登录号信息。

通过同源比对搜索，结果显示与 *S. cerevisiae* S288c 中 STE3、GPR1 同源的 *C. graminicola* GPCR 蛋白的 ID 分别为 GLRG_03765.1、GLRG_07152.1，并未发现与 STE2 同源的 *C. graminicola* GPCR 蛋白。另外，通过关键词搜索，结果显示共获得 *C. graminicola* 中 2 个 GPCR 蛋白，其 ID 分别为 GLRG_01258.1、GLRG_09043.1（表 3-1）。根据序列彼此之间的同源结果，将上述所获得的 GPCR 蛋白分别命名为 CgGPR1、CgGPR2、CgSTE3、CgGPR4。

2. Gα、Gβ、Gγ 及 PhLP 获取

通过关键词搜索及 Blastp 比对分析，结果显示共有 Gα 亚基 3 个，分别为 GLRG_00093.1、GLRG_04187.1 及 GLRG_02791.1，Gβ 亚基 2 个，分别为 GLRG_00433.1、GLRG_09198.1，Gγ 亚基 1 个，为 GLRG_03704.1。通过对上述蛋白质的 ID 进行 NCBI 检索，获得其蛋白质登录号相关信息（表 3-2）。

使用 phosducin 关键词搜索获得 2 个蛋白质，分别为 GLRG_00435.1、GLRG_10117.1，使用 phosducin-like 关键词进行搜索，仅获得 GLRG_10117.1 1 个蛋白质；而通过对酿酒酵母 *Saccharomyces cerevisiae* S288c 中的 phosducin-like protein 1 进行 Blastp 比对分析，结果显示并未获得比对蛋白质，而对 phosducin-like protein 2 进行 Blastp 比对分析，获得 GLRG_10117.1（表 3-3）。

表 3-1　禾谷炭疽菌 GPCR 基本信息及获取方法

Table 3-1　The information and access methods of typical GPCR in *C. graminicola*

蛋白质 ID	名称 Name	蛋白质登录号 Accession ID	位置 Location	氨基酸长度 aa length/aa	基因序列长度 Nucleotides length/bp	预测功能 Function	获取方法 Access method	酿酒酵母 *Saccharomyces cerevisiae* GPCR
GLRG_03765.1	CgSTE3	EFQ28621.1	supercontig 11：803444-804644 +	369	1201	pheromone receptor	Blastp	STE3
GLRG_01258.1	CgGPR2	EFQ26114.1	supercontig 3：1242609-1244040 –	446	1432	G protein coupled receptor	关键词搜索	—
GLRG_09043.1	CgGPR4	EFQ33899.1	supercontig 44：338382-339997 –	498	1616	G protein coupled receptor	关键词搜索	—
GLRG_07152.1	CgGPR1	EFQ33899.1	supercontig 29：33234-34937 –	531	1704	hypothetical protein	Blastp	GPR1

表 3-2　禾谷炭疽菌 G 蛋白亚基的基本信息及获取方法

Table 3-2　The information and access methods of typical G protein subunit in *C. graminicola*

蛋白质 ID	名称 Name	蛋白质登录号 Accession ID	位置 Location	氨基酸长度 aa length/aa	基因序列长度 Nucleotides length/bp	预测功能 Function	获取方法 Access method	酿酒酵母 *S. cerevisiae* G protein subunit
GLRG_00093.1	CgGα-1	EFQ24949	supercontig 1：351474-352711 –	353	1238	G protein alpha subunit	Blastp、关键词搜索	Gα-1
GLRG_04187.1	CgGα-2	EFQ29043.1	supercontig 13：334366-335734 –	366	1369	G protein alpha subunit	关键词搜索	—
GLRG_02791.1	CgGα-3	EFQ27647.1	supercontig 8：396893-398274 –	355	1382	G protein alpha subunit	关键词搜索	—
GLRG_09198.1	CgGβ-1	EFQ34054.1	Supercontig 46：72243-73893 +	316	1651	WD domain-containing protein	关键词搜索	—
GLRG_00433.1	CgGβ-2	EFQ25289.1	supercontig 1：1648819-1650174 +	359	1356	WD domain-containing protein	关键词搜索	—
GLRG_03704.1	CgGγ	EFQ28560.1	supercontig 11：571094-571493 +	93	400	GGL domain-containing protein	Blastp	Gγ

3. RGS 获取

根据 *S. cerevisiae* S288c 中含有的 4 个 RGS（Sst2、Rgs2、Rax1 和 Mdm1）氨基酸序列，利用炭疽菌属蛋白质数据库进行在线 Blastp 比对[105]，所有参数均选择默认值，获得 *C. graminicola* 中所含有的典型 RGS，其中与 Rax1 同源的序列的 ID 为 GLRG_02968.1，与 Sst2 同源的序列的 ID 为 GLRG_02926.1，与 Mdm1 同源的序列的 ID 为 GLRG_08761.1，并未发现与 Rgs2 同源的序列（表 3-4）。同时，通过在上述数据库中输入"regulators of G protein signaling"、"RGS"关键词进行 RGS 搜索，也获得了 3 条序列，其 ID 分别为 GLRG_08725.1、GLRG_06020.1、GLRG_05339.1（表 3-4）。

综合上述搜寻，总共获得禾谷炭疽菌中 6 条与酿酒酵母 RGS 有关的氨基酸序列。随后，利用 SMART 进行在线分析，结果显示上述 6 条序列均具有典型的 RGS 保守域结构，同时还具有诸如 DEP、PAC、PX、PXA 等保守结构域。这与 *A. nidulans*、*C. neoformans*、*G. zeae*、*M. oryzae* 中所含有 RGS 的结构相似[64]，根据上述 6 条序列所含氨基酸的大小进行排序，分别将其命名为 CgRGS1、CgRGS2、CgRGS3、CgRGS4、CgRGS5、CgRGS6（表 3-4）。

4. AC 获取

根据 *S. cerevisiae* S288c 中含有的 1 个 AC（Srv2）氨基酸序列，利用炭疽菌属蛋白质数据库进行在线 Blastp 比对[105]，所有参数均选择默认值，获得 *C. graminicola* 中所含有的典型 AC。同时，通过输入"adenylate-cyclase-associated"关键词在上述数据库中进行 AC 检索，获得 1 个蛋白质，将其命名为 CgCap1（表 3-5）。另外，利用 NCBI 明确该菌中 AC 蛋白登录号信息。

5. PKA-R 及 PKA-C 获取

根据 *S. cerevisiae* S288c 中含有的 1 个 PKA-R（gi：125222）氨基酸序列，利用炭疽菌属蛋白质数据库进行在线 Blastp 比对[105]，所有参数均选择默认值，获得 *C. graminicola* 中所含有的 3 个典型 PKA-R，其 ID 分别为 GLRG_04272.1、GLRG_00840.1、GLRG_01616.1。同时，通过"protein kinase A regulatory subunit"、"cAMP-dependent protein kinase regulatory subunit"关键词检索，前者获得 2 个蛋白质序列，ID 分别为 GLRG_04272.1、GLRG_00590.1，后者获得 1 个蛋白质序列，即 GLRG_04272.1。对上述获得的 PKA-R 进行去重，共获得 4 个 PKA-R，分别命名为 CgPKA-R1、CgPKA-R2、CgPKA-R3、CgPKA-R4（表 3-6）。

S. cerevisiae S288c 中含有 3 个 PKA-C，即 PKA 1（gi：347595790）、PKA 2（gi：1708610）、PKA 3（gi：547757）。根据 PKA 1、PKA 2、PKA 3 氨基酸序列，

表 3-3　禾谷炭疽菌 G 蛋白 PhLP 的信息及获取方法

Table 3-3　The information and access methods of typical G protein PhLP in *C. graminicola*

蛋白质 ID	名称 Name	蛋白质登录号 Accession ID	位置 Location	氨基酸长度 aa length/aa	基因序列长度 Nucleotides length/bp	预测功能 Function	获取方法 Access method	酿酒酵母 *S. cerevisiae* PhLP
GLRG_00435.1	CgPhnA	EFQ25291.1	supercontig 1: 1657469-1658410 +	292	942	phosducin	关键词搜索	—
GLRG_10117.1	CgPhnB	EFQ34973.1	supercontig 56: 93669-94501 +	260	833	phosducin family protein	Blastp	phosducin-like protein 2

表 3-4　禾谷炭疽菌 6 个典型 RGS 的信息及获取方法

Table 3-4　The information and access methods of typical six RGS in *C. graminicola*

蛋白质 ID	名称 Name	蛋白质登录号 Accession ID	位置 Location	氨基酸长度 aa length/aa	基因序列长度 Nucleotides length/bp	预测功能 Function	获取方法 Access method	酿酒酵母 *S. cerevisiae* RGS
GLRG_08725.1	CgRGS1	EFQ33446.1	supercontig 40: 320222-321148 −	310	930	hypothetical protein	关键词搜索	—
GLRG_02968.1	CgRGS2	EFQ27824.1	supercontig 8: 1049479-1050666 +	361	1083	hypothetical protein	Blastp	Rax1
GLRG_06020.1	CgRGS3	EFQ30876.1	supercontig 21: 558159-560116 +	589	1767	hypothetical protein	关键词搜索	—
GLRG_02926.1	CgRGS4	EFQ27782.1	supercontig 8: 859183-861643 −	740	2220	domain found in dishevelled	Blastp	Sst2
GLRG_05339.1	CgRGS5	EFQ30195.1	graminicola M1.001: supercontig 18: 180228-183138 +	876	2628	hypothetical protein	关键词搜索	—
GLRG_08761.1	CgRGS6	EFQ33482.1	supercontig 41: 65253-68888 −	1211	3633	hypothetical protein	Blastp	Mmd1

表 3-5　禾谷炭疽菌 CgCap1 基本信息及获取方法

Table 3-5　The information and access methods of typical adenylate cyclase in *C. graminicola*

蛋白质 ID	名称 Name	蛋白质登录号 Accession ID	位置 Location	氨基酸长度 aa length/aa	基因序列长度 Nucleotides length/bp	预测功能 Function	获取方法 Access method	酿酒酵母 *S. cerevisiae*
GLRG_02694.1	CgCap1	EFQ27550.1	supercontig 8: 30416-32321 +	530	1906	hypothetical protein	Blastp、关键词搜索	Srv2

表 3-6　禾谷炭疽菌 PKA-R 蛋白的信息及获取方法

Table 3-6　The information and access methods of typical PKA-R in *C. graminicola*

蛋白质 ID	名称 Name	蛋白质登录号 Accession ID	位置 Location	氨基酸长度 aa length/aa	基因序列长度 Nucleotides length/bp	预测功能 Function	获取方法 Access method	酿酒酵母 *S. cerevisiae*
GLRG_04272.1	CgPKA-R1	EFQ29128.1	supercontig 13: 726034-727278 +	395	1245	cyclic nucleotide-binding domain-containing protein	Blastp、关键词搜索	PKA-R
GLRG_00590.1	CgPKA-R2	EFQ25446.1	supercontig 2: 428826-429356 +	112	531	cyclin-dependent kinase regulatory subunit	关键词搜索 1	PKA-R
GLRG_00840.1	CgPKA-R3	EFQ25696.1	supercontig 2: 1394335-1397280 −	981	2946	cyclic nucleotide-binding domain-containing protein	Blastp	PKA-R
GLRG_01616.1	CgPKA-R4	EFQ26472.1	supercontig 4: 1064464-1068173 −	1057	3710	cyclic nucleotide-binding domain-containing protein	Blastp	PKA-R

注："关键词搜索 1"是通过 protein kinase A regulatory subunit 可获得，而"关键词搜索"则是通过 protein kinase A regulatory subunit、cAMP-dependent protein kinase regulatory subunit 两个关键词均可获得

Note: the results of "keywords search 1" was obtained by searching "protein kinase A regulatory subunit" in *Colletotrichum* protein database, and the results of "keywords search" was obtained by searching "protein kinase A regulatory subunit" or "cAMP-dependent protein kinase regulatory subunit" in *Colletotrichum* protein database

利用炭疽菌属蛋白质数据库进行在线 Blastp 比对[105]，所有参数均选择默认值，即阈值为 1e-3，分别获得 *C. graminicola* 中所含有的 50 个 PKA1 序列、49 个 PKA 2 序列、50 个 PKA 3 序列，对上述所获得的比对结果进行去重，总共获得 52 个蛋白质（附录 1）。同时，通过“protein kinase A catalytic subunit”、“cAMP-dependent protein kinase catalytic subunit”关键词检索，前者获得 5 个蛋白质序列，其 ID 分别为 GLRG_03738.1、GLRG_07797.1、GLRG_04232.1、GLRG_01564.1、GLRG_ 00747.1；后者获得 4 个蛋白质序列，其 ID 分别为 GLRG_03738.1、GLRG_07797.1、GLRG_04232.1、GLRG_01564.1。

此外，为了更加准确地获得 *C. graminicola* 中所含有的 PKA-C 序列，将阈值 1e-3 调整为 1e-50，再对上述 *S. cerevisiae* S288c 中含有的 3 个 PKA-C 进行 Balstp 比对，结果显示与 PKA 1 同源的有 6 个，其 ID 分别为 GLRG_03738.1、GLRG_07797.1、GLRG_09918.1、GLRG_01561.1、GLRG_01564.1、GLRG_09877.1；与 PKA 2 同源的有 6 个，其 ID 同 PKA1；与 PKA3 同源的有 7 个，除上述蛋白质外，还有 GLRG_03603.1。

综合上述结果，获得 *C. graminicola* 中所含有的 PKA-C，并进行分析，共获得 9 个蛋白质序列，分别命名为 CgPKA-C1、CgPKA-C2、CgPKA-C3、CgPKA-C4、CgPKA-C5、CgPKA-C6、CgPKA-C7、CgPKA-C8、CgPKA-C9（表 3-7）。

6. Pde 获取

根据 *S. cerevisiae* S288c 中含有的 2 个 Pde（Pde1、Pde2）氨基酸序列，利用炭疽菌属蛋白质数据库进行在线 Blastp 比对[105]，所有参数均选择默认值，获得 *C. graminicola* 中所含有的典型 Pde。同时，通过输入“phosphodiesterases”、“PDEase”等关键词在上述数据库中进行 Pde 检索。另外，利用 NCBI 明确该菌中 Pde 蛋白登录号信息（表 3-8）。

7. MAPK 获取

根据前人报道的禾谷炭疽菌 MAPK 信号转导途径中关键蛋白质的序号[29]，在炭疽菌属蛋白质数据库中进行检索，获得禾谷炭疽菌中与酿酒酵母 Fus3/Kss1 MAPK 途径、Hog1 MAPK 途径及 Mpk1 MAPK 途径相关蛋白质的同源序列（表 3-9）。

8. PI-PLC 获取

根据 *S. cerevisiae* S288c 中已经报道的 1 个 PI-PLC 氨基酸序列，利用炭疽菌属蛋白质数据库进行在线 Blastp 比对[105]，所有参数均选择默认值，获得 *C. graminicola* 中所含有的典型 PI-PLC。同时，通过输入“phosphatidylinositol-specificphospholipase”、“phospholipase C”、“PLC”关键词在上述数据库中进行 PI-PLC 检索。另外，利用 NCBI 明确该菌中 PI-PLC 蛋白登录号信息（表 3-10）。

表 3-7　禾谷炭疽菌 PKA-C 蛋白的信息及获取方法

Table 3-7　The information and access methods of typical PKA-C in *C. graminicola*

蛋白质 ID	名称 Name	蛋白质登录号 Accession ID	位置 Location	氨基酸长度 aa length/aa	基因序列长度 Nucleotides length/bp	预测功能 Function	获取方法 Access method	酿酒酵母 *S. cerevisiae* PKA
GLRG_03738.1	CgPKA-C1	EFQ28594.1	supercontig 11: 706844-708567 +	510	1724	hypothetical protein	Blastp、关键词搜索	PKA 1、PKA 2、PKA 3
GLRG_07797.1	CgPKA-C2	EFQ32653.1	supercontig 34: 21082-22441 +	396	1360	hypothetical protein	Blastp、关键词搜索	PKA 1、PKA 2、PKA 3
GLRG_01564.1	CgPKA-C3	EFQ26420.1	supercontig 4: 899472-902209 −	812	2738	hypothetical protein	Blastp、关键词搜索	PKA 1、PKA 2、PKA 3
GLRG_09877.1	CgPKA-C4	EFQ34733.1	supercontig 53: 164692-168487 +	1157	3796	calcium-independent protein kinase C	Blastp	PKA 1、PKA 2、PKA 3
GLRG_01561.1	CgPKA-C5	EFQ26417.1	supercontig 4: 88 6622-888190 +	522	1569	hypothetical protein	Blastp	PKA 1、PKA 2、PKA 3
GLRG_09918.1	CgPKA-C6	EFQ34774.1	supercontig 53: 311353-313441 −	642	2089	hypothetical protein	Blastp	PKA 1、PKA 2、PKA 3
GLRG_00747.1	CgPKA-C7	EFQ25603.1	supercontig 2: 1035832-1039242 +	1098	3411	hypothetical protein	关键词搜索 1	—
GLRG_03603.1	CgPKA-C8	EFQ28459.1	supercontig 11: 158261-159572 +	394	1312	hypothetical protein	Blastp	PKA 3
GLRG_04232.1	CgPKA-C9	EFQ29088.1	supercontig 13: 594284-596654 −	729	2371	hypothetical protein	关键词搜索	—

注：“关键词搜索 1”是通过 protein kinase A catalytic subunit 可获得，而“关键词搜索”则是通过 protein kinase A catalytic subunit、cAMP-dependent protein kinase catalytic subunit 两个关键词均可获得

Note: the results of “keywords search 1” was obtained by searching “Protein kinase A catalytic subunit” in *Colletotrichum* protein database, and the results of “keywords search” was obtained by searching “protein kinase A catalytic subunit” or “cAMP-dependent protein kinase catalytic subunit” in *Colletotrichum* protein database

表 3-8 禾谷炭疽菌磷酸二酯酶信息及获取方法

Table 3-8 The information and access methods of typical phosphodiesterase in *C. graminicola*

蛋白质 ID	名称 Name	蛋白质登录号 Accession ID	位置 Location	氨基酸长度 aa length/aa	基因序列长度 Nucleotides length/bp	预测功能 Function	获取方法 Access method	酿酒酵母 *S. cerevisiae* Pde
GLRG_02149.1	CgPde1	EFQ26978	supercontig 6：346067-348087 +	517	2021	cAMP phosphodiesterase class-II	Blastp、关键词 phosphodiesterases 搜索	ScPde1
GLRG_08476.1	CgPde2	EFQ33332	supercontig 39：287595-290386 −	874	2792	3'5'-cyclic nucleotide phosphodiesterase	Blastp、关键词 PDEase 搜索	ScPde2

表 3-9 禾谷炭疽菌 MAPK 信号途径相关蛋白质基本信息

Table 3-9 The information and access methods of related proteins of MAPK signal pathway in *C. graminicola*

MAPK 途径	酿酒酵母 MAPK	蛋白质 ID	蛋白质登录号 Accession ID	位置 Location	氨基酸长度 aa length/aa	基因序列长度 Nucleotides length/bp	预测功能 Function	获取方法 Access method	名称 Name
Fus3/Kss1 MAPK 途径	Ste11	GLRG_00150.1	EFQ25006.1	supercontig 1：564794-567598 +	900	2805	hypothetical protein	Blastp	CgSte11
	Ste7	GLRG_04259.1	EFQ29115.1	supercontig 13：680615-682341 −	521	1727	hypothetical protein	Blastp	CgSte7
	Fus3/Kss1	GLRG_06773.1	EFQ31798.1	supercontig 27：476027-477286 −	355	1260	hypothetical protein	Blastp	CgMK1
Hog1 MAPK 途径	Ssk2/Ssk22	GLRG_03909.1	EFQ28765.1	supercontig 12：289086-293214 +	1359	4129	hypothetical protein	Blastp	CgSsk2
	Pbs2	GLRG_07565.1	EFQ32551.1	supercontig 33：125390-127362 −	640	1973	hypothetical protein	Blastp	CgPbs2
	Hog1	GLRG_02789.1	EFQ27645.1	supercontig 8：381430-382835 −	357	1406	hypothetical protein	Blastp	CgHog1
Mpk1 MAPK 途径	Bck1/Bck2	GLRG_02000.1	EFQ27505.1	supercontig 7：1147788-1153247 +	1801	5460	hypothetical	Blastp	CgBck1
	Mkk1/Mkk2	GLRG_02221.1	EFQ27050.1	supercontig 6：628497-630245 −	524	1749	hypothetical	Blastp	CgMkk1
	Slt2/Mpk1	GLRG_06603.1	EFQ31459.1	supercontig 25：409691-411331 −	419	1641	hypothetical	Blastp	CgMK2

注：获取方法来自于参考文献[29]

Note：Obtaining method from reference [29]

表 3-10　禾谷炭疽菌 PI-PLC 的基本信息及获取方法

Table 3-10　The information and access methods of typical PI-PLC in *C. graminicola*

蛋白质 ID	名称 Name	蛋白质登录号 Accession ID	位置 Location	氨基酸长度 aa length/aa	基因序列长度 Nucleotides length/bp	预测功能 Function	获取方法 Access method
GLRG_06136.1	CgPLC1	EFQ30992.1	supercontig 22: 302929-303984 −	351	1056	phosphatidylinositol-specific phospholipase C	关键词搜索
GLRG_04012.1	CgPLC2	EFQ28868.1	supercontig 12: 742880-744295 −	471	1416	phosphatidylinositol-specific phospholipase C	phospholipase-C、phosphatidylinositol-specific、phospholipase、Blastp
GLRG_11162.1	CgPLC3	EFQ36018.1	supercontig 76: 88721-90432 −	551	1712	phosphatidylinositol-specific phospholipase C	关键词搜索、Blastp
GLRG_06884.1	CgPLC4	EFQ31595.1	supercontig 26: 268932-270659 +	575	1728	phosphatidylinositol-specific phospholipase C	关键词搜索、Blastp
GLRG_03740.1	CgPLC5	EFQ28596.1	supercontig 11: 713202-715425 +	715	2224	phosphatidylinositol-specific phospholipase C	关键词搜索、Blastp
GLRG_02564.1	CgPLC6	EFQ26744.1	supercontig 5: 741797-744651 +	763	2855	phosphatidylinositol-specific phospholipase C	关键词搜索、Blastp
GLRG_04879.1	CgPLC7	EFQ29735.1	supercontig 16: 246922-250305 +	1127	3384	phosphatidylinositol-specific phospholipase C	关键词搜索、Blastp

注：关键词搜索包括使用了“phosphatidylinositol-specific phospholipase”、“phospholipase C”、“PLC”

Note: the results of “keywords search” was obtained by searching “phosphatidylinositol-specific phospholipase”, “phospholipase C” and “PLC” in *Colletotrichum* protein database

9. PKC 获取

根据 *S. cerevisiae* S288c 中含有的典型 PKC 序列（gi：330443395），对禾谷炭疽菌蛋白质数据库进行 Blastp 比对分析，首先选用默认参数进行，总共获得 52 个相似蛋白质（附录 2），后利用阈值 1e-50 重新进行 Blastp 比对分析，结果发现 6 个相似蛋白质，其 ID 分别为 GLRG_09877.1、GLRG_01561.1、GLRG_01564.1、GLRG_09918.1、GLRG_07797.1、GLRG_03738.1。同时，利用关键词“protein kinase C”进行检索，结果显示共获得 9 个蛋白质，其 ID 分别为 GLRG_09877.1、GLRG_02522.1、GLRG_07772.1、GLRG_09198.1、GLRG_01561.1、GLRG_01564.1、GLRG_09918.1、GLRG_05387.1、GLRG_00115.1（表 3-11）。

通过对上述所获得的蛋白质进行去重，共获得 *C. graminicola* 所含有的 11 个 PKC。另外，通过关键词所获得的 GLRG_09198.1，由于在其 C 端位置上含有部分 PKC 的结构域，但是通过与之前获得的 Gβ 进行分析，以及通过 SMART 进行分析，发现该蛋白质并不含有典型 PKC 所具有的 S_TKc、S_TK_X 等关键结构域，因此该蛋白质并不属于典型 PKC 蛋白。

同时值得一提的是，通过利用酿酒酵母的 PKA-C 对炭疽菌属真菌数据库进行 Blastp 比对分析及关键词搜索，获得了 9 个蛋白质，包括 GLRG_03738.1、GLRG_07797.1、GLRG_04232.1、GLRG_01564.1、GLRG_00747.1、GLRG_09918.1、GLRG_01561.1、GLRG_09877.1、GLRG_03603.1，并对上述蛋白质进行了命名（表 3-7）。

综上分析，发现 *C. graminicola* 中所含有的 PKA-C 和 PKC 具有 6 个重复的蛋白质，其 ID 分别为 GLRG_03738.1、GLRG_07797.1、GLRG_01564.1、GLRG_09877.1、GLRG_01561.1、GLRG_09918.1，在文中的名称分别为 CgPKA-C1、CgPKA-C2、CgPKA-C3、CgPKA-C4、CgPKA-C5、CgPKA-C6（表 3-7）。除上述序列外，PKC 还包括 4 个蛋白质，其 ID 分别为 GLRG_02522.1、GLRG_05387.1、GLRG_00115.1、GLRG_07772.1，分别将其命名为 CgPKC1、CgPKC2、CgPKC3、CgPKC4（表 3-11）。

（二）G 蛋白信号途径绘制

通过对上述所获得 *C. graminicola* 中 G 蛋白信号转导途径上的重要效应分子进行汇总，明确该菌中存在 4 个 GPCR 受体，3 个 Gα，2 个 Gβ，1 个 Gγ 及 2 个 PhLP 传递蛋白，以及包括以下数量不等的 G 蛋白信号转导途径下游的效应分子：1 个 AC、4 个 PKA-R、9 个 PKA-C、3 个 MAPKKK、3 个 MAPKK、3 个 MAPK、2 个 Pde、7 个 PI-PLC、6 个 RGS 及 10 个 PKC（表 3-12）。

结合酿酒酵母、稻瘟病菌及其他模式生物，特别是参考有关真菌的 G 蛋白信号途径，根据 *C. graminicola* 中 G 蛋白信号转导途径中的重要效应分子，对其传递

表 3-11　禾谷炭疽菌 PKC 蛋白的信息及获取方法

Table 3-11　The information and access methods of typical PKC in *C. graminicola*

蛋白质 ID	名称 Name	蛋白质登录号 Accession ID	位置 Location	氨基酸长度 aa length/aa	基因序列长度 Nucleotides length/bp	预测功能 Function	获取方法 Access method
GLRG_03738.1	CgPKA-C1	EFQ28594.1	supercontig 11：706844-708567 +	510	1724	hypothetical protein	Blastp
GLRG_07797.1	CgPKA-C2	EFQ32653.1	supercontig 34：21082-22441 +	396	1360	hypothetical protein	Blastp
GLRG_01564.1	CgPKA-C3	EFQ26420.1	supercontig 4：899472-902209 −	812	2738	hypothetical protein	Blastp、关键词搜索
GLRG_09877.1	CgPKA-C4	EFQ34733.1	supercontig 53：164692-168487 +	1157	3796	calcium-independent protein kinase C	Blastp、关键词搜索
GLRG_01561.1	CgPKA-C5	EFQ26417.1	supercontig 4：88 6622-888190 +	522	1569	hypothetical protein	Blastp、关键词搜索
GLRG_09918.1	CgPKA-C6	EFQ34774.1	supercontig 53：311353-313441 −	642	2089	hypothetical protein	Blastp、关键词搜索
GLRG_02522.1	CgPKC1	EFQ26702.1	supercontig 5：556904-558975 −	654	2072	hypothetical protein	关键词搜索
GLRG_05387.1	CgPKC2	EFQ30243.1	supercontig 18：358046-360312 +	540	2267	hypothetical protein	关键词搜索
GLRG_00115.1	CgPKC3	EFQ24971.1	supercontig 1：426400-428750 −	642	2351	hypothetical protein	关键词搜索
GLRG_07772.1	CgPKC4	EFQ32502.1	supercontig 32：379206-381307 −	643	2102	hypothetical protein	关键词搜索
GLRG_09198.1	CgGβ-1	EFQ34054.1	supercontig 46：72243-73893 +	316	1651	WD domain-containing protein	关键词搜索

表 3-12　禾谷炭疽菌 G 蛋白信号途径蛋白质组成

Table 3-12　The G protein signaling pathway proteins in *C. graminicola*

类型 Type	名称 Name	数量 Num.	成员 Composition								
受体 recptor	GPCR	4	CgSTE3	CgGPR2	CgGPR4	CgGPR1					
传递蛋白 Transferrin	Gα	3	CgGα-1	CgGα-2	CgGα-3						
	Gβ	2	CgGβ-1	CgGβ-2							
	Gγ	1	CgGγ								
	PhLP	2	CgPhnA	CgPhnB							
效应分子 Effector	AC	1	CgCap1								
	PKA-R	4	CgPKA-R1	CgPKA-R2	CgPKA-R3	CgPKA-R4					
	PKA-C	9	CgPKA-C1	CgPKA-C2	CgPKA-C3	CgPKA-C4	CgPKA-C5	CgPKA-C6	CgPKA-C7	CgPKA-C8	CgPKA-C9
	MAPKKK	3	CgSte11	CgSsk2	CgBck1						
	MAPKK	3	CgSte7	CgPbs2	CgMkk1						
	MAPK	3	CgMK1	CgHog1	CgMK2						
	PDE	2	CgPde1	CgPde2							
	PI-PLC	7	CgPLC1	CgPLC2	CgPLC3	CgPLC4	CgPLC5	CgPLC6	CgPLC7		
	RGS	6	CgRGS1	CgRGS2	CgRGS3	CgRGS4	CgRGS5	CgRGS6			
	PKC	10	CgPKC1	CgPKC2	CgPKC3	CgPKC4	其他 6 个同 PKA-C1、PKA-C2、PKA-C3、PKA-C4、PKA-C5、PKA-C6				

途径进行绘制，以期为进一步开展该菌中G蛋白相关蛋白的功能研究提供重要的理论基础（图3-1）。

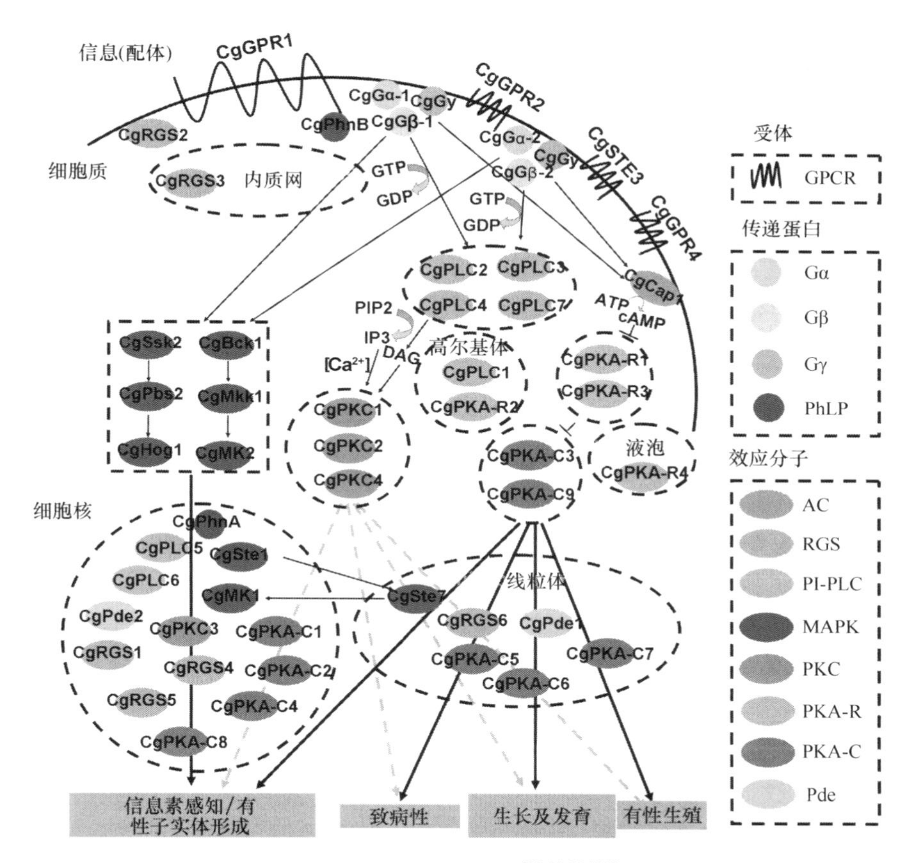

图3-1 禾谷炭疽菌中G蛋白信号途径传递过程[29,41,66,106]（彩图请扫封底二维码）
Figure 3-1 The G protein signaling pathways transfer process in *C. graminicola*

二、问 题

随着禾谷炭疽菌全基因组序列的释放，学术界对其致病因子开展了较为深入的研究，一些涉及G蛋白信号转导途径的重要效应分子得到进一步明确[18]。本研究基于酿酒酵母中已经报道的G蛋白信号转导途径中重要效应分子的蛋白质序列，通过对炭疽菌属蛋白质数据库进行Blastp比对分析及关键词搜索，从而获得*C. graminicola*所具有的GPCR受体，Gα、Gβ、Gγ及PhLP传递蛋白，以及AC、PKA-R、PKA-C、MAPKKK、MAPKK、MAPK、Pde、PI-PLC、RGS和PKC等G蛋白信号转导途径下游的效应分子。前人也通过该方法对稻瘟病菌开展了G蛋白信号转导途径及 MAPK 相关蛋白序列找寻的研究[70]。

然而，就 *C. graminicola* 所具有的 GPCR 受体而言，笔者通过对 *Fusarium*、*Magnaporthe* 及 *Verticillium* 中的 β-微管蛋白及 GAPDH 进行遗传关系分析，明确 *Colletotrichum* spp.与 *Fusarium graminearum* 亲缘关系最近，利用后者已经公布的 GPCR 序列，通过 Blastp 比对分析，明确 *C. graminicola* 中包括 24 个类 GPCR，分别为 GLRG_00031.1、GLRG_00274.1、GLRG_01072.1、GLRG_01079.1、GLRG_01258.1（CgGPR2）、GLRG_03765.1（CgSTE3）、GLRG_04086.1、GLRG_04414.1、GLRG_04480.1、GLRG_04687.1、GLRG_04848.1、GLRG_05328.1、GLRG_05888.1、GLRG_06020.1、GLRG_06240.1、GLRG_06395.1、GLRG_07375.1、GLRG_07670.1、GLRG_07927.1、GLRG_08424.1、GLRG_08967.1、GLRG_09043.1（CgGPR4）、GLRG_11739.1、GLRG_11968.1。此外，*C. graminicola* 中 GLRG_07152.1（CgGPR1）并不在上述的 24 个类 GPCR 之列，有待于进一步进行验证。通过对 *S. cerevisiae* S288c 中 GPR1、STE2、STE3 保守结构域的分析，结果显示 GPR1 仅具有六次跨膜结构域，而 STE2、STE3 均具有典型的七次跨膜结构域，本研究中所获得的 4 个 GPCR 均具有典型的七次跨膜结构域。因此，七次跨膜结构域是否是 GPCR 所具有的唯一典型特征有待于进一步实验验证。另外，由于丝状真菌与酿酒酵母之间的 G 蛋白亚基、GPCR 存在一定的差异[41]，本研究结果能否完全反映出禾谷炭疽菌中存在的 GPCR 还存在一定的异议。尽管如此，该研究对开展炭疽菌属真菌 GPCR 的功能研究仍然具有重要的理论指导意义。

同样，对上述所获得的 G 蛋白信号转导途径上其他重要效应分子的数量也存在着一定问题，有待于进一步通过生物学实验得以明确。

三、展　　望

C. graminicola 可以侵染众多粮食作物引起炭疽病，给生产上造成巨大的经济损失。深入解析该病原菌的致病因子，有助于为开发防治该病害的药剂提供重要的理论基础。同时，植物病原菌在感受外界条件刺激及环境变化的过程中，特别是在其生长发育及致病过程中，其存在的细胞信号传递途径发挥着重要的作用。

前期通过对 *C. graminicola*、*C. higginsianu* 中 β-微管蛋白、RGS、14-3-3 蛋白进行遗传关系分析，明确了上述已完成测序的炭疽菌与胶孢炭疽菌亲缘关系较为相近。胶孢炭疽菌寄主范围较广，危害较为巨大，随着一些地区大力发展核桃、板栗等经济林种植规模，由胶孢炭疽菌引起的炭疽病害极大地威胁着当地的生产，如何更好地防治该病害已成为学术界急需解决的问题之一。生产上众多炭疽病防治药剂多为苯并咪唑类，由于该药剂作用靶标及作用时间的特殊性，均容易导致炭疽菌产生抗药性。目前，炭疽菌对多菌灵、甲基托布津、苯菌灵等苯并咪唑类药剂产生抗药性的情况已经引起广泛关注，对开展新的药剂筛选研究及新的作用机制或靶标药剂的开发提出迫切需求。随着分子生物学技术的不断发展，对该菌致病基因的研究变得越发深入，众多参与侵染过程的相关基因将得到克隆及功能解析，同时随着未来该菌全基因组序列的公布，也将有助于深入解析其在侵染过程中由活体营养阶段向死体营养阶段转变过程中众多参与基因的功能，并有助于深入理解众多基因之间的协同关系。由于胶孢炭疽菌侵染过程涉及活体营养阶段、死体营养阶段，有众多基因参与上述过程，这些基因如何共同发挥作用从而完成病原菌的侵染过程目前尚不清楚，这将成为进一步研究的焦点。例如，如何更好地利用其在侵染植物方面所具有的特性，针对活体营养阶段及其早期进行药剂抑制，从而最大限度降低植物受到该菌的侵染。

目前，已经明确有 MAPK、cAMP 及 G 蛋白信号 3 种保守途径参与植物病原菌的上述过程[70]，而 RGS 作为 G 蛋白信号转导过程重要的调节因子，对其开展深入研究具有重要意义。目前，学术界关于磷酸二酯酶的研究多见于对其进行抑制剂筛选的工作，通过作用于特异性的靶标进行药剂的开发。由于在实际生产过程中过量使用苯并咪唑类药剂对炭疽病进行防治，再加上该药剂作用靶标多为β-微管蛋白及作用时间的特殊性等，造成炭疽菌对上述药剂产生抗药性，严重地制约着上述药剂的进一步使用，有待于开发具新型作用靶标的化学药剂，从而得以挽回生产上的经济损失。随着对 G 蛋白信号途径众多效应酶研究的不断深入，有关磷酸二酯酶的研究已在酵母、稻瘟病菌等诸多真菌中开展，而对危害禾本科农作物并造成严重损失的禾谷炭疽菌的 Pde 研究尚未见报道。

近年来，关于 AC 基因家族在酵母、稻瘟菌、大豆疫霉等真核生物中的功能研究已有相关报道，而对危害禾本科农作物并造成严重损失的禾谷炭疽菌的 AC 研究却鲜有报道，随着该病原菌全基因组序列的公布，国内外学者对其开展的致病基因、抗药性基因研究将日趋深入。

此外，学术界对林木病害的研究相对较为薄弱，特别是对病原菌侵染过程的研究存在着诸如树木生长周期长、接种条件不好控制等方面困难，再加上同一真菌的不同菌株或不同类群在侵染能力方面也有所不同等，因此尽快建立胶孢炭疽菌与模式植物的互作系统，利用分子生物学技术进一步明确该菌中重要致病基因之间的网络信息，将有利于进一步研究该病原菌的基因表达、细胞信号转导及蛋白质表达功能，也将为进一步开发病原菌防治药剂提供重要的参考价值。

目前，炭疽菌属中的禾谷炭疽菌与 *C. higginsianum* 均已经完成了基因组测序工作，对开展其致病基因研究起到了重要推动作用。同时，对上述病原菌所开展的研究工作也为炭疽菌属中其他病原菌的研究工作开展提供了重要的理论指导作用。特别是对能引起林业上重要经济林树种核桃、板栗发生炭疽病，生产上产生巨大经济损失的胶孢炭疽菌的研究具有重要意义。同样，对能引起西瓜、甜瓜等瓜类发生炭疽病的 *C. orbiculare* 开展的 RGS 等致病基因研究也具有重要的理论指导意义。

第四章　禾谷炭疽菌 GPCR 生物信息学分析

一、GPCR 保守结构域分析

学术界对蛋白质保守结构域的分析，一般是通过 NCBI 保守结构域找寻（http://www.ncbi.nlm.nih.gov/Structure/cdd/wrpsb.cgi）[107, 108]或者 SMART（http://smart.embl-heidelberg.de/）[109]或 Pfam 数据库（http://pfam.xfam.org/search）[110]进行分析。与其他预测保守结构域的方法相比，SMART 预测结果具有保守结构域可视、直观及快捷等诸多优点，本研究采用该方法对禾谷炭疽菌 G 蛋白偶联受体信号转导途径相关蛋白进行保守结构域分析。

典型的 GPCR 在二级结构上具有七次跨膜结构域，该特征作为 GPCR 的重要特征，受到学术界的广泛关注。前人利用 TMHMM version 2.0、TMHMM version 1.0、HMMTOP 及 DAS 等 15 种常用的跨膜预测软件对 883 个已经在 SWISS-PROT 收录的 GPCR 进行分析，结果显示基于 HMM 算法的 TMHMM（http://www.cbs.dtu.dk/services/TMHMM-2.0/）和 HMMTOP（http://www.enzim.hu/hmmtop/html/submit.html）具有非常好的评价准确性，正确率在 85%，而其他程序所预测的准确率均较低[45]。

通过 SMART 保守结构域分析，结果显示 CgGPR1、CgGPR2、CgSTE3 及 CgGPR4 均具有典型的七次跨膜结构域（图 4-1）。由于 SMART 保守结构域中的跨膜结构域预测结果仅基于 TMHMM v. 2.0[111]预测程序所获得，因此为了更加准确地明确上述 GPCR 跨膜结构域，本研究还利用 HMMTOP version 2.0[112]进行在线预测，结果显示两种预测方法明确了上述禾谷炭疽菌 4 个 GPCR 均具有典型的七次跨膜结构域，同时表现出 N 端集中 5 个跨膜结构域、C 端有 2 个跨膜结构域的典型特征。然而，两种预测方法对上述 7 个跨膜结构域的起始位置、终止位置的预测并不完全相同（表 4-1），具体就 CgGPR1、CgGPR2、CgGPR3 蛋白的 TM3、TM3、TM1 跨膜起始、终止位置而言，TMHMM 与 HMMTOP 之间的预测位置方面相差 7 个氨基酸，就 CgGPR4 蛋白的 TM7 跨膜起始、终止位置而言，TMHMM 与 HMMTOP 之间的预测位置相差 6 个氨基酸（表 4-1 阴影），上述预测结构所表现出的差异均为起始位置上的差异。因此，关于禾谷炭疽菌 GPCR 跨膜结构的具体位置有待于今后通过生物学实验进行进一步验证分析。

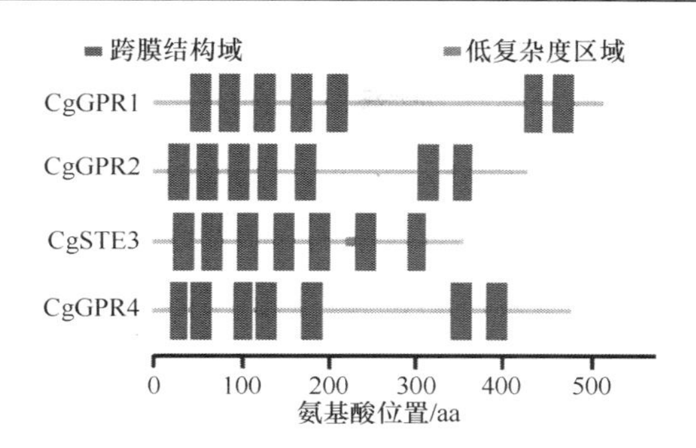

图 4-1　禾谷炭疽菌 GPCR 的保守结构域分析（彩图请扫封底二维码）
Figure 4-1　The conserved domain of GPCR in *C. graminicola*

表 4-1　禾谷炭疽菌 GPCR 跨膜情况预测
Table 4-1　The transmembrane prediction of GPCR in *C. graminicola*

GPCR	预测方法 Prediction method	TM1		TM2		TM3		TM4		TM5		TM6		TM7	
		起始位置 Start	终止位置 End	起始位置 Start	终止位置 End	起始位置 Start	终止位置 End	起始位置 Start	终止位置 End	起始位置 Start	终止位置 End	起始位置 Start	终止位置 End	起始位置 Start	终止位置 End
CgGPR1	HMMTOP	50	68	79	96	127	144	161	179	210	228	438	456	473	492
	TMHMM	45	67	79	100	120	142	163	185	205	227	438	457	472	494
CgGPR2	HMMTOP	24	41	54	71	98	114	127	146	173	192	316	334	361	378
	TMHMM	20	42	54	76	91	113	126	146	170	192	316	338	358	377
CgSTE3	HMMTOP	33	51	64	81	102	119	150	167	188	211	242	261	308	324
	TMHMM	26	48	60	82	102	124	145	167	187	209	242	264	304	323
CgGPR4	HMMTOP	23	40	51	69	100	117	124	146	177	196	355	372	403	420
	TMHMM	23	40	47	69	98	117	124	146	178	200	355	377	397	419

二、GPCR 理化性质分析

一般而言，根据氨基酸的理化性质，可以将其分为酸性氨基酸、碱性氨基酸、非极性 R 基氨基酸、不带电荷的极性 R 基氨基酸四大类。

本研究利用 Protscale 程序[113]对 *C. graminicola* 中所含的 4 个 GPCR 进行理化性质（http://web.expasy.org/protparam/）分析，结果显示 4 个 GPCR 彼此之间在酸性氨基酸、碱性氨基酸及非极性 R 基氨基酸、不带电荷的极性 R 基氨基酸的组成及所占比例方面均存在不同（表 4-2），CgGPR1、CgGPR2 及 CgGPR4 所含比例最高的氨基酸均为丝氨酸（Ser），所占比例分别为 10.70%、9.90%、8.80%，均属于不带电荷的极性 R 基氨基酸类别，而 CgSTE3 所含比例最高（13.80%）的氨基酸为亮氨酸（Leu），属于非极性 R 基氨基酸（表 4-2 阴影）。对上述 4 个 GPCR 所含比例最低的氨基酸进行统计，发现 CgGPR1、CgGPR2、CgSTE3、CgGPR4 所含比

表 4-2　禾谷炭疽菌 GPCR 氨基酸组成情况

Table 4-2 The amino acid composition of GPCR in *C. graminicola*

氨基酸种类 Amino acid specie	氨基酸 Amino acid	CgGPR1		CgGPR2		CgSTE3		CgGPR4	
		数量 Num.	所占比例 Ratio/%	数量 Num.	所占比例 Ratio/%	数量 Num.	所占比例 Ratio/%	数量 Num.	所占比例 Ratio/%
酸性氨基酸 Acidic amino acid	Glu（E）	18	3.40	17	3.80	8	2.20	21	4.20
	Asp（D）	23	4.30	15	3.40	9	2.40	23	4.60
碱性氨基酸 Basic amino acid	Arg（R）	50	9.40	31	7.00	34	9.20	37	7.40
	Lys（K）	10	1.90	15	3.40	1	0.30	11	2.20
	His（H）	11	2.10	7	1.60	5	1.40	13	2.60
非极性 R 基氨基酸 Non-polar R amino acid	Ala（A）	50	9.40	32	7.20	44	11.90	39	7.80
	Val（V）	30	5.60	30	6.70	34	9.20	37	7.40
	Leu（L）	51	9.60	29	6.50	51	13.80	38	7.60
	Ile（I）	31	5.80	42	9.40	11	3.00	26	5.20
	Trp（W）	13	2.40	9	2.00	12	3.30	14	2.80
	Met（M）	15	2.80	13	2.90	8	2.20	10	2.00
	Phe（F）	21	4.00	27	6.10	17	4.60	30	6.00
	Pro（P）	46	8.70	20	4.50	24	6.50	26	5.20
不带电荷的极性 R 基氨基酸 R with polar uncharged amino acid	Asn（N）	10	1.90	24	5.40	12	3.30	19	3.80
	Cys（C）	5	0.90	10	2.20	8	2.20	12	2.40
	Gln（Q）	16	3.00	14	3.10	16	4.30	14	2.80
	Gly（G）	22	4.10	21	4.70	18	4.90	34	6.80
	Ser（S）	57	10.70	44	9.90	26	7.00	44	8.80
	Thr（T）	33	6.20	26	5.80	16	4.30	33	6.60
	Tyr（Y）	19	3.60	20	4.50	15	4.10	17	3.40

例最低氨基酸分别为半胱氨酸（Cys）、组氨酸（His）、赖氨酸（Lys）、甲硫氨酸（Met），所占比例分别为 0.90%、1.60%、0.30%、2.00%。

同时，发现 *C. graminicola* 中所含的 4 个 GPCR 在分子质量、理论等电点、负电荷氨基酸残基数、正电荷氨基酸残基数、分子式、原子质量及不稳定性系数、脂肪族氨基酸指数、总平均亲水性等方面均存在着一定差异（表 4-3）。具体就分子质量及原子数量而言，以 CgGPR1 最大，其次为 CgGPR4、CgGPR2、CgSTE3；就理论等电点而言，均属于碱性氨基酸，以 CgSTE3 最大，其次为 CgGPR1、CgGPR2、CgGPR4；半衰期均为 30h。此外，除 CgGPR4 不稳定性系数小于 40 外，其他均大于 40，属于不稳定蛋白；CgGPR1、CgGPR4 总平均亲水性（GRAVY）小于 0，为亲水性蛋白，而 CgGPR2、CgSTE3 为疏水性蛋白（表 4-3）。

三、GPCR 疏水性分析

利用在线疏水性预测网站（http://web.expasy.org/protscale/）对 *C. graminicola* 中 4 个 GPCR 的疏水性情况进行测定，选择 window size 为 19，其他参数默认，即利用 Kyte & Doolittle 进行疏水性分析（表 4-4），结果显示上述 GPCR 在亲（疏）水性最强氨基酸残基及位置方面也存在着较大的差异（图 4-2，表 4-5）。

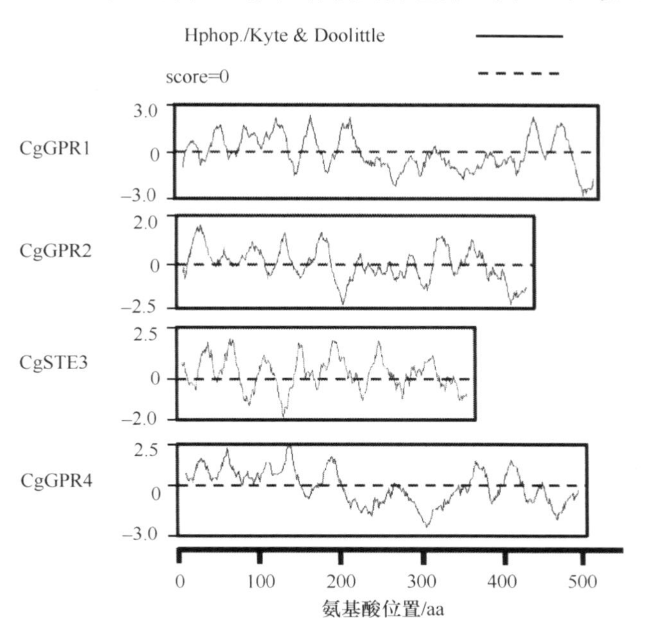

图 4-2　禾谷炭疽菌 GPCR 的疏水性分析
Figure 4-2　The hydrophobicity of GPCR in *C. graminicola*

表 4-3　禾谷炭疽菌 GPCR 蛋白基本理化性质

Table 4-3　The physicochemical properties of GPCR in *C. graminicola*

名称 Name	分子质量 Molecular mass /Da	理论等电点 Isoelectric point	负电荷氨基酸残基数 Negatively charged amino acid residue	正电荷氨基酸残基数 Positively charged amino acid residue	分子式 Formula	原子数量 Atomic number	半衰期 Half-life /h	不稳定性系数 Instability coefficient	脂肪族氨基酸指数 Aliphatic amino acid index	总平均亲水性 The total average hydrophilic
CgGPR1	59 704.7	9.92	41	60	$C_{2690}H_{4204}N_{752}O_{749}S_{20}$	8 415	30	59.16	86.03	–0.136
CgGPR2	50 729.5	9.33	32	46	$C_{2296}H_{3549}N_{615}O_{639}S_{23}$	7 122	30	50.68	88.77	0.033
CgSTE3	41 442.4	10.12	17	35	$C_{1900}H_{2950}N_{522}O_{489}S_{16}$	5 877	30	51.79	104.17	0.298
CgGPR4	55 970.7	8.40	44	48	$C_{2520}H_{3837}N_{693}O_{714}S_{22}$	7 786	30	38.07（稳定蛋白）	79.50	–0.098

注：不稳定系数小于 40 属于稳定蛋白，大于 40 则属于不稳定蛋白，下同

Note：unstable coefficient of less than 40 belong to stabilize protein，more than 40 belong to the unstable protein，the same is below

表 4-4　Kyte & Doolittle 疏水性测定中氨基酸所代表的疏水性数值[114]

Table 4-4　Kyte & Doolittle hydrophobic amino acid assay values represent hydrophobic

氨基酸残基 Amino acid residue	Ala	Arg	Asn	Asp	Cys	Gln	Glu	Gly	His	Ile
疏水性数值 Hydrophobic value	1.80	–4.50	–3.50	–3.50	2.50	–3.50	–3.50	–0.40	–3.20	4.50
氨基酸残基 Amino acid residue	Leu	Lys	Met	Phe	Pro	Ser	Thr	Trp	Tyr	Val
疏水性数值 Hydrophobic value	3.80	–3.90	1.90	2.80	–1.60	–0.80	–0.70	–0.90	–1.30	4.20

表 4-5　禾谷炭疽菌 GPCR 疏水性及亲水性氨基酸残基位置情况

Table 4-5　The hydrophobic and hydrophilic amino acid residue positions situations of GPCR in *C. graminicola*

名称 Name	亲水性最强氨基酸残基 Most hydrophilic amino acid residue	位置 Position	数值 Value	疏水性最强氨基酸残基 Most hydrophobic amino acid residue	位置 Position	数值 Value	亲水性氨基酸残基数值总和 The numerical sum of hydrophilic amino acid residue	疏水性氨基酸残基数值总和 The numerical sum of hydrophobic amino acid residue
CgGPR1	P	509	–2.800	P	170	2.342	–258.646	208.250
CgGPR2	F	208	–2.311	C	33	2.516	–149.238	185.049
CgSTE3	L	135	–1.816	V	69	2.026	–64.650	171.672
CgGPR4	W	302	–2.516	P	136	2.411	–235.132	178.284

具体而言，无论是纵向还是横向对比，GPCR 在亲（疏）水性最强（弱）氨基酸残基及位置方面均有不同；在亲水性氨基酸残基数值总和上，CgGPR1 最大，其次为 CgGPR4、CgGPR2、CgSTE3，就疏水性氨基酸残基数值总和而言，也以 CgGPR1 最大，其次为 CgGPR2、CgGPR4、CgSTE3（表 4-5）。

四、GPCR 信号肽、转运肽分析

对蛋白质信号肽的预测是利用 SignalP 3.0 Server[111]在线分析实现的（http://www.cbs.dtu.dk/services/SignalP-3.0/），参数中 organism group 选择 eukaryotes，method 选择 both，其他参数默认；转运肽的预测则是利用 TargetP 1.1 Server[115]在线分析实现的（http://www.cbs.dtu.dk/services/TargetP/），参数中 organism group 选择 non-plant，其他参数默认。

SingnalP Server 3.0 提供了神经网络（neural network，NN）、隐马科夫模型（hidden Markov model，HMM）两种信号肽预测分析方法。一般而言，只有通过 NN 预测分析其 *S* 平均值超过 0.6，或者通过 HMM 预测其最大切割位点概率超过 0.8，才认为该蛋白质具有典型信号肽序列。经过 SingnalP Server 3.0 分析，无论是经 NN 计算还是经 HMM 分析，*C. graminicola* 中 4 个 GPCR 均未发现明显的信号肽序列（表 4-6，附录 3 附图 3-1）。

表 4-6　禾谷炭疽菌 GPCR 含有潜在信号肽的可能性

Table 4-6　The possibility of potential signal peptide of GPCR in *C. graminicola*

名称 Name	NN 预测 Prediction based on neural networks method			HMM 预测 Prediction based on hidden Markov models method
	信号肽位置 Position	*S* 平均值 Mean *S*	阈值 Value	最大切割位点概率 Max cleavage site probability
CgGPR1	1～64	0.065	0.48	0.012
CgGPR2	1～45	0.262	0.48	0.000
CgSTE3	1～15	0.556	0.48	0.281
CgGPR4	1～40	0.290	0.48	0.001

转运肽是一种前导序列，由 12～60 个氨基酸残基组成，其功能在于引导某些在细胞溶胶中合成的蛋白质进入线粒体和叶绿体等细胞器。除了细胞信号蛋白外，各种内在蛋白均利用导肽到达细胞器。通过分析，*C. graminicola* 中除 CgSTE3 定位于分泌途径上外，其他 GPCR 均未得到有效的定位情况，且上述转运肽预测结果的可靠性均较低，在 0.4 以下（表 4-7），该结果与上述通过信号肽预测的结果相一致。

表 4-7　禾谷炭疽菌 GPCR 含有潜在转运肽的可能性

Table 4-7　The possibility of potential transit peptide of GPCR in *C. graminicola*

名称 Name	叶绿体转运肽 Chloroplast transit peptide	线粒体目标肽 Mitochondrial targeting peptide	分泌途径信号肽 Secretory pathway signal peptide	定位情况 Localization	预测可靠性 Reliability class
CgGPR1	0.285	0.308	0.428	—	5
CgGPR2	0.077	0.415	0.809	—	4
CgSTE3	0.072	0.775	0.421	S	4
CgGPR4	0.096	0.362	0.645	—	4

注：可靠性（reliability class，RC）分级为 1～5，数值越大可靠性越差，1 表示其概率大于 0.8，2 表示其概率在 0.6～0.8，3 表示其概率在 0.4～0.6，4 表示其概率在 0.2～0.4，5 表示其概率小于 0.2，下同；—表示未能有明显的定位情况预测，下同

Note：reliability class，from 1 to 5，where 1 indicates the strongest prediction. There are 5 reliability classes，defined as follows：1. diff>0.8，2. 0.8>diff>0.6，3. 0.6>diff>0.4，4. 0.4>diff>0.2，5. 0.2>diff，the same is below；— indicates the protein was not significant location prediction, the same is below

五、GPCR 亚细胞定位分析

对 GPCR 进行亚细胞定位分析，利用 ProtComp v9.0 实现（http://linux1.softberry.com/berry.phtml?topic=protcompan&group=programs&subgroup=proloc），结果显示 *C. graminicola* 中所含的 4 个 GPCR 的亚细胞定位情况均为细胞膜（表 4-8 阴影），该结果与进行 SMART 分析及跨膜结构域分析的结果一致，同时也符合 GPCR 所具有的功能特征。

表 4-8　禾谷炭疽菌 GPCR 亚细胞定位情况

Table 4-8　The subcellular localization of GPCR in *C. graminicola*

名称 Name	细胞核 Nuclear	细胞膜 Cell membrane	胞外 Extra cellular	细胞质 Cytoplasmic	线粒体 Mitochondrial	内质网 Endoplasmic reticulum	过氧化物酶体 Peroxisomal	溶酶体 Lysosomal	高尔基体 Golgi	液泡 Vacuolar
CgGPR1	0.57	5.49	0.05	0.00	0.96	0.32	0.00	0.21	0.00	2.39
CgGPR2	0.00	8.34	0.21	0.12	0.34	0.00	0.13	0.04	0.26	0.55
CgSTE3	034	6.17	0.00	0.10	2.16	0.00	0.96	0.27	0.00	0.00
CgGPR4	0.00	9.35	0.00	0.00	0.00	0.04	0.00	0.00	0.00	0.61

六、GPCR 二级结构分析

目前，预测蛋白质二级结构的常用方法除 PHD[116]外，还有 PSIPRED[117,118]和 JPRED[119]。将 *C. graminicola* 中 4 个典型 GPCR 的氨基酸序列分别输入 PHD、

PSIPRED、JPRED 蛋白质二级结构预测网站（http://www.sbg.bio.ic.ac.uk/phyre2/html/page.cgi?id=index、http://bioinf.cs.ucl.ac.uk/psipred/、http://www.compbio. dundee.ac.uk/www-jpred/）获得其二级结构信息。上述网站所预测的二级结构基本类似（结果未显示），以 PHD 预测结果为例，*C. graminicola* 中所含的 4 个 GPCR 均含有较高比例的α-螺旋，除 CgGPR1 具有一定比例的跨膜螺旋（TM helix）外，其他 GPCR 均不含有该结构（图 4-3），同时 CgGPR2、CgGPR3 还含有较小比例的 β-折叠（beta strand）。上述特殊结构在禾谷炭疽菌 GPCR 发挥的功能方面具有何种作用，均有待于通过生物学实验进行进一步探索。

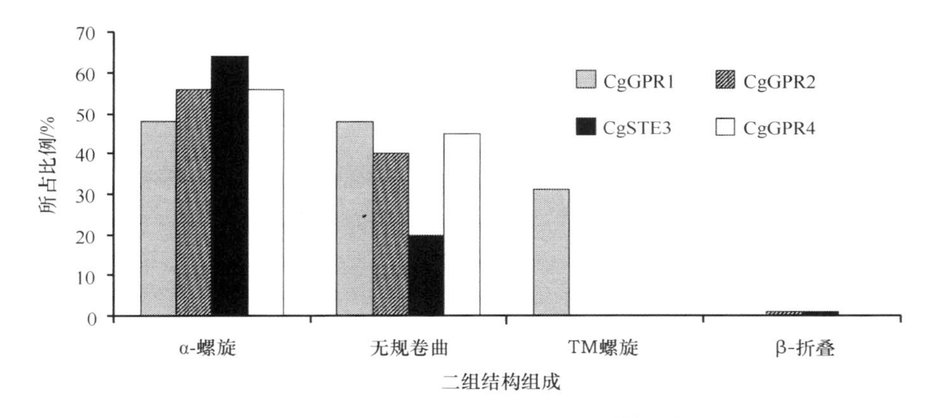

图 4-3 禾谷炭疽菌 GPCR 的二级结构分析

Figure 4-3 The secondary structure character of GPCR in *C. graminicola*

七、GPCR 遗传关系分析

在 NCBI 中，以 *C. graminicola* 中 GPCR 的氨基酸序列为基础，在线进行 Blastp 同源搜索（http://blast.ncbi.nlm.nih.gov/Blast.cgi?PROGRAM=blastp&PAGE_TYPE=BlastSearch&LINK_LOC=blasthome），获得来自于不同物种的同源蛋白质序列。对所获得的同源序列，利用 ClustalX[120]进行多重比对分析，随后利用 MEGA 5.2.2 软件[121]构建系统进化树：采用邻近法构建系统发育树，各分支之间的距离计算采用 p-distance 模型，系统可信度检测采用自举法重复 1000 次进行。

通过对 *C. graminicola* 中的 4 个 GPCR 序列及其同源序列进行聚类分析，结果显示分别以 CgGPR1、CgGPR2、CgSTE3 及 CgGPR4 为核心，分为明显的四大类。就上述 4 个 GPCR 的亲缘关系而言，CgGPR1、CgGPR2 和 CgGPR4 彼此之间亲缘关系较近，而 CgGPR2 和 CgGPR4 彼此之间亲缘关系更近（图 4-4）。同时，发现该菌中的 GPCR 与 *C. higginsianum*、*C. fioriniae* 等炭疽菌属病原菌具有较高的同源序列及较近的亲缘关系（图 4-4）。

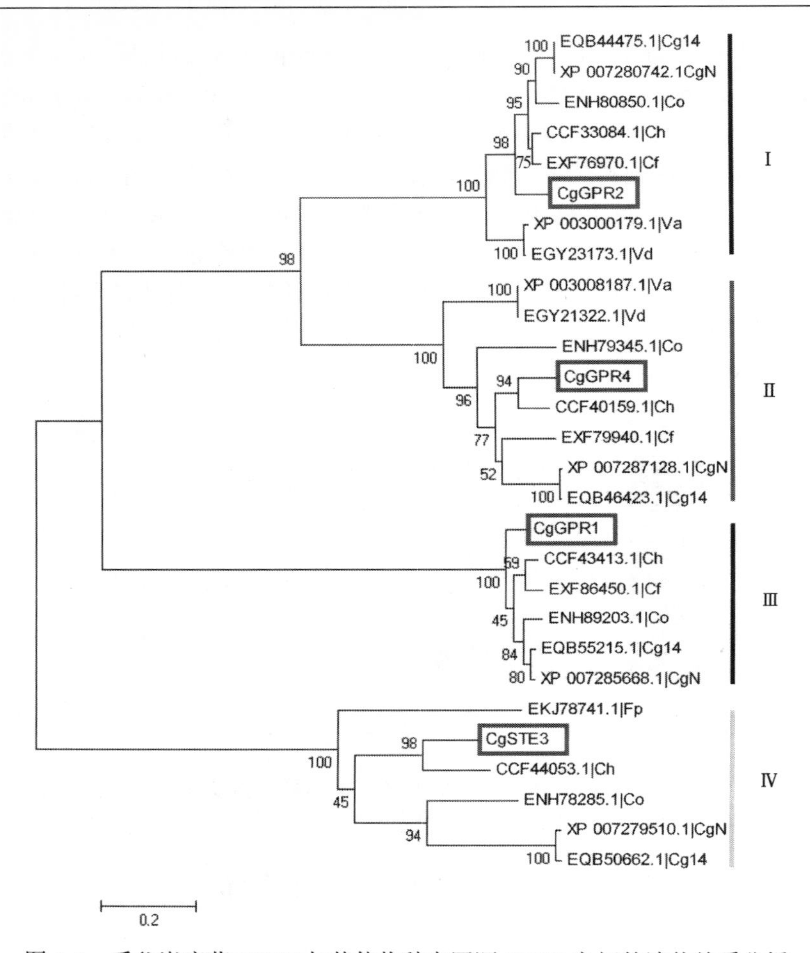

图4-4　禾谷炭疽菌GPCR与其他物种中同源GPCR之间的遗传关系分析
（彩图请扫封底二维码）

Figure 4-4　The genetic relationships of GPCR in *C. graminicola* compared with its homologous sequences from other species

Ch、CgN、Cg14、Co、Cf、Va、Vd、Fp分别是 *Colletotrichum higginsianum*、*Colletotrichum gloeosporioides* Nara gc5、*Colletotrichum gloeosporioides* Cg-14、*Colletotrichum orbiculare* MAFF 240422、*Colletotrichum fioriniae* PJ7、*Verticillium alfalfae* VaMs.102、*Verticillium dahliae* VdLs.17、*Fusarium pseudograminearum* CS3096物种的缩写

Ch，CgN，Cg14，Co，Cf，Va，Vd and Fp is abbreviation of *Colletotrichum higginsianum*，*Colletotrichum gloeosporioides* Nara gc5，*Colletotrichum gloeosporioides* Cg-14，*Colletotrichum orbiculare* MAFF 240422，*Colletotrichum fioriniae* PJ7，*Verticillium alfalfae* VaMs.102，*Verticillium dahliae* VdLs.17 and *Fusarium pseudograminearum* CS3096，respectively

第五章　禾谷炭疽菌 Gα、Gβ、Gγ 生物信息学分析

一、Gα、Gβ、Gγ 保守结构域分析

利用 SMART[109]分析，明确所获得的禾谷炭疽菌中 CgGα-1、CgGα-2、CgGα-3 和 CgGβ-1、CgGβ-2 及 CgGγ 蛋白均含有 G 蛋白亚基 Gα、Gβ、Gγ 的典型保守结构域（图 5-1，表 5-1）。具体而言，CgGα-1、CgGα-2、CgGα-3 均含有 G_alpha 保守结构域；CgGβ-1、CgGβ-2 均含有 7 个 WD40 保守结构域，而与 CgGβ-1 相比，CgGβ-2 则在 N 端还具有一个卷曲螺旋结构（coiled coil）；CgGγ 则含有 G_gamma 保守结构域（图 5-1）。

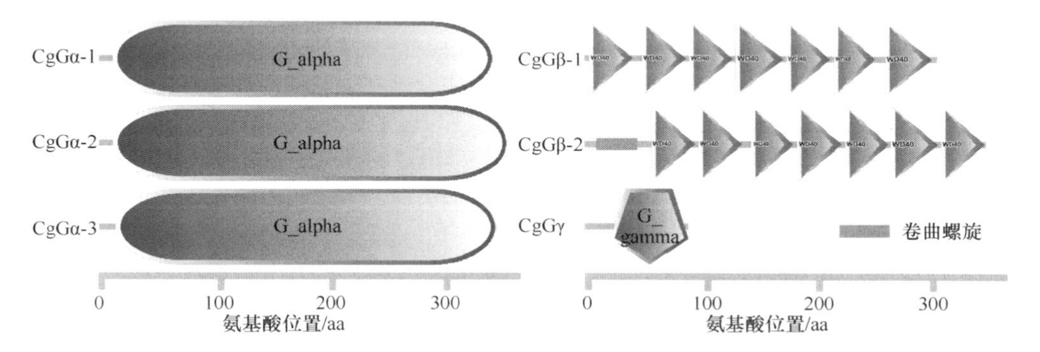

图 5-1　禾谷炭疽菌 G 蛋白亚基的保守结构域分析（彩图请扫封底二维码）
Figure 5-1　The conserved domain of G protein subunit in *C. graminicola*

二、Gα、Gβ、Gγ 理化性质分析

利用 Protscale 程序[113]对 GPCR 进行理化性质及疏水性测定，结果显示 *C. graminicola* 中所含 Gα、Gβ、Gγ 彼此之间在酸性氨基酸、碱性氨基酸及非极性 R 基氨基酸、不带电荷的极性 R 基氨基酸的组成及所占比例方面均存在不同（表 5-2）。具体而言，CgGα-1 所含氨基酸比例最高（8.80%）的为谷氨酸（Glu），属于酸性氨基酸；CgGα-2 所含氨基酸比例最高（7.90%）的为天冬氨酸（Asp），同样属于酸性氨基酸；与 CgGα-1、CgGα-2 不同，CgGα-3 所含氨基酸比例最高（9.60%）

表 5-1　禾谷炭疽菌 G 蛋白亚基的保守结构域位置情况

Table 5-1　The conserved domain of G protein subunit in *C. graminicola*

名称 Name	保守结构域名称 Conserved domain	起始位置 Start	终止位置 End	阈值 Value	名称 Name	保守结构域名称 Conserved domain	起始位置 Start	终止位置 End	阈值 Value
CgGα-1	G_alpha	13	352	5.49×10^{-223}	CgGα-2	G_alpha	13	366	8.12×10^{-194}
CgGα-3	G_alpha	15	354	5.49×10^{-191}					
CgGβ-1	WD40	4	44	4.58×10^{-8}	CgGβ-2	coiled coil	11	46	N/A
	WD40	52	91	2.22×10^{-6}		WD40	60	99	2.45×10^{-8}
	WD40	94	133	1.1×10^{-10}		WD40	102	141	1.06×10^{-3}
	WD40	135	178	5.18×10^{-7}		WD40	149	187	1.06×10^{-3}
	WD40	181	220	2.45×10^{-8}		WD40	190	230	2.51×10^{-5}
	WD40	223	260	1.49		WD40	233	272	5.72×10^{-9}
	WD40	269	311	0.743		WD40	274	316	0.516
						WD40	319	358	2.34×10^{-5}
CgGγ	G_gamma	23	93	2.64×10^{-16}					

注：WD40 代表着以色氨酸-天冬氨酸（Trp-Asp，W-D）为末端的约 40 个氨基酸残基的基序

Note：WD40 represents tryptophan-aspartate（Trp-Asp，WD）of～40 amino acid residues at the end of the motif

表 5-2 禾谷炭疽菌 G 蛋白亚基氨基酸组成情况

Table 5-2 The amino acid composition of G protein subunit in *C. graminicola*

氨基酸种类 Amino acid specie	氨基酸 Amino acid	CgGα-1		CgGα-2		CgGα-3		CgGβ-1		CgGβ-2		CgGγ	
		数量 Num.	所占比例 Ratio/%	数量 Num.	所占比例 Ratio/%	数量 Num.	所占比例 Ratio/%	数量 Num.	所占比例 Ratio/%	数量 Num.	所占比例 Ratio/%	数量 Num.	所占比例 Ratio/%
酸性氨基酸 Acidic amino acid	Glu（E）	31	8.80	22	6.00	27	7.60	15	4.70	15	4.20	5	5.40
	Asp（D）	24	6.80	29	7.90	18	5.10	19	6.00	26	7.20	6	6.50
碱性氨基酸 Basic amino acid	Arg（R）	23	6.50	18	4.90	22	6.20	14	4.40	22	6.10	9	9.70
	Lys（K）	20	5.70	27	7.40	21	5.90	19	6.00	18	5.00	5	5.40
	His（H）	5	1.40	11	3.00	6	1.70	9	2.80	10	2.80	0	0.00
非极性 R 基氨基酸 Non-polar R amino acid	Ala（A）	18	5.10	22	6.00	22	6.20	20	6.30	32	8.90	5	5.40
	Val（V）	16	4.50	16	4.40	20	5.60	19	6.00	19	5.30	7	7.50
	Leu（L）	29	8.20	41	11.20	34	9.60	30	9.50	28	7.80	6	6.50
	Ile（I）	30	8.50	21	5.70	24	6.80	18	5.70	22	6.10	4	4.30
	Trp（W）	3	0.80	8	2.20	4	1.10	12	3.80	8	2.20	1	1.10
	Met（M）	15	4.20	11	3.00	13	3.70	5	1.60	8	2.20	4	4.30
	Phe（F）	18	5.10	18	4.90	16	4.50	7	2.20	11	3.10	0	0.00
	Pro（P）	9	2.50	11	3.00	10	2.80	9	2.80	9	2.50	7	7.50
不带电荷的极性 R 基氨基酸 R with polar uncharged amino acid	Asn（N）	16	4.50	21	5.70	19	5.40	15	4.70	16	4.50	5	5.40
	Cys（C）	7	2.00	5	1.40	5	1.40	7	2.20	12	3.30	3	3.20
	Gln（Q）	18	5.10	18	4.90	21	5.90	6	1.90	13	3.60	5	5.40
	Gly（G）	18	5.10	21	5.70	16	4.50	22	7.00	26	7.20	5	5.40
	Ser（S）	19	5.40	20	5.50	27	7.60	37	11.70	32	8.90	9	9.70
	Thr（T）	21	5.90	17	4.60	15	4.20	25	7.90	23	6.40	3	3.20
	Tyr（Y）	13	3.70	9	2.50	15	4.20	8	2.50	9	2.50	4	4.30

的为亮氨酸（Leu），属于非极性 R 基氨基酸。CgGβ-1 所含氨基酸比例最高（9.50%）的为亮氨酸（Leu），属于非极性 R 基氨基酸；CgGβ-2 所含丙氨酸（Ala）、丝氨酸（Ser）比例最高，为 8.90%，分别属于非极性 R 基氨基酸、不带电荷的极性 R 基氨基酸；CgGγ 所含精氨酸（Arg）、丝氨酸（Ser）比例最高，为 9.70%，分别属于碱性氨基酸、不带电荷的极性 R 基氨基酸（表 5-2 阴影）。

同时，*C. graminicola* 中所含 Gα、Gβ、Gγ 在分子质量、理论等电点、负电荷氨基酸残基数、正电荷氨基酸残基数、分子式、原子质量及不稳定性系数、脂肪族氨基酸指数、总平均亲水性等方面均存在着一定差异（表 5-3）。

就 CgGα 而言，在分子质量及原子数量方面，CgGα-2 最大，其次为 CgGα-3、CgGα-1；在理论等电点方面，CgGα 均属于酸性，并以 CgGα-3 最大，其次为 CgGα-2、CgGα-1；除 CgGα-2 为稳定蛋白外，其他两个 Gα 均属于不稳定蛋白，这也为进一步开展蛋白质结构解析研究带来了巨大的困难。

就 CgGβ 而言，与 CgGβ-1 相比，无论是在分子质量、原子数量方面，还是在理论等点方面，CgGβ-2 均较大，同时两者的不稳定性系数均小于 40，属于稳定蛋白。

此外，*C. graminicola* 中所含 Gα、Gβ、Gγ 的半衰期均为 30h，其总平均亲水性（GRAVY）均小于 0（表 5-3），为亲水性蛋白，这与 G 蛋白亚基定位在细胞膜、细胞质上的性质相一致。

三、Gα、Gβ、Gγ 疏水性分析

利用在线疏水性预测网站对 *C. graminicola* 中 G 蛋白亚基的疏水性情况进行测定，选择 window size 为 19，其他参数默认，结果表明无论 Gα 还是 Gβ，彼此在亲（疏）水性最强氨基酸残基及位置方面存在着较大的差异，同时也发现 Gγ 亲（疏）水性最强氨基酸残基相同，均为天冬氨酸（D）（图 5-2，表 5-4）。另外，通过对 *C. graminicola* 中 G 蛋白亚基亲（疏）水性氨基酸残基数值总和的对比分析，发现上述蛋白质均属于亲水性蛋白，这与 GRAVY 的预测相一致（表 5-3，表 5-4）。

四、Gα、Gβ、Gγ 信号肽、转运肽分析

利用 TargetP 1.1 Server 对 G 蛋白亚基转运肽的可能性进行在线预测[115]，发现 *C. graminicola* 中 Gα、Gβ、Gγ 亚基均含有较大可能性的转运肽序列，均未得到有效的定位情况而进行在线预测（表 5-5）。

表 5-3　禾谷炭疽菌 G 蛋白亚基基本理化性质

Table 5-3　The physicochemical properties of G protein subunit in *C. graminicola*

名称 Name	分子质量 Molecular mass /Da	理论等电点 Isoelectric point	负电荷氨基酸残基数 Negatively charged amino acid residue	正电荷氨基酸残基数 Positively charged amino acid residue	分子式 Formula	原子数量 Atomic number	半衰期 Half-life /h	不稳定性系数 Instability coefficient	脂肪族氨基酸指数 Aliphatic amino acid index	总平均亲水性 The total average hydrophilic
CgGα-1	40 995.8	5.10	55	43	$C_{1811}H_{2851}N_{489}O_{551}S_{22}$	5 724	30	52.74	83.43	–0.393
CgGα-2	42 138.0	6.02	51	45	$C_{1880}H_{2930}N_{516}O_{554}S_{16}$	5 896	30	36.61（稳定蛋白）	84.75	–0.460
CgGα-3	41 014.9	6.35	45	43	$C_{1822}H_{2868}N_{498}O_{543}S_{18}$	5 749	30	54.34	86.25	−0.373
CgGβ-1	35 041.5	6.75	34	33	$C_{1549}H_{2422}N_{428}O_{476}S_{12}$	4 887	30	31.74（稳定蛋白）	83.01	–0.293
CgGβ-2	39 702.8	6.79	41	40	$C_{1728}H_{2722}N_{500}O_{535}S_{20}$	5 505	30	36.34（稳定蛋白）	78.58	–0.314
CgGγ	10 517.9	8.90	11	14	$C_{448}H_{730}N_{136}O_{142}S_{7}$	1 463	30	66.41	69.14	–0.729

表 5-4　禾谷炭疽菌 G 蛋白亚基疏水性及亲水性氨基酸残基位置情况

Table 5-4　The hydrophobic and hydrophilic amino acid residue positions situations of G protein subunit in *C. graminicola*

名称 Name	亲水性最强氨基酸残基 Most hydrophilic amino acid residue	位置 Position	数值 Value	疏水性最强氨基酸残基 Most hydrophobic amino acid residue	位置 Position	数值 Value	亲水性氨基酸残基数值总和 The numerical sum of hydrophilic amino acid residue	疏水性氨基酸残基数值总和 The numerical sum of hydrophobic amino acid residue
CgGα-1	E	18	–2.442	T	220	1.189	−188.348	45.796
CgGα-2	S	106	–2.026	C/A/I	232/238/239	1.337	−201.018	30.455
CgGα-3	D	22	–2.321	A/L	229/230	1.184	−168.316	36.827
CgGβ-1	P	55	–2.000	C	249	0.911	−117.285	22.054
CgGβ-2	L/K	28/29	–2.284	T	296	1.505	−142.745	34.832
CgGγ	D	11	–1.879	D	64	0.321	−63.613	0.815

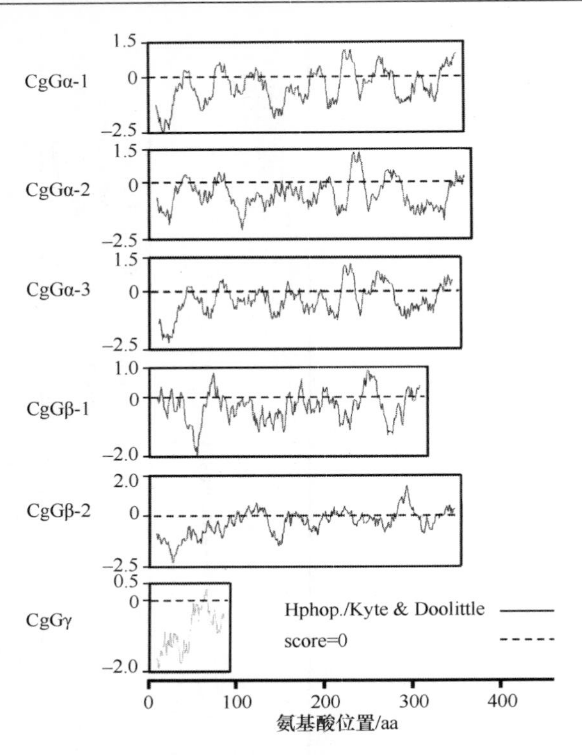

图 5-2 禾谷炭疽菌 G 蛋白亚基的疏水性分析

Figure 5-2 The hydrophobicity of G protein subunit in *C. graminicola*

表 5-5 禾谷炭疽菌 G 蛋白亚基含有潜在转运肽的可能性

Table 5-5 The possibility of potential signal peptide of G protein subunit in *C. graminicola*

名称 Name	叶绿体转运肽 Chloroplast transit peptide	线粒体目标肽 Mitochondrial targeting peptide	分泌途径信号肽 Secretory pathway signal peptide	定位情况 Localization	预测可靠性 Reliability class
CgGα-1	0.074	0.061	0.936	—	1
CgGα-2	0.265	0.065	0.691	—	3
CgGα-3	0.069	0.042	0.954	—	1
CgGβ-1	0.076	0.036	0.932	—	1
CgGβ-2	0.122	0.059	0.879	—	2
CgGγ	0.149	0.033	0.888	—	2

另外，利用 SignalP 3.0 Server[111]对 G 蛋白亚基信号肽进行预测，结果发现无论是经 NN 计算还是经 HMM 分析，均未发现明显的信号肽序列（表 5-6）。

表 5-6　禾谷炭疽菌 G 蛋白亚基含有潜在信号肽的可能性

Table 5-6　The possibility of potential signal peptide of G protein Subunit in *C. graminicola*

名称 Name	NN 预测 Prediction based on neural networks method			HMM 预测 Prediction based on hidden Markov models method
	信号肽位置 Position	*S* 平均值 Mean *S*	阈值 Value	最大切割位点概率 Max cleavage site probability
CgGα-1	1～44	0.012	0.48	0.000
CgGα-2	1～16	0.052	0.48	0.000
CgGα-3	1～36	0.013	0.48	0.000
CgGβ-1	1～33	0.084	0.48	0.000
CgGβ-2	1～25	0.018	0.48	0.000
CgGγ	1～33	0.016	0.48	0.000

五、Gα、Gβ、Gγ 亚细胞定位分析

利用 ProtComp v9.0 对 Gα、Gβ、Gγ 进行亚细胞定位分析，结果表明 *C. graminicola* 中 3 个 Gα 均定位于细胞膜上，2 个 Gβ 均定位于细胞质上，Gγ 定位于细胞膜上（表 5-7 阴影）。

表 5-7　禾谷炭疽菌 G 蛋白亚基亚细胞定位情况

Table 5-7　The subcellular localization of G protein subunit in *C. graminicola*

名称 Name	细胞核 Nuclear	细胞膜 Cell membrane	胞外 Extra cellular	细胞质 Cytoplasmic	线粒体 Mitochondrial	内质网 Endoplasmic reticulum	过氧化物酶体 Peroxisomal	溶酶体 Lysosomal	高尔基体 Golgi	液泡 Vacuolar
CgGα-1	0.00	5.67	0.00	4.26	0.04	0.00	0.00	0.01	0.02	0.00
CgGα-2	0.01	5.17	0.00	4.79	0.00	0.00	0.00	0.01	0.01	0.00
CgGα-3	0.02	5.22	0.00	4.75	0.00	0.00	0.00	0.00	0.00	0.00
CgGβ-1	0.04	1.06	0.00	8.89	0.00	0.00	0.00	0.01	0.00	0.00
CgGβ-2	0.00	0.00	0.00	9.99	0.00	0.00	0.00	0.00	0.00	0.00
CgGγ	0.00	9.99	0.00	0.01	0.00	0.00	0.00	0.00	0.00	0.00

六、Gα、Gβ、Gγ 二级结构分析

通过 PHD[116]对 *C. graminicola* 中所含的 Gα、Gβ、Gγ 进行二级结构分析，3 个 Gα 具有较为一致的二级结构组成，即均含有比例超过 50%的 α-螺旋结构和比例相对一致的 β-折叠、无规卷曲；2 个 Gβ 则具有比例超过 50%的 β-折叠和较低比例的 α-螺旋、无规卷曲；与 Gα、Gβ 二级结构组成不同，Gγ 含有较高比例的α-螺旋、无规卷曲，所占比例分别为 56%、44%，以及较低比例（2%）的 β-折叠（图 5-3）。

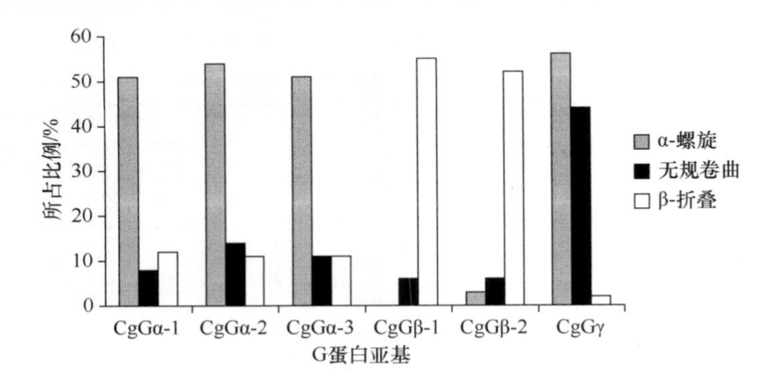

图 5-3　禾谷炭疽菌 G 蛋白亚基的二级结构分析

Figure 5-3　The secondary structure character of G protein subunit in *C. graminicola*

七、Gα、Gβ、Gγ 遗传关系分析

在 NCBI 中，以 *C. graminicola* 中的 Gα、Gβ、Gγ 氨基酸序列为基础，在线进行 Blastp 同源搜索，获得来自于不同物种的同源蛋白质序列。对所获得的同源序列，利用 ClustalX[120]进行多重比对分析，随后利用 MEGA 5.2.2 软件[121]构建系统进化树：采用邻近法构建系统发育树，各分支之间的距离计算采用 p-distance 模型，系统可信度检测采用自举法重复 1000 次进行。

对 *C. graminicola* 中的 3 个 Gα、2 个 Gβ 和 1 个 Gγ 序列及其同源序列分别进行聚类分析，结果显示，就 Gα 而言，分别以 CgGα-1、CgGα-2、CgGα-3 为核心，明显聚为三大类（图 5-4）。同时对 CgGα-1 及其同源序列进行聚类分析，也发现 *C. graminicola* 与同属于炭疽菌属的西瓜炭疽病菌（*Colletotrichum orbiculare*）、*Colletotrichum trifolii*、胶孢炭疽菌（*Colletotrichum gloeosporioides*）具有较近的亲缘关系（图 5-4，附录 4 附图 4-1）；对 CgGα-2 及其同源序列进行聚类分析，也发现 *C. graminicola* 与同属于炭疽菌属的 *Colletotrichum sublineola*、*C. higginsianum*、*C. orbiculare*、*C. gloeosporioides* 具有较近的亲缘关系（图 5-4，附录 4 附图 4-2）；对 CgGα-3 及其同源序列进行聚类分析，也发现 *C. graminicola* 与同属于炭疽菌属的 *Colletotrichum hanaui*、*C. higginsianum*、*C. orbiculare*、*Colletotrichum fioriniae*、*Colletotrichum gloeosporioides* 具有较近的亲缘关系（图 5-4，附录 4 附图 4-3）。就 Gβ 而言，分别以 CgGβ-1、CgGβ-2 为核心，明显聚为两大类（图 5-5）。同时对 CgGβ-1 及其同源序列进行聚类分析，也发现 *C. graminicola* 与同属于炭疽菌属的 *Colletotrichum hanaui*、*C. sublineola*、*C. gloeosporioides*、*C. fioriniae* 具有较近的亲缘关系（图 5-5，附录 4 附图 4-4）；对 CgGβ-2 及其同源序列进行聚类分析，也发现 *C. graminicola* 与同属于炭疽菌属的 *Colletotrichum hanaui*、*C. sublineola*、*C. gloeosporioides*、*C. fioriniae* 具有较近的亲缘关系（图 5-5，附录 4 附图 4-5）。就 Gγ 而言，*C. graminicola* 与 *C. fioriniae* 具有较近的亲缘关系（图 5-6）。

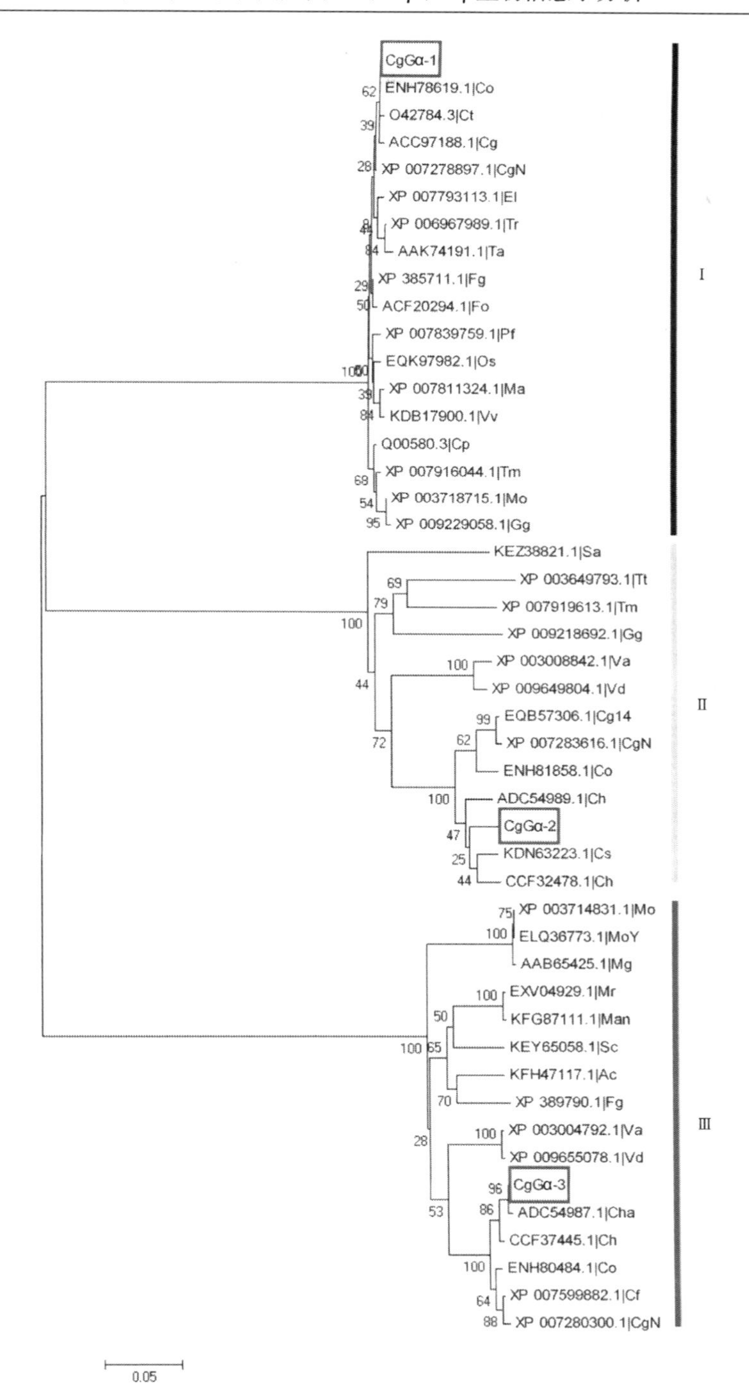
CgGα-1
ENH78619.1|Co
O42784.3|Ct
ACC97188.1|Cg
XP 007278897.1|CgN
XP 007793113.1|El
XP 006967989.1|Tr
AAK74191.1|Ta
XP 385711.1|Fg
ACF20294.1|Fo
XP 007839759.1|Pf
EQK97982.1|Os
XP 007811324.1|Ma
KDB17900.1|Vv
Q00580.3|Cp
XP 007916044.1|Tm
XP 003718715.1|Mo
XP 009229058.1|Gg
KEZ38821.1|Sa
XP 003649793.1|Tt
XP 007919613.1|Tm
XP 009218692.1|Gg
XP 003008842.1|Va
XP 009649804.1|Vd
EQB57306.1|Cg14
XP 007283616.1|CgN
ENH81858.1|Co
ADC54989.1|Ch
CgGα-2
KDN63223.1|Cs
CCF32478.1|Ch
XP 003714831.1|Mo
ELQ36773.1|MoY
AAB65425.1|Mg
EXV04929.1|Mr
KFG87111.1|Man
KEY65058.1|Sc
KFH47117.1|Ac
XP 389790.1|Fg
XP 003004792.1|Va
XP 009655078.1|Vd
CgGα-3
ADC54987.1|Cha
CCF37445.1|Ch
ENH80484.1|Co
XP 007599882.1|Cf
XP 007280300.1|CgN
I
II
III
0.05

图 5-4（图题见下页）

图 5-4 禾谷炭疽菌中不同 G 蛋白 Gα 亚基与其他物种中同源序列之间的遗传关系（彩图请扫封底二维码）

Figure 5-4 The genetic relationships of G protein Gα subunit in *C. graminicola* compared with its homologous sequences from other species

Co：*Colletotrichum orbiculare* MAFF 240422；Ct：*Colletotrichum trifolii*；CgN：*Colletotrichum gloeosporioides* Nara gc5；Cg：*Colletotrichum graminicola*；Fg：*Fusarium graminearum* PH-1；Fo：*Fusarium oxysporum* f. *cubense*；El：*Eutypa lata* UCREL1；Cp：*Cryphonectria parasitica*；Tr：*Trichoderma reesei* QM6a；Tm：*Togninia minima* UCRPA7；Os：*Ophiocordyceps sinensis* CO18；Pf：*Pestalotiopsis fici* W106-1；Ma：*Metarhizium acridum* CQMa 102；Vv：*Villosiclava virens*；Ta：*Trichoderma atroviride*；Mo：*Magnaporthe oryzae* 70-15；Gg：*Gaeumannomyces graminis* var. *tritici* R3-111a-1；Cs：*Colletotrichum sublimeola*；Cha：*Colletotrichum hanaui*；Ch：*Colletotrichum higginsianum*；Cg14：*Colletotrichum gloeosporioides* Cg-14；Va：*Verticillium alfalfae* VaMs.102；Vd：*Verticillium dahliae* VdLs.17；Sa：*Scedosporium apiospermum*；Tt：*Thielavia terrestris* NRRL 8126；Cf：*Colletotrichum fioriniae* PJ7；Mr：*Metarhizium robertsii*；Man：*Metarhizium anisopliae*；MoY：*Magnaporthe oryzae* Y34；Mg：*Magnaporthe grisea*；Ac：*Acremonium chrysogenum* ATCC 11550；Sc：*Stachybotrys chartarum* IBT 7711

图 5-5 禾谷炭疽菌中不同 G 蛋白 Gβ亚基与其他物种中同源序列之间的遗传关系（彩图请扫封底二维码）

Figure 5-5 The genetic relationships of G protein Gβ subunit in *C. graminicola* compared with its homologous sequences from other species

Cf：*Colletotrichum fioriniae* PJ7；Co：*Colletotrichum orbiculare* MAFF 240422；Cg14：*Colletotrichum gloeosporioides* Cg-14；Tr：*Trichoderma reesei* QM6a；Ac：*Acremonium chrysogenum* ATCC 11550；Mo：*Magnaporthe oryzae* 70-15；Th：*Torrubiella hemipterigena*；Ff：*Fusarium fujikuroi* IMI 58289；Ta：*Trichoderma atroviride* IMI 206040；Mr：*Metarhizium robertsii*；Fo：*Fusarium oxysporum*；Nh：*Nectria haematococca* mpVI 77-13-4；Tv：*Trichoderma virens* Gv29-8；Fg：*Fusarium graminearum* PH-1；Man：*Metarhizium anisopliae*；Va：*Verticillium alfalfae* VaMs. 102；Cha：*Colletotrichum hanaui*；Cs：*Colletotrichum sublineola*；CgN：*Colletotrichum gloeosporioides* Nara gc5；Vd：*Verticillium dahliae*；Sc：*Stachybotrys chartarum* IBT 7711；Os：*Ophiocordyceps sinensis* CO18；Ach：*Acremonium chrysogenum*；Cp：*Claviceps purpurea* 20.1；Fp：*Fusarium pseudograminearum* CS3096；Tm：*Togninia minima* UCRPA7；Bb：*Beauveria bassiana* ARSEF 2860；Gg：*Gaeumannomyces graminis* var. tritici R3- 111a-1；Vv：*Villosiclava virens*

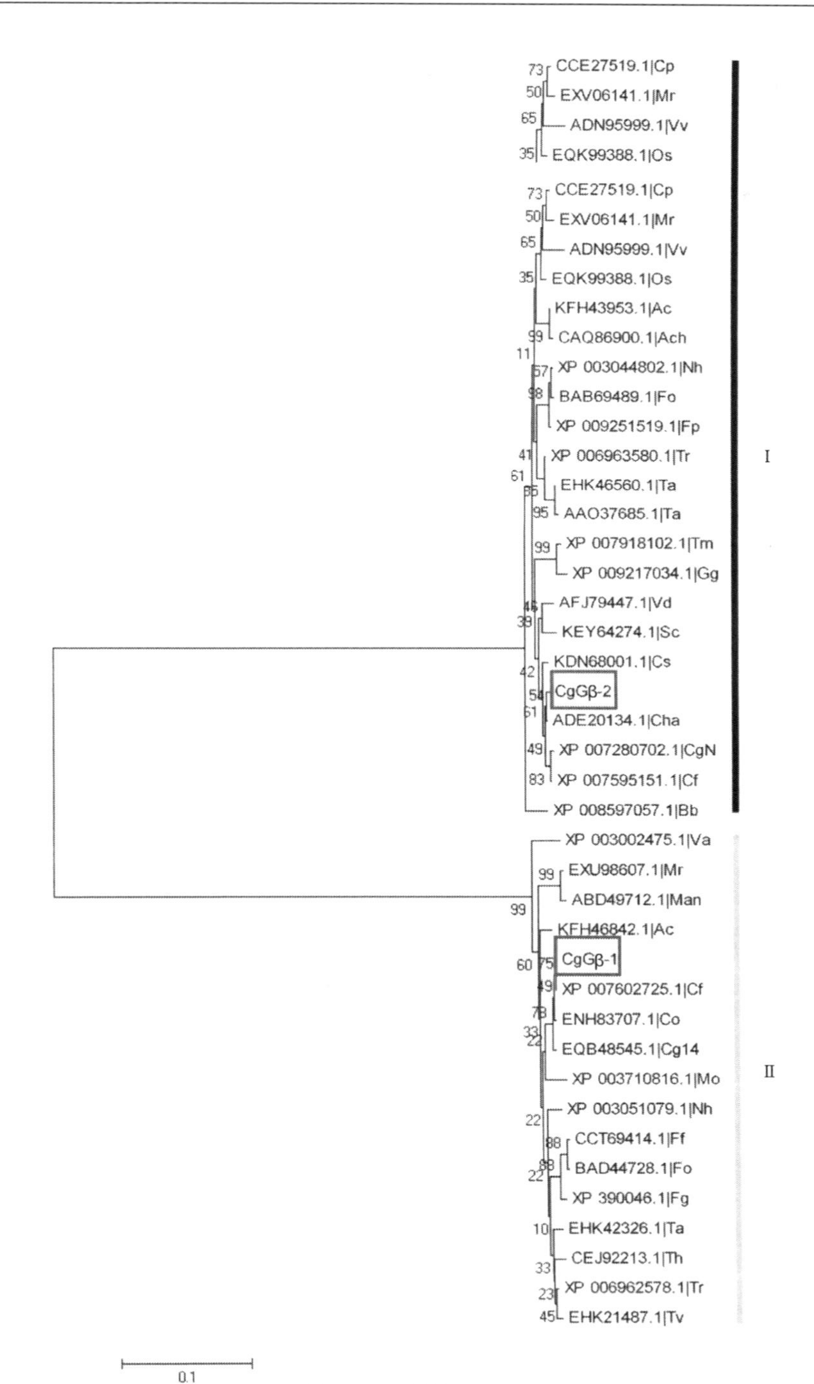
CCE27519.1|Cp
EXV06141.1|Mr
ADN95999.1|Vv
EQK99388.1|Os
CCE27519.1|Cp
EXV06141.1|Mr
ADN95999.1|Vv
EQK99388.1|Os
KFH43953.1|Ac
CAQ86900.1|Ach
XP 003044802.1|Nh
BAB69489.1|Fo
XP 009251519.1|Fp
XP 006963580.1|Tr
EHK46560.1|Ta
AAO37685.1|Ta
XP 007918102.1|Tm
XP 009217034.1|Gg
AFJ79447.1|Vd
KEY64274.1|Sc
KDN68001.1|Cs
CgGβ-2
ADE20134.1|Cha
XP 007280702.1|CgN
XP 007595151.1|Cf
XP 008597057.1|Bb
XP 003002475.1|Va
EXU98607.1|Mr
ABD49712.1|Man
KFH46842.1|Ac
CgGβ-1
XP 007602725.1|Cf
ENH83707.1|Co
EQB48545.1|Cg14
XP 003710816.1|Mo
XP 003051079.1|Nh
CCT69414.1|Ff
BAD44728.1|Fo
XP 390046.1|Fg
EHK42326.1|Ta
CEJ92213.1|Th
XP 006962578.1|Tr
EHK21487.1|Tv
I
II
0.1

图 5-5（图题见左页）

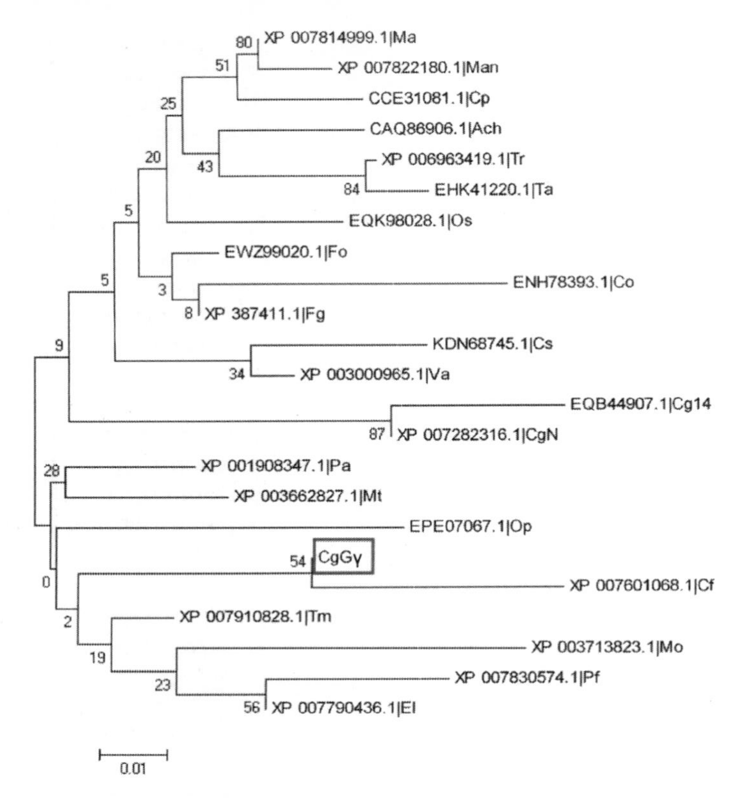

图 5-6 禾谷炭疽菌中不同 G 蛋白 Gγ亚基与其他物种中同源序列之间的遗传关系（彩图请扫封底二维码）

Figure 5-6 The genetic relationships of G protein Gγ subunit in *C. graminicola* compared with its homologous sequences from other species

Cs、Co、Cg14、Cf、Pf、CgN、Va、Fg、El、Fo、Tm、Os、Ma、Man、Pa、Tr、Ach、Mt、Ta、Op、Cp、Mo 分别是 *Colletotrichum sublineola*、*Colletotrichum orbiculare* MAFF 240422、*Colletotrichum gloeosporioides* Cg-14、*Colletotrichum fioriniae* PJ7、*Pestalotiopsis fici* W106-1、*Colletotrichum gloeosporioides* Nara gc5、*Verticillium alfalfae* VaMs.102、*Fusarium graminearum* PH-1、*Eutypa lata* UCREL1、*Fusarium oxysporum* f. sp. *lycopersici* MN25、*Togninia minima* UCRPA7、*Ophiocordyceps sinensis* CO18、*Metarhizium acridum* CQMa 102、*Metarhizium anisopliae* ARSEF 23、*Podospora anserina* S mat+、*Trichoderma reesei* QM6a、*Acremonium chrysogenum*、*Myceliophthora thermophila* ATCC 42464、*Trichoderma atroviride* IMI 206040、*Ophiostoma piceae* UAMH 11346、*Claviceps purpurea* 20.1、*Magnaporthe oryzae* 70-15 物种的缩写

Cs，Co，Cg14，Cf，Pf，CgN，Va，Fg，El，Fo，Tm，Os，Ma，Man，Pa，Tr，Ach，Mt，Ta，Op，Cp and Mo is abbreviation of *Colletotrichum sublineola*，*Colletotrichum orbiculare* MAFF 240422，*Colletotrichum gloeosporioides* Cg-14，*Colletotrichum fioriniae* PJ7，*Pestalotiopsis fici* W106-1，*Colletotrichum gloeosporioides* Nara gc5，*Verticillium alfalfae* VaMs.102，*Fusarium graminearum* PH-1，*Eutypa lata* UCREL1，*Fusarium oxysporum* f. sp. *lycopersici* MN25，*Togninia minima* UCRPA7，*Ophiocordyceps sinensis* CO18，*Metarhizium acridum* CQMa 102，*Metarhizium anisopliae* ARSEF 23，*Podospora anserina* S mat+，*Trichoderma reesei* QM6a，*Acremonium chrysogenum*，*Myceliophthora thermophila* ATCC 42464，*Trichoderma atroviride* IMI 206040，*Ophiostoma piceae* UAMH 11346，*Claviceps purpurea* 20.1，*Magnaporthe oryzae* 70-15，respectively

第六章　禾谷炭疽菌 PhLP 生物信息学分析

一、PhLP 保守结构域分析

利用 SMART[109]分析，明确所获得的禾谷炭疽菌中 CgPhnA、CgPhnB 并不含有较为典型的保守结构域（图 6-1）。同时，通过 NCBI 保守结构域找寻[107,108]，发现 CgPhnA、CgPhnB 均含有保守的 Phd_like_VIAF 保守结构域，位置分别为 76～290aa、20～212aa，阈值分别为 3.19e-47、1.21e-76。

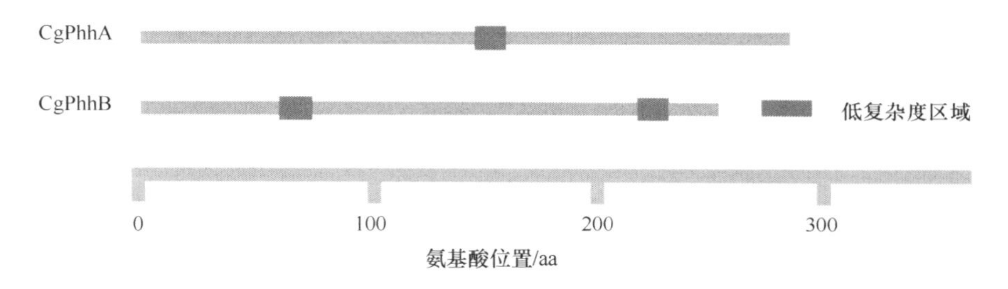

图 6-1　禾谷炭疽菌 PhLP 蛋白的保守结构域分析（彩图请扫封底二维码）
Figure 6-1　The conserved domain of PhLP in *C. graminicola*

二、PhLP 理化性质分析

利用 Protscale 程序[113]对 PhLP 进行理化性质及疏水性测定，结果表明 *C. graminicola* 中所含 CgPhnA 与 CgPhnB 彼此之间在酸性氨基酸、碱性氨基酸及非极性 R 基氨基酸、不带电荷的极性 R 基氨基酸的组成及所占比例方面均存在不同。就其所含的氨基酸类别而言，前者含有较高比例的天冬氨酸（Asp），后者则含有较高比例的谷氨酸（Glu），上述氨基酸均属于酸性氨基酸（表 6-1 阴影）。同时，两者在分子质量、理论等电点、负电荷氨基酸残基数、正电荷氨基酸残基数、分子式、原子质量及不稳定性系数、脂肪族氨基酸指数、总平均亲水性等方面均存在着一定差异（表 6-2）。此外，上述 PhLP 不稳定系数均大于 40，属于不稳定蛋白；CgPhnA 与 CgPhnB 总平均亲水性（GRAVY）小于 0，为亲水性蛋白（表 6-2）。

表 6-1　禾谷炭疽菌 PhLP 蛋白氨基酸组成情况

Table 6-1　The amino acid composition of PhLP in *C. graminicola*

氨基酸种类 Amino acid specie	氨基酸 Amino acid	CgPhnA		CgPhnB	
		数量 Num.	所占比例 Ratio/%	数量 Num.	所占比例 Ratio/%
酸性氨基酸 Acidic amino acid	Glu（E）	18	6.20	32	12.30
	Asp（D）	30	10.30	22	8.50
碱性氨基酸 Basic amino acid	Arg（R）	27	9.20	20	7.70
	Lys（K）	8	2.70	15	5.80
	His（H）	11	3.80	5	1.90
非极性 R 基氨基酸 Non-polar R amino acid	Ala（A）	23	7.90	18	6.90
	Val（V）	21	7.20	18	6.90
	Leu（L）	19	6.50	20	7.70
	Ile（I）	14	4.80	13	5.00
	Trp（W）	1	0.30	3	1.20
	Met（M）	9	3.10	10	3.80
	Phe（F）	11	3.80	3	1.20
	Pro（P）	11	3.80	14	5.40
不带电荷的极性 R 基氨基酸 R with polar uncharged amino acid	Asn（N）	12	4.10	14	5.40
	Cys（C）	1	0.30	2	0.80
	Gln（Q）	9	3.10	10	3.80
	Gly（G）	15	5.10	14	5.40
	Ser（S）	28	9.60	11	4.20
	Thr（T）	17	5.80	10	3.80
	Tyr（Y）	7	2.40	6	2.30

三、PhLP 疏水性分析

利用在线疏水性预测网站对 *C. graminicola* 中 CgPhnA、CgPhnB 的疏水性情况进行测定，选择 window size 为 19，其他参数默认。结果表明，无论是 CgPhnA 还是 CgPhnB，彼此在亲（疏）水性最强氨基酸残基及位置方面存在着较大的差异（图 6-2，表 6-3）。另外，通过对 *C. graminicola* 中 CgPhnA 与 CgPhnB 亲（疏）水性氨基酸残基数值总和的对比分析，发现上述蛋白质均属于亲水性蛋白，这与 GRAVY 的预测结果相一致（表 6-2）。

表 6-2　禾谷炭疽菌 PhLP 蛋白基本理化性质

Table 6-2　The physicochemical properties of PhLP in *C. graminicola*

名称 Name	分子质量 Relative molecular mass /Da	理论等电点 Isoelectric point	负电荷氨基酸残基数 Negatively charged amino acid residue	正电荷氨基酸残基数 Positively charged amino acid residue	分子式 Formula	原子数量 Atomic number	半衰期 Half-life/h	不稳定性系数 Instability coefficient	脂肪族氨基酸指数 Aliphatic amino acid index	总平均亲水性 The total average hydrophilic
CgPhnA	32 831.3	5.29	48	35	$C_{1409}H_{2225}N_{425}O_{462}S_{10}$	4 531	30	58.71	72.81	−0.624
CgPhnB	29 715.2	4.75	54	35	$C_{1277}H_{2046}N_{372}O_{420}S_{12}$	4 127	30	43.61	76.50	−0.834

表 6-3　禾谷炭疽菌 PhLP 蛋白疏水性及亲水性氨基酸残基位置情况

Table 6-3　The hydrophobic and hydrophilic amino acid residue positions situations of PhLP in *C. graminicola*

名称 Name	亲水性最强氨基酸残基 Most hydrophilic amino acid residue	位置 Position	数值 Value	疏水性最强氨基酸残基 Most hydrophobic amino acid residue	位置 Position	数值 Value	亲水性氨基酸残基数值总和 The numerical sum of hydrophilic amino acid residue	疏水性氨基酸残基数值总和 The numerical sum of hydrophobic amino acid residue
CgPhnA	D	29	−2.968	A	197	0.979	−212.757	37.007
CgPhnB	R	226	−2.395	Q	193	1.016	−215.628	21.195

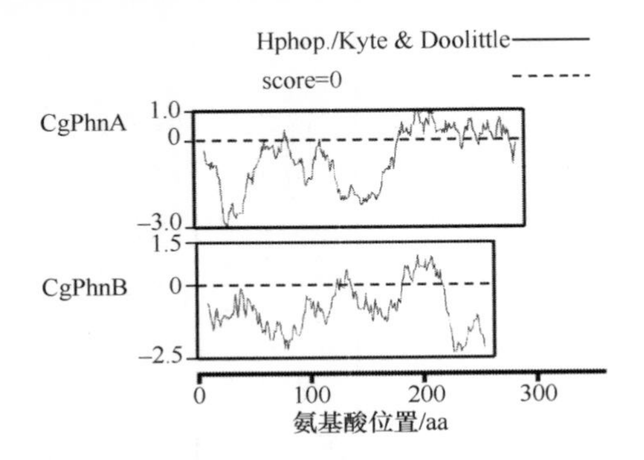

图 6-2　禾谷炭疽菌 PhLP 蛋白的疏水性分析
Figure 6-2　The hydrophobicity of PhLP in *C. graminicola*

四、PhLP 信号肽、转运肽分析

利用 TargetP 1.1 Server 对 CgPhnA、CgPhnB 转运肽的可能性进行在线预测[115]，发现 *C. graminicola* 中 CgPhnA、CgPhnB 均含有较大可能性的转运肽序列，均未得到有效的定位情况而进行在线预测（表 6-4）。

另外，利用 SignalP 3.0 Server[111]对 CgPhnA、CgPhnB 信号肽进行预测，结果发现无论是经 NN 计算还是经 HMM 分析，均未发现明显的信号肽序列（表 6-5）。

表 6-4　禾谷炭疽菌 PhLP 蛋白含有潜在转运肽的可能性
Table 6-4　The possibility of potential transmit peptide of PhLP in *C. graminicola*

名称 Name	叶绿体转运肽 Chloroplast transit peptide	线粒体目标肽 Mitochondrial targeting peptide	分泌途径信号肽 Secretory pathway signal peptide	定位情况 Localization	预测可靠性 Reliability class
CgPhnA	0.082	0.051	0.918	—	1
CgPhnB	0.088	0.039	0.933	—	1

表 6-5　禾谷炭疽菌 PhLP 蛋白含有潜在信号肽的可能性
Table 6-5　The possibility of potential signal peptide of PhLP in *C. graminicola*

名称 Name	NN 预测 Prediction based on neural networks method			HMM 预测 Prediction based on hidden Markov models method
	信号肽位置 Position	*S* 平均值 Mean *S*	阈值 Value	最大切割位点概率 Max cleavage site probability
CgPhnA	1～27	0.026	0.48	0.000
CgPhnB	1～2	0.065	0.48	0.000

五、PhLP 亚细胞定位分析

利用 ProtComp v9.0 对 CgPhnA、CgPhnB 进行亚细胞定位分析，结果表明

C. graminicola 中 CgPhnA 定位于核内，CgPhnB 则定位于细胞质上（表 6-6 阴影）。上述 *C. graminicola* 中 PhLP 的预测定位在不同的细胞位置，有待于通过生物学实验进行进一步验证。

表 6-6　禾谷炭疽菌 PhLP 蛋白亚细胞定位情况

Table 6-6　The subcellular localization of PhLP in *C. graminicola*

名称 Name	细胞核 Nuclear	细胞膜 Cell membrane	胞外 Extra cellular	细胞质 Cytoplasmic	线粒体 Mitochondrial	内质网 Endoplasmic reticulum	过氧化物酶体 Peroxisomal	溶酶体 Lysosomal	高尔基体 Golgi	液泡 Vacuolar
CgPhnA	3.46	1.55	1.55	0.74	1.93	0.02	0.40	0.00	0.35	0.00
CgPhnB	0.00	1.64	0.00	8.05	0.25	0.00	0.00	0.02	0.03	0.01

六、PhLP 二级结构分析

通过 PHD[116]对 *C. graminicola* 中所含的 CgPhnA、CgPhnB 进行二级结构分析，发现上述 PhLP 具有较为一致的二级结构组成，即均含有比例超过 40%的 α-螺旋结构，其次为无规卷曲及较低比例的 β-折叠（图 6-3）。

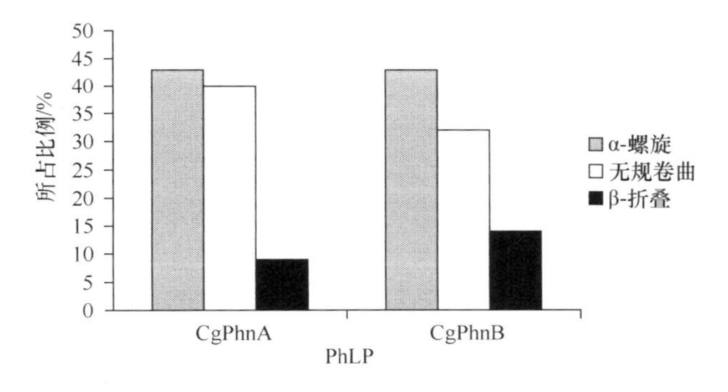

图 6-3　禾谷炭疽菌 PhLP 蛋白的二级结构分析

Figure 6-3　The secondary structure character of PhLP in *C. graminicola*

七、PhLP 遗传关系分析

在 NCBI 中，以 *C. graminicola* 中 CgPhnA、CgPhnB 氨基酸序列为基础，在线进行 Blastp 同源搜索，获得来自于不同物种的同源蛋白质序列。对所获得的同源序列，利用 ClustalX[120]进行多重比对分析，随后利用 MEGA 5.2.2 软件[121]构建系统进化树：采用邻近法构建系统发育树，各分支之间的距离计算采用 p-distance 模型，系统可信度检测采用自举法重复 1000 次进行。

通过对 *C. graminicola* 中的 CgPhnA、CgPhnB 序列及其同源序列进行聚类分析，结果显示分别以 CgPhnA、CgPhnB 为核心，分为明显的两大类。就 CgPhnA 而言，

C. graminicola 与 *C. sublineola*、*C. higginsianum*、*C. fioriniae*、*C. orbiculare*、*C. gloeosporioides* 亲缘关系最近（图 6-4）；就 CgPhnB 而言，*C. graminicola* 也与 *C. sublineola*、*C. higginsianum*、*C. fioriniae*、*C. gloeosporioides* 亲缘关系最近（图 6-4）。通过上述分析，发现 *C. graminicola* 中 PhLP 与 *C. sublineola*、*C. higginsianum*、*C. fioriniae*、*C. Gloeosporioides* 中同源序列亲缘关系最近。

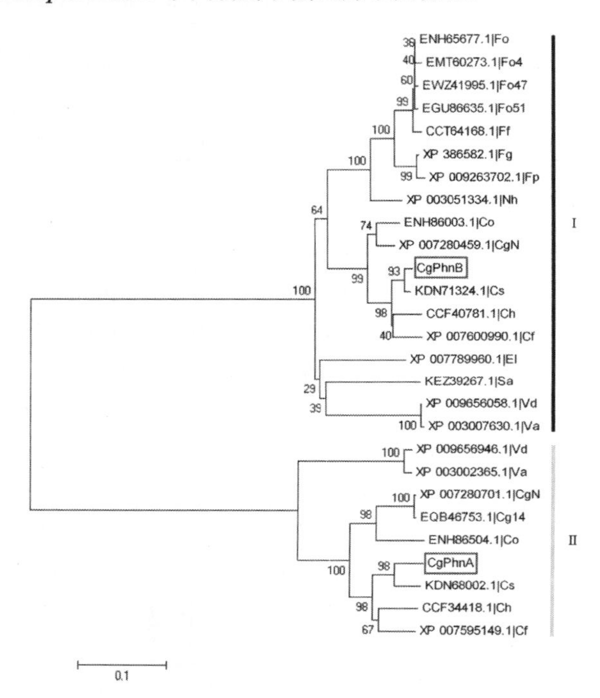

图 6-4　禾谷炭疽菌中不同 PhLP 蛋白与其他物种中同源序列之间的遗传关系
（彩图请扫封底二维码）

Figure 6-4　The genetic relationships of PhLP in *C. graminicola* compared with its homologous sequences from other species

Ch、Cs、Cf、CgN、Cg14、Co、Vd、Fo、Fo47、Fo51、Fo4、Ff、Nh、Vd、Va、El、Fg、Fp、Sa 分别是 *Colletotrichum higginsianum*、*Colletotrichum sublineola*、*Colletotrichum fioriniae* PJ7、*Colletotrichum gloeosporioides* Nara gc5、*Colletotrichum gloeosporioides* Cg-14、*Colletotrichum orbiculare* MAFF 240422、*Verticillium dahliae* VdLs.17、*Fusarium oxysporum* f. sp. *cubense* race 1、*Fusarium oxysporum* Fo47、*Fusarium oxysporum* Fo5176、*Fusarium oxysporum* f. sp. *cubense* race 4、*Fusarium fujikuroi* IMI 58289、*Nectria haematococca* mpVI 77-13-4、*Verticillium dahliae* VdLs.17、*Verticillium alfalfae* VaMs.102、*Eutypa lata* UCREL1、*Fusarium graminearum* PH-1、*Fusarium pseudograminearum* CS3096、*Scedosporium apiospermum* 物种的缩写

Ch，Cs，Cf，CgN，Cg14，Co，Vd，Fo，Fo47，Fo51，Fo4，Ff，Nh，Vd，Va，El，Fg，Fp and Sa is abbreviation of *Colletotrichum higginsianum*，*Colletotrichum sublineola*，*Colletotrichum fioriniae* PJ7，*Colletotrichum gloeosporioides* Nara gc5，*Colletotrichum gloeosporioides* Cg-14，*Colletotrichum orbiculare* MAFF 240422，*Verticillium dahliae* VdLs.17，*Fusarium oxysporum* f. sp. *cubense* race 1，*Fusarium oxysporum* Fo47，*Fusarium oxysporum* Fo5176，*Fusarium oxysporum* f. sp. *cubense* race 4，*Fusarium fujikuroi* IMI 58289，*Nectria haematococca* mpVI 77-13-4，*Verticillium dahliae* VdLs.17，*Verticillium alfalfae* VaMs.102，*Eutypa lata* UCREL1，*Fusarium graminearum* PH-1，*Fusarium pseudograminearum* CS3096，*Scedosporium apiospermum*，respectively

第七章　禾谷炭疽菌 RGS 生物信息学分析

一、RGS 保守结构域分析

通过 TMHMM v. 2.0[109]分析，CgRGS1、CgRGS4 及 CgRGS5 不具有跨膜结构，CgRGS2、CgRGS3 和 CgRGS6 具有不同数量的跨膜结构，此结果与 SMART 在线分析结果一致（图 7-1）。具体而言，CgRGS2 具有 3 个跨膜结构，所在位置分别为 252~274aa、283~302aa、335~357aa；CgRGS3 则具有 7 个跨膜结构，位置分别为 24~46、59~81、91~113、160~182、211~233、246~268、278~300；CgRGS6 含有 2 个跨膜结构，位置分别为 4~26、33~55（图 7-1）。

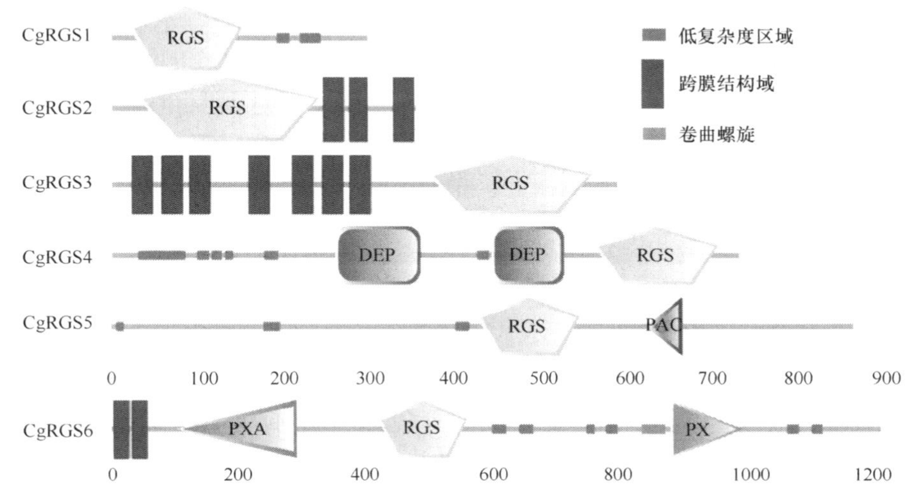

图 7-1　禾谷炭疽菌 RGS 具有保守的结构域（彩图请扫封底二维码）

Figure 7-1　The conserved domain of six RGS in *C. graminicola*

RGS. G 蛋白信号调节结构域；DEP. 发现于 Dishevelled、Egl-10 和 Pleckstrin 的结构域；PAC. 位于 PAS 基序 C 端的结构域；PXA. 与 PX 结构域相关；PX. PhoX 同源结构域

RGS. regulator of G protein signalling domain；DEP. domain found in Dishevelled，Egl-10，and Pleckstrin；PAC. motif C terminal to PAS motifs；PXA. domain associated with PX domains；PX. PhoX homologous domain

二、RGS 理化性质分析

利用 Protscale 程序[113]对 RGS 进行理化性质及疏水性测定，结果表明 *C.*

graminicola 中所含的 6 个典型 RGS 彼此之间在酸性氨基酸、碱性氨基酸及非极性 R 基氨基酸、不带电荷的极性 R 基氨基酸的组成及所占比例方面均存在不同。就其所含的氨基酸类别而言，CgRGS1、CgRGS4、CgRGS5 均含有较高比例的丝氨酸（Ser），所占比例分别为 10.70%、13.50%、8.70%，而 CgRGS2、CgRGS3、CgRGS6 含有较高比例的亮氨酸（Leu），所占比例分别为 12.50%、9.20%、11.30%（表 7-1 阴影）。

同时，*C. graminicola* 中所含的 RGS 在分子质量、理论等电点、负电荷氨基酸残基数、正电荷氨基酸残基数、分子式、原子质量及不稳定性系数、脂肪族氨基酸指数、总平均亲水性等方面均存在着一定差异（表 7-2）。此外，上述 RGS 不稳定系数均大于 40，属于不稳定蛋白；上述 RGS 总平均亲水性（GRAVY）小于 0，为亲水性蛋白（表 7-2）。

三、RGS 疏水性分析

利用在线疏水性预测网站对禾谷炭疽菌 6 个典型 RGS 进行疏水性分析，结果显示 CgRGS1 中位于 164 位的甘氨酸（Gly），其亲水性最强，为–1.979，而位于 18 位的亮氨酸（Leu），其亲水性最弱（疏水性最强，下同），为 1.184（图 7-2a，表 7-3）；CgRGS2 中位于 130 位、131 位的甲硫氨酸（Met）、丝氨酸（Ser），其亲水性最强，为–1.816，而位于 347 位的丙氨酸（Ala），其亲水性最弱，为 2.763（图 7-2b，表 7-3）；CgRGS3 中位于 128 位的酪氨酸（Tyr），其亲水性最强，为–1.916，而位于 292 位的谷氨酸（Glu），其亲水性最弱，为 2.174（图 7-2c，表 7-3）；CgRGS4 中位于 220 位的脯氨酸（Pro），其亲水性最强，为–1.768，而位于 268 位的亮氨酸（Leu），其亲水性最弱，为 1.232（图 7-2d，表 7-3）；CgRGS5 中位于 257 位、258 位的天冬酰胺（Asn）、谷氨酸（Glu），其亲水性最强，为–3.084，而位于 774 位的异亮氨酸（Ile），其亲水性最弱，为 1.011（图 7-2e，表 7-3）；CgRGS6 中位于 780 位、781 位、782 位的谷氨酸（Glu）、精氨酸（Arg）、天冬氨酸（Asp），其亲水性最强，为–2.442，而位于 44 位的苏氨酸（Thr），其亲水性最弱，为 2.858（图 7-2f，表 7-3）。

对上述 6 个 RGS 的疏水性、亲水性数值进行统计分析，结果显示 CgRGS1、CgRGS2、CgRGS3、CgRGS4、CgRGS5、CgRGS6 的疏水性氨基酸残基数值总和分别为 25.923、126.217、202.85、45.05、56.88、204.702，而亲水性氨基酸残基数值总和分别为–180.619、–136.595、–269.021、–453.516、–705.718、–679.026（表 7-3）。上述结果表明，禾谷炭疽菌中 6 个典型 RGS 尽管在“亲水性最强氨基酸残基位置、数值”、“疏水性最强氨基酸残基位置、数值”、“疏水性氨基酸残基数值总和”及“亲水性氨基酸残基数值总和”等方面的结果并不相同，但是均为亲水性蛋白，这与通过 GRAVY 计算所得结果一致（表 7-2）。

表 7-1　禾谷炭疽菌 RGS 氨基酸组成情况

Table 7-1　The amino acid composition of RGS in *C. graminicola*

氨基酸种类 Amino acid specie	氨基酸 Amino acid	CgRGS1		CgRGS2		CgRGS3		CgRGS4		CRGS5		CgRGS6	
		数量 Num.	所占比例 Ratio/%	数量 Num.	所占比例 Ratio/%	数量 Num.	所占比例 Ratio/%	数量 Num.	所占比例 Ratio/%	数量 Num.	所占比例 Ratio/%	数量 Num.	所占比例 Ratio/%
酸性氨基酸 Acidic amino acid	Glu（E）	19	6.20	18	5.00	42	7.10	29	3.90	60	6.80	80	6.60
	Asp（D）	15	4.90	25	6.90	21	3.60	48	6.50	61	7.00	90	7.40
碱性氨基酸 Basic amino acid	Arg（R）	22	7.10	26	7.20	38	6.50	46	6.20	73	8.30	110	9.10
	Lys（K）	9	2.90	11	3.00	27	4.60	38	5.10	44	5.00	55	4.50
	His（H）	6	1.90	6	1.70	11	1.90	16	2.20	23	2.60	13	1.10
非极性 R 基氨基酸 Non-polar R amino acid	Ala（A）	27	8.80	28	7.80	53	9.00	61	8.20	61	7.00	121	10.00
	Val（V）	15	4.90	19	5.30	35	5.90	35	4.70	51	5.80	84	6.90
	Leu（L）	25	8.10	45	12.50	54	9.20	57	7.70	68	7.80	137	11.30
	Ile（I）	11	3.60	21	5.80	37	6.30	25	3.40	32	3.70	50	4.10
	Trp（W）	5	1.60	3	0.80	22	3.70	3	0.40	3	0.30	11	0.90
	Met（M）	12	3.90	12	3.30	14	2.40	17	2.30	24	2.70	29	2.40
	Phe（F）	5	1.60	21	5.80	32	5.40	27	3.60	28	3.20	40	3.30
	Pro（P）	30	9.70	21	5.80	30	5.10	41	5.50	61	7.00	55	4.50
不带电荷的极性 R 基氨基酸 R with polar uncharged amino acid	Asn（N）	12	3.90	9	2.50	16	2.70	33	4.50	38	4.30	44	3.60
	Cys（C）	3	1.00	3	0.80	7	1.20	7	0.90	5	0.60	6	0.50
	Gln（Q）	11	3.60	11	3.00	22	3.70	33	4.50	35	4.00	58	4.80
	Gly（G）	22	7.10	21	5.80	28	4.80	34	4.60	48	5.50	53	4.40
	Ser（S）	33	10.70	30	8.30	47	8.00	100	13.50	76	8.70	103	8.50
	Thr（T）	19	6.20	19	5.30	35	5.90	69	9.30	53	6.10	46	3.80
	Tyr（Y）	7	2.30	12	3.30	18	3.10	21	2.80	32	3.70	26	2.10

表 7-2 禾谷炭疽菌 RGS 基本理化性质

Table 7-2 The physicochemical properties of RGS in *C. graminicola*

名称 Name	分子质量 Molecular mass/Da	理论等电点 Isoelectric point	负电荷氨基酸残基数 Negatively charged amino acid residue	正电荷氨基酸残基数 Positively charged amino acid residue	分子式 Formula	原子数量 Atomic number	半衰期 Half-life /h	不稳定性系数 Instability coefficient	脂肪族氨基酸指数 Aliphatic amino acid index	总平均亲水性 The total average hydrophilic
CgRGS1	33 524.7	6.10	34	31	$C_{1453}H_{2305}N_{423}O_{459}S_{15}$	4 655	30	58.40	68.47	–0.528
CgRGS2	40 553.6	5.61	43	37	$C_{1826}H_{2861}N_{485}O_{529}S_{15}$	5 716	30	50.31	94.32	–0.034
CgRGS3	67 385.4	8.04	63	65	$C_{3074}H_{4716}N_{812}O_{854}S_{21}$	9 477	30	43.57	86.49	–0.139
CgRGS4	81 131.3	8.78	77	84	$C_{3504}H_{5571}N_{1017}O_{1151}S_{24}$	11 267	30	46.83	65.18	–0.585
CgRGS5	98 713.6	6.67	121	117	$C_{4298}H_{6797}N_{1261}O_{1353}S_{29}$	13 738	30	49.52	68.37	–0.741
CgRGS6	135 845.3	6.36	170	165	$C_{5951}H_{9605}N_{1735}O_{1829}S_{35}$	19 155	30	49.85	90.33	–0.390

表 7-3 禾谷炭疽菌 RGS 疏水性及亲水性氨基酸残基位置情况

Table 7-3 The hydrophobic and hydrophilic amino acid residue positions situations of RGS in *C. graminicola*

名称 Name	CgRGS1	CgRGS2	CgRGS3	CgRGS4	CgRGS5	CgRGS6
亲水性最强氨基酸残基 Most hydrophilic amino acid residue	G	M/S	r	P	N/E	E/R/D
位置 Position	164	130/131	128	220	257/258	780/781/782
数值 Value	–1.979	–1.816	–1.916	–1.768	–3.084	–2.442
疏水性最强氨基酸残基 Most hydrophobic amino acid residue	L	A	E	L	I	T
位置 Position	18	347	292	268	774	44
数值 Value	1.184	2.763	2.174	1.232	1.011	2.858
疏水性氨基酸残基数值总和 The numerical sum of hydrophobic amino acid residue	25.923	126.217	202.85	45.05	56.88	204.702
亲水性氨基酸残基数值总和 The numerical sum of hydrophilic amino acid residue	–180.619	–136.595	–269.021	–453.516	–705.718	–679.026

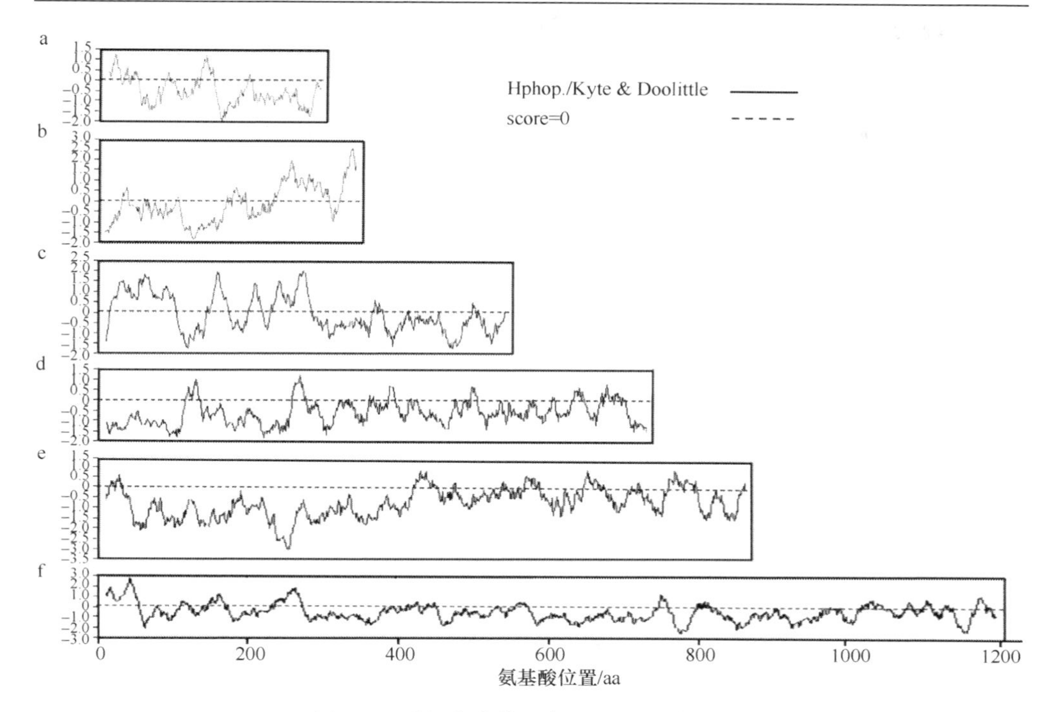

图 7-2　禾谷炭疽菌 6 个 RGS 疏水性情况

Figure 7-2　The hydrophobic of six RGS in *C. graminicola*

a、b、c、d、e、f 分别为 CgRGS1、CgRGS2、CgRGS3、CgRGS4、CgRGS5、CgRGS6 的疏水性分布情况

a，b，c，d，e，f is distribution of hydrophobic of CgRGS1，CgRGS2，CgRGS3，CgRGS4，CgRGS5，CgRGS6，respectively

四、RGS 信号肽、转运肽分析

通过分析，CgRGS1 定位于线粒体上，其预测值为 0.286，所处的概率为 0.2～0.4，叶绿体转运肽、分泌途径信号肽的预测值分别为 0.505、0.073（表 7-4）；CgRGS2、CgRGS4 和 CgRGS5 没有确定出定位情况，有待于今后进一步的实验研究。值得注意的是，尽管 CgRGS3、CgRGS6 均定位于分泌途径上，其预测概率不同，前者概率较低，仅为 0.2～0.4，而后者预测概率大于 0.8（表 7-4）。上述结果表明，CgRGS6 含有信号肽的可能性较大，后期的信号肽预测结果也验证了上述结论。

经过 SingnalP 3.0 分析，仅 CgRGS6 经 NN 和 HMM 预测具有信号肽序列，位置在 22～23aa，其切割位点为 GYA-VS（图 7-3）；CgRGS1 经 NN 预测不具有信号肽序列，而通过 HMM 分析，其含有信号肽序列，位置在 24～25 位，最大切割概率为 0.904；其他 RGS 则未发现明显的信号肽序列（表 7-5）。

表 7-4　6 个 RGS 含有潜在转运肽的可能性

Table 7-4　The possibility of potential transmit peptide of RGS in *C. graminicola*

名称 Name	叶绿体转运肽 Chloroplast transit peptide	线粒体目标肽 Mitochondrial targeting peptide	分泌途径信号肽 Secretory pathway signal peptide	定位情况 Localization	预测可靠性 Reliability class
CgRGS1	0.505	0.286	0.073	线粒体	4
CgRGS2	0.232	0.023	0.867	—	2
CgRGS3	0.015	0.864	0.656	分泌途径	4
CgRGS4	0.313	0.028	0.721	—	3
CgRGS5	0.062	0.055	0.953	—	1
CgRGS6	0.009	0.997	0.043	分泌途径	1

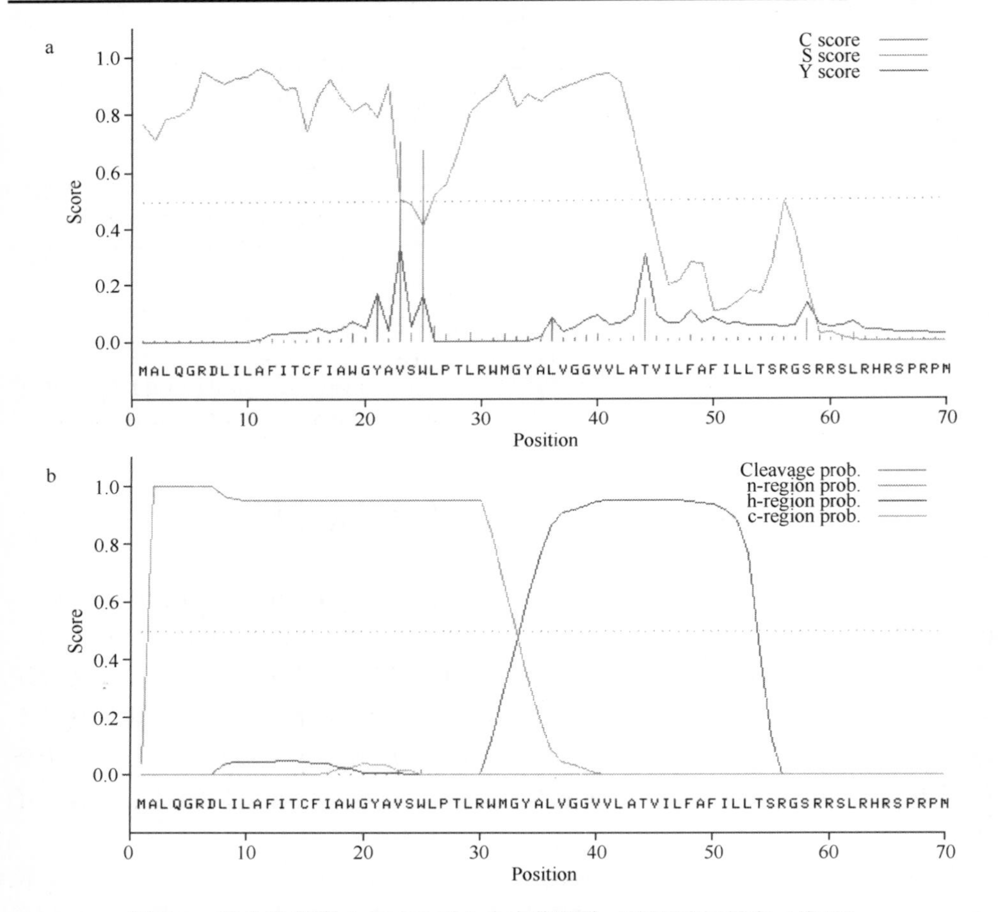

图 7-3　禾谷炭疽菌 CgRGS6 蛋白含有信号肽（彩图请扫封底二维码）

Figure 7-3　The potential signal peptide of CgRGS6 in *C. graminicola*

a. 基于神经网络方法获得的预测结果；b. 基于隐马科夫方法获得的预测结果

a. NN；b. HMM

表 7-5　禾谷炭疽菌 RGS 蛋白含有潜在信号肽的可能性

Table 7-5　The possibility of potential signal peptide of RGS in *C. graminicola*

名称 Name	NN 预测 Prediction based on neural networks method			HMM 预测 Prediction based on hidden Markov models method
	信号肽位置 Position	*S* 平均值 Mean *S*	阈值 value	最大切割位点概率 Max cleavage site probability
CgRGS1	1～24	0.404	0.48	0.904
CgRGS2	1～42	0.063	0.48	0.000
CgRGS3	1～34	0.285	0.48	0.001
CgRGS4	1～38	0.023	0.48	0.000
CgRGS5	1～33	0.027	0.48	0.000
CgRGS6	1～22	0.862	0.48	0.018

五、RGS 亚细胞定位分析

通过 TMHMM 分析，结果表明 *C. graminicola* 中 6 个典型 RGS 的亚细胞定位情况不尽相同。具体而言，CgRGS1、CgRGS4 及 CgRGS5 均定位于细胞核中，而 CgRGS2 定位于细胞膜上，CgRGS3 定位于内质网上，CgRGS6 则定位于线粒体上（表 7-6 阴影）。

表 7-6　6 个 RGS 亚细胞定位情况

Table 7-6　The subcellular localization of six RGS in *C. graminicola*

名称 Name	细胞核 Nuclear	细胞膜 Cell membrane	胞外 Extra cellular	细胞质 Cytoplasmic	线粒体 Mitochondrial	内质网 Endoplasmic reticulum	过氧化物酶体 Peroxisomal	溶酶体 Lysosomal	高尔基体 Golgi	液泡 Vacuolar
CgRGS1	5.86	0.52	0.79	1.18	1.13	0.00	0.10	0.07	0.34	0.00
CgRGS2	0.00	6.27	0.68	0.35	1.75	0.29	0.00	0.10	0.56	0.00
CgRGS3	0.00	1.53	0.00	0.05	0.04	8.01	0.32	0.04	0.00	0.00
CgRGS4	4.88	1.14	1.15	1.09	1.43	0.00	0.31	0.00	0.00	0.00
CgRGS5	4.42	1.02	0.33	1.90	1.67	0.11	0.11	0.07	0.37	0.00
CgRGS6	0.00	0.98	0.00	0.00	8.22	0.04	0.00	0.21	0.16	0.39

六、RGS 二级结构分析

以 PHD 预测结果为例，6 个 RGS 均含有α-螺旋结构，所含比例也较高，而对于β-折叠结构，除 CgRGS2 不含有外，其他 5 个尽管含有该结构，但比例均较低（图 7-4）。

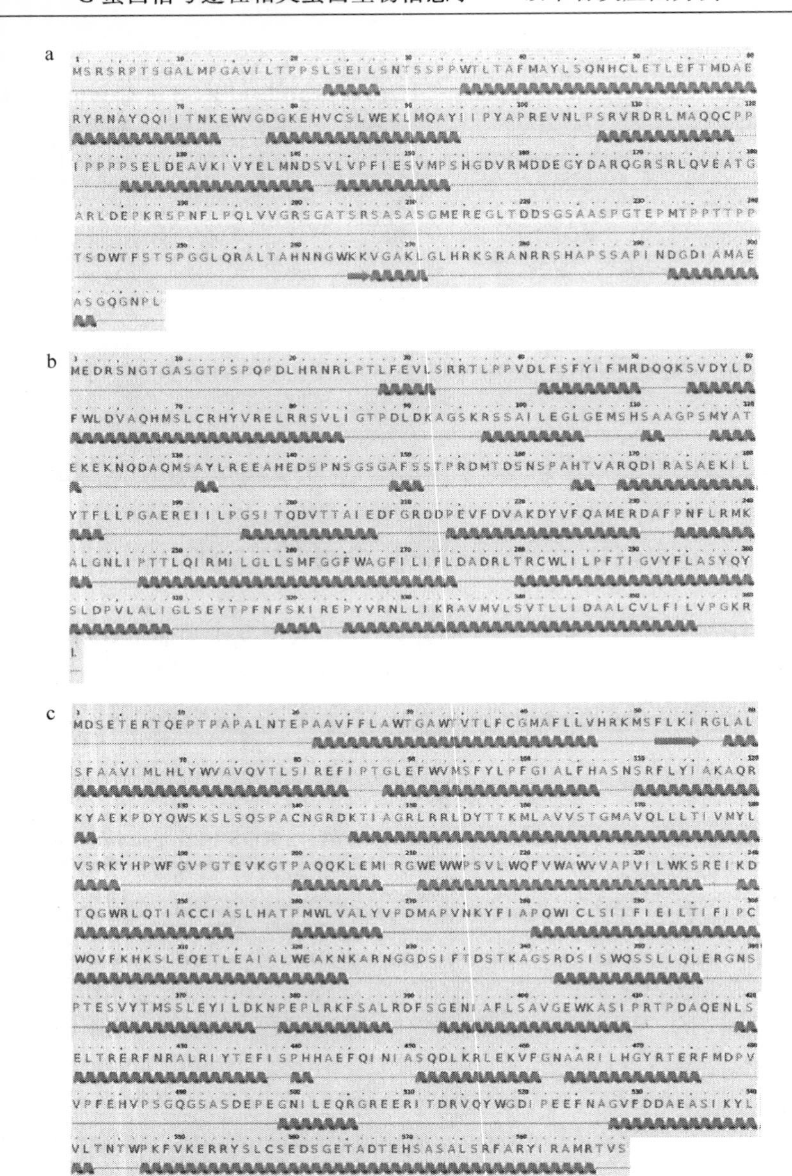

图 7-4　禾谷炭疽菌 6 个 RGS 二级结构特征（彩图请扫封底二维码）

Figure 7-4　The secondary structure character of six RGS in *C. graminicola*

a、b、c、d、e、f 分别为 CgRGS1、CgRGS2、CgRGS3、CgRGS4、CgRGS5、CgRGS6 的二级结构情况，g 为上述 6 个 RGS 所含有-α螺旋（alpha helix）、β-折叠（beta strand）及无规卷曲（disordered）在各自二级结构中所占比例的情况

a，b，c，d，e，f is secondary structure character of CgRGS1，CgRGS2，CgRGS3，CgRGS4，CgRGS5 and CgRGS6，respectively，g is the proportion of alpha helix，beta strand and disordered in secondary structure of every RGS in *C. graminicola*

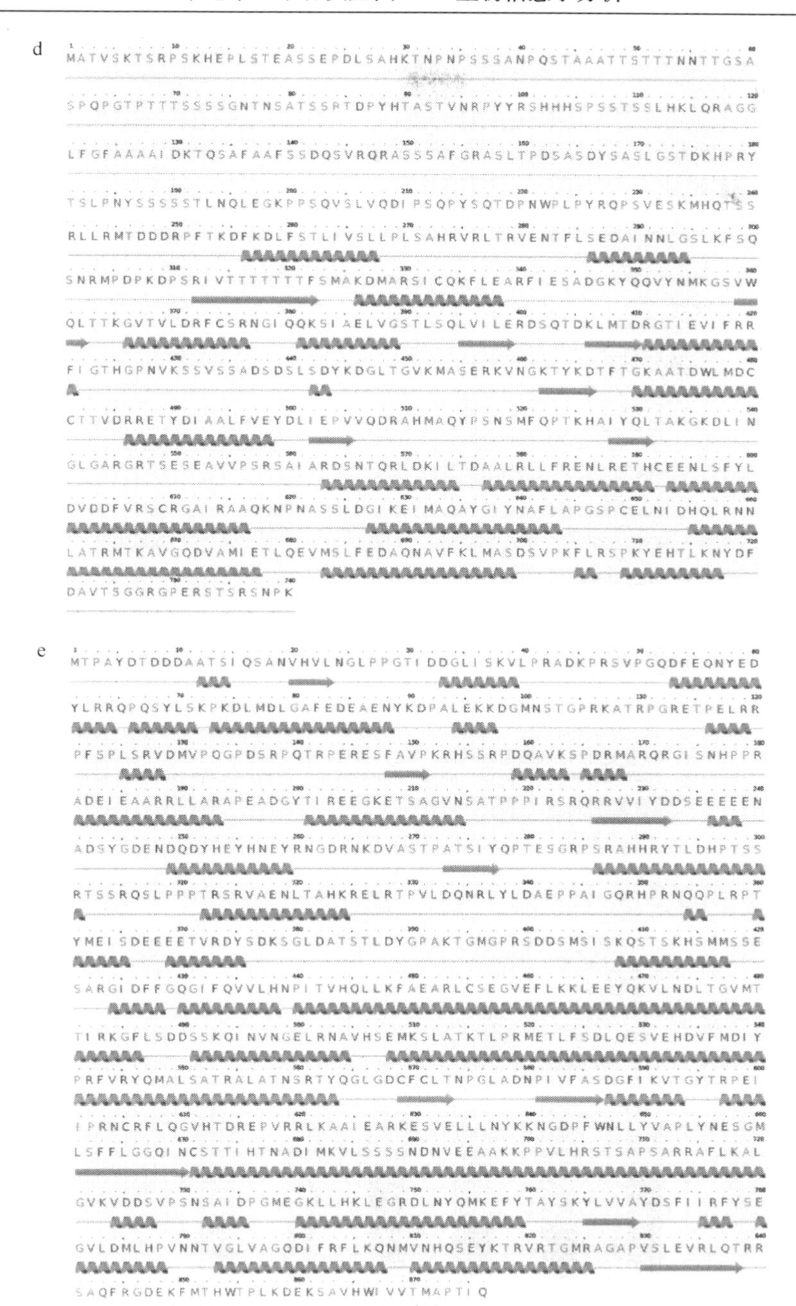

图 7-4（续）
Figure 7-4（Continued）

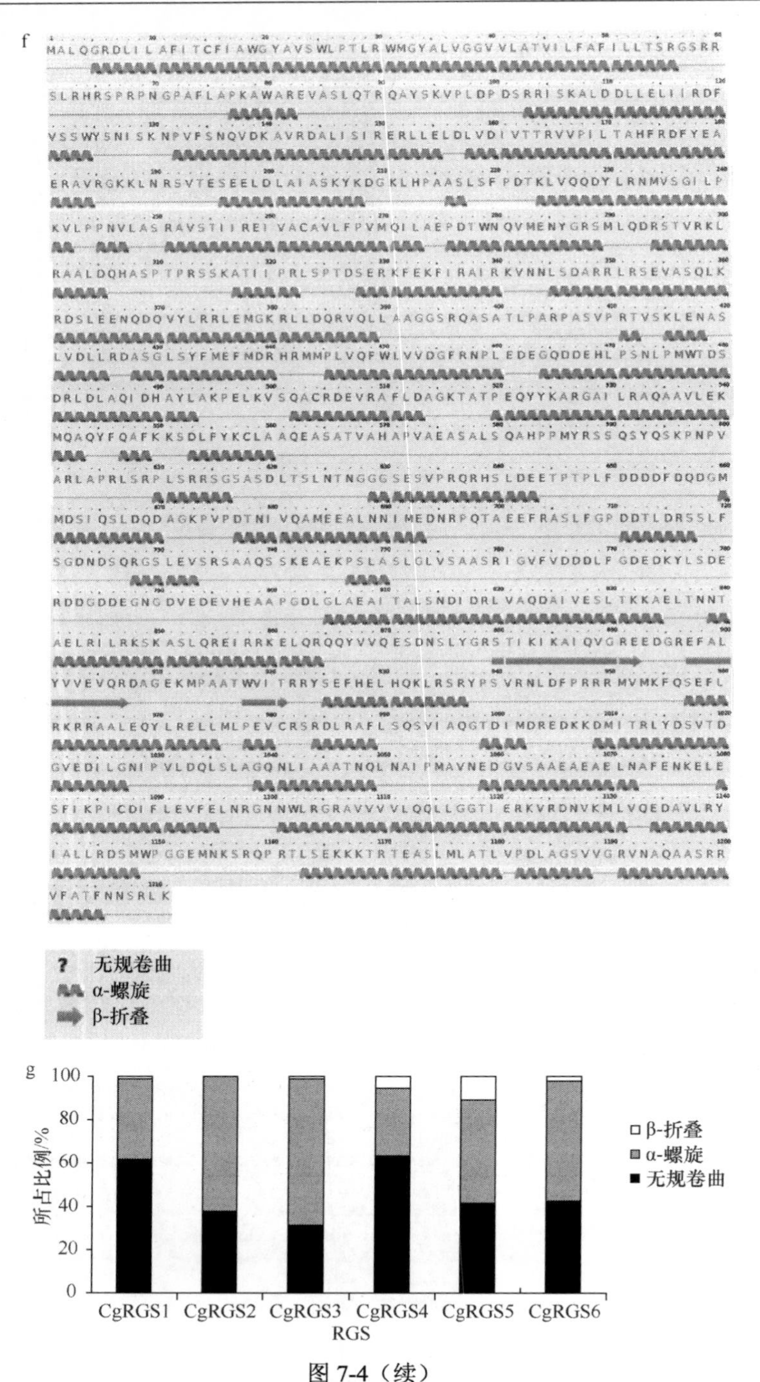

图 7-4（续）

Figure 7-4（Continued）

七、RGS 遗传关系分析

通过在 NCBI 中对 *C. graminicola* 6 个典型 RGS 序列进行 Blastp 搜索，分别获得 CgRGS1、CgRGS2、CgRGS3、CgRGS4、CgRGS5、CgRGS6 的同源序列，对这些序列进行聚类分析。结果显示，就 *C. graminicola* 中 6 个 RGS 之间的亲缘关系而言，CgRGS1 与 CgRGS6 亲缘关系较近，CgRGS2 与 CgRGS4 亲缘关系较近，而 CgRGS3 和 CgRGS5 之间的亲缘关系较近（图 7-5）；就 *C. graminicola* 中每一个 RGS 与其他物种同源序列之间的亲缘关系而言，CgRGS1 与希金斯炭疽菌（*Colletotrichum higginsianum*）中的 CCF46453.1、胶孢炭疽菌（*Colletotrichum gloeosporioides* Cg-14）中的 EQB53246.1、西瓜炭疽病菌（*Colletotrichum orbiculare*）中的 ENH78898.1 亲缘关系较近；CgRGS2 与 *C. orbiculare* 中的 ENH80340.1、胶孢炭疽菌（*Colletotrichum gloeosporioides* Nara gc5）中的 ELA25443.1 亲缘关系较近；CgRGS3 与 *C. higginsianum* 中的 CCF34848.1、*C. orbiculare* 中的 ENH78003.1、*C. gloeosporioides* Cg-14 中的 EQB56965.1 亲缘关系较近；CgRGS4 与 *C. higginsianum* 中的 CCF36291.1、马唐炭疽菌（*Colletotrichum hanaui*）中的 ADE20133.1、*C. orbiculare* 中的 ENH80606.1、*C. gloeosporioides* Nara gc5 中的 ELA32529.1 亲缘关系较近；CgRGS5 与 *C. orbiculare* 中的 ENH80005.1、*C. higginsianum* 中的 CCF45790.1、*C. gloeosporioides* Nara gc5 中的 ELA31285.1、*C. gloeosporioides* Cg-14 中的 EQB45833.1 亲缘关系较近；CgRGS6 与 *C. higginsianum* 中的 CCF40340.1、*C. gloeosporioides* Cg-14 中的 ELA34238.1、*C. orbiculare* 中的 ENH85964.1 亲缘关系较近（图 7-5）。

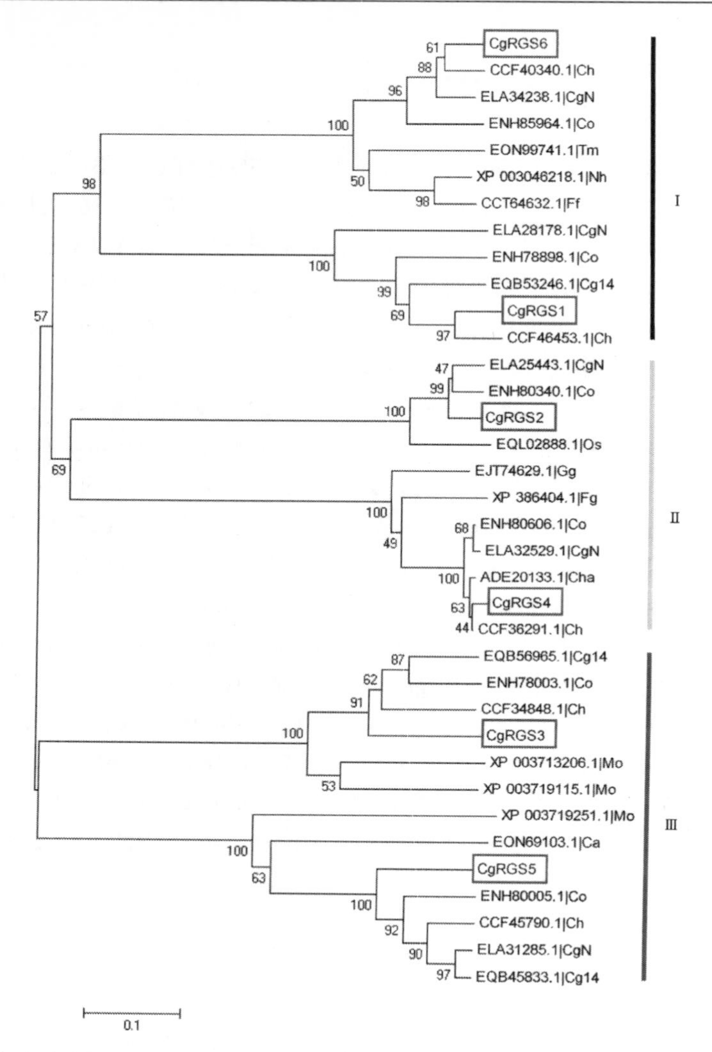

图 7-5 禾谷炭疽菌中不同 RGS 与其他物种中同源序列之间的遗传关系(彩图请扫封底二维码)

Figure 7-5 The genetic relationships of six RGS in *C. graminicola* compared with its homologous sequences from other species

Ch、CgN、Cg14、Co、Cha、Ca、Tm、Nh、Ff、Fg、Gg、Mo、Os 分别是 *Colletotrichum higginsianum*、*Colletotrichum gloeosporioides* Nara gc5、*Colletotrichum gloeosporioides* Cg-14、*Colletotrichum orbiculare*、*Colletotrichum hanaui*、*Coniosporium apollinis*、*Togninia minima*、*Nectria haematococca*、*Fusarium fujikuroi*、*Fusarium graminearum*、*Gaeumannomyces graminis* var. *tritici*、*Magnaporthe oryzae*、*Ophiocordyceps sinensis* 物种的缩写

Ch, CgN, Cg14, Co, Cha, Ca, Tm, Nh, Ff, Fg, Gg, Mo, Os is abbreviations of *Colletotrichum higginsianum*, *Colletotrichum gloeosporioides* Nara gc5, *Colletotrichum gloeosporioides* Cg-14, *Colletotrichum orbiculare*, *Colletotrichum hanaui*, *Coniosporium apollinis*, *Togninia minima*, *Nectria haematococca*, *Fusarium fujikuroi*, *Fusarium graminearum*, *Gaeumannomyces graminis* var. *tritici*, *Magnaporthe oryzae*, *Ophiocordyceps sinensis*, respectively

第八章　禾谷炭疽菌 AC 生物信息学分析

一、AC 保守结构域分析

通过比对分析及关键词搜索，结果显示禾谷炭疽菌中存在一个与酿酒酵母 Srv2 同源的序列，其 ID 为 GLRG_02694.1。同时，基于 SMART 分析网站，对上述序列进行保守结构域分析，结果显示 Srv2 在其 N 端含有两个 CARP 保守结构域，与此相同，GLRG_02694.1 也含有两个 CARP 保守结构域，基于此，将其命名为腺苷酸环化酶相关蛋白（adenylate cyclase-associated protein）CgCap1（图 8-1）。

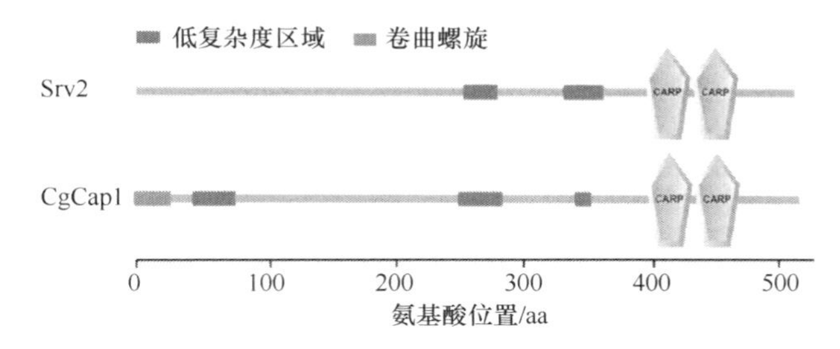

图 8-1　CgCap1 和 Srv2 保守功能域分析（彩图请扫封底二维码）
Figure 8-1　The conserved domain of CgCap1 in *C. graminicola* and Srv2 in *S. cerevisiae*

二、AC 理化性质分析

对 CgCap1 与 Srv2 中氨基酸残基组成进行对比分析，结果表明尽管两者在具体的氨基酸数量及其所占比例方面有所不同，但是两者的氨基酸数量及其所占比例在氨基酸类别整体方面具有较大的一致性（表 8-1）。同时，发现 CgCap1 所含比例最高的氨基酸为丝氨酸（Ser），所占比例为 9.80%，所含比例最低的氨基酸为半胱氨酸（Cys），所占比例为 0.40%；与此相同，Srv2 所含比例最高的氨基酸也为丝氨酸（Ser），所占比例为 11.00%，所含比例最低的氨基酸也为半胱氨酸（Cys），所占比例为 0.80%（表 8-1 阴影）。

CgCap1 与 Srv2 在氨基酸数量、分子质量、理论等电点、负电荷氨基酸残基数、正电荷氨基酸残基数、分子式及原子数量、脂肪族氨基酸指数、总平均亲水性等方面均有所差异。尽管如此，通过对比分析，结果显示两者理论等电点范围为 5～6，属于酸性范围（表 8-2）。氨基酸的等电点受到负电荷氨基酸残基数量与正电荷氨基酸残基数量的影响，两者处于负电荷氨基酸残基数量多于正电荷氨基酸残基数量时，其等电点较小，反之亦然（表 8-2）。

表 8-1　Srv2 和 CgCap1 氨基酸组成情况

Table 8-1　The amino acid composition of CgCap1 in *C. graminicola* and Srv2 in *S. cerevisiae*

氨基酸种类 Amino acid specie	氨基酸 Amino acid	Srv2		CgCap1	
		数量 Num.	所占比例 Ratio/%	数量 Num.	所占比例 Ratio/%
酸性氨基酸 Acidic amino acid	Glu（E）	36	6.80	41	7.70
	Asp（D）	31	5.90	20	3.80
碱性氨基酸 Basic amino acid	Arg（R）	13	2.50	14	2.60
	Lys（K）	46	8.70	40	7.50
	His（H）	5	1.00	5	0.90
非极性 R 基氨基酸 Non-polar R amino acid	Ala（A）	42	8.00	48	9.10
	Val（V）	30	5.70	46	8.70
	Leu（L）	36	6.80	37	7.00
	Ile（I）	30	5.70	31	5.80
	Trp（W）	5	1.00	4	0.80
	Met（M）	7	1.30	8	1.50
	Phe（F）	20	3.80	15	2.80
	Pro（P）	35	6.70	49	9.20
不带电荷的极性 R 基氨基酸 R with polar uncharged amino acid	Asn（N）	31	5.90	26	4.90
	Cys（C）	4	0.80	2	0.40
	Gln（Q）	22	4.20	25	4.70
	Gly（G）	29	5.50	33	6.20
	Ser（S）	58	11.00	52	9.80
	Thr（T）	31	5.90	25	4.70
	Tyr（Y）	15	2.90	9	1.70

表 8-2　Srv2 和 CgCap1 氨基酸结构与理化性质

Table 8-2　The physicochemical properties of CgCap1 in *C. graminicola* and Srv2 in *S. cerevisiae*

名称 Name	Srv2	CgCap1
分子质量 Molecular mass/Da	57 521.5	56 823.5
理论等电点 Isoelectric point	5.48	5.57
负电荷氨基酸残基数 Negatively charged amino acid residue	67	61
正电荷氨基酸残基数 Positively charged amino acid residue	59	54
分子式 Formula	$C_{2542}H_{4007}N_{679}O_{818}S_{11}$	$C_{2523}H_{4045}N_{677}O_{790}S_{10}$
原子数量 Atomic number	8 057	8 045
半衰期 Half-life/h	30	30
不稳定性系数 Instability coefficient	42.88	45.94
脂肪族氨基酸指数 Aliphatic amino acid index	73.46	84.26
总平均亲水性 The total average hydrophilic	−0.534	−0.323

两者半衰期较为一致，均为30h；其稳定性系数尽管不同，但均大于40，表明上述蛋白质不稳定（表8-2）；总平均亲水性（grand average of hydropathicity，GRAVY）均为负值，表明两者均属于亲水性蛋白（表8-2）。

三、AC疏水性分析

根据Protscale分析可知，CgCap1位于365位的丝氨酸（Ser），其亲水性最强，为–1.926，而位于174位的丙氨酸（Ala），其疏水性最强（亲水性最弱，下同），为1.626（表8-3）。尽管两者的亲水性最强、疏水性最强氨基酸不同，但是Srv2在亲水性（疏水性）最强氨基酸所在位置方面与CgCap1有着较大的相似性，具体而言，其亲水性最强氨基酸所在位置为364，疏水性最强氨基酸所在位置为173（表8-3，图8-2）。

表8-3 Srv2和CgCap1疏水性及亲水性氨基酸残基位置情况

Table 8-3 The hydrophobic and hydrophilic amino acid residue positions situations of CgCap1 in *C. graminicola* and Srv2 in *S. cerevisiae*

名称 name	Srv2	CgCap1
亲水性最强氨基酸残基 Most hydrophilic amino acid residue	L	S
位置 Position	364	365
数值 Value	–2.342	–1.926
疏水性最强氨基酸残基 Most hydrophobic amino acid residue	G	A
位置 Position	173	174
数值 Value	1.184	1.626
亲水性氨基酸残基数值总和 The numerical sum of hydrophilic amino acid residue	–317.802	–242.64
疏水性氨基酸残基数值总和 The numerical sum of hydrophobic amino acid residue	46.635	77.352

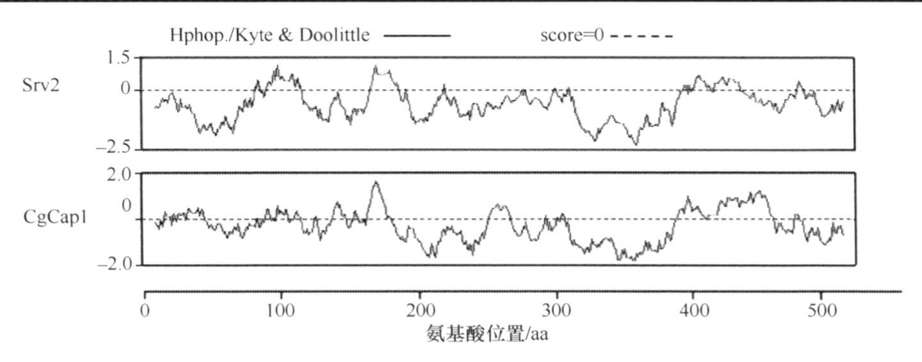

图8-2 Srv2和CgCap1疏水性分析

Figure 8-2 The hydrophobic of CgCap1 in *C. graminicola* and Srv2 in *S. cerevisiae*

对 CgCap1 与 Srv2 的疏水性、亲水性数值进行统计分析，结果显示两者亲水性氨基酸残基数值总和分别为–317.802、–242.64，疏水性氨基酸残基数值总和则分别为 46.635、77.352。上述结果表明，尽管两者在“亲水性最强氨基酸残基位置、数值”、“疏水性最强氨基酸残基位置、数值”、“疏水性氨基酸残基数值总和”及“亲水性氨基酸残基数值总和”等方面并不相同，但是均为亲水性蛋白，这与通过 GRAVY 计算所得结果一致（表 8-2，表 8-3）。

四、AC 信号肽、转运肽分析

转运肽（leader peptide）是一种由 12～60 个氨基酸残基所组成的前导序列，其功能在于引导那些在细胞溶胶中合成的蛋白质进入线粒体和叶绿体等细胞器。除了细胞信号蛋白外，各种内在蛋白均利用导肽到达细胞器。通过分析，CgCap1 与 Srv2 定位于分泌途径上，其预测值分别为 0.696、0.883，所处的概率有所不同（表 8-4）。

表 8-4　Srv2 和 CgCap1 含有潜在转运肽的可能性

Table 8-4　The possibility of potential transmit peptide of CgCap1 in *C. graminicola* and Srv2 in *S. cerevisiae*

名称 Name	叶绿体转运肽 Chloroplast transit peptide	线粒体目标肽 Mitochondrial targeting peptide	分泌途径信号肽 Secretory pathway signal peptide	定位情况 Localization	预测可靠性 Reliability class
Srv2	0.081	0.081	0.883	—	1
CgCap1	0.169	0.140	0.696	—	3

在线预测信号肽使用神经网络方法（neural network，NN）和隐马可夫模型（hidden Markov model，HMM）进行计算，而算法不同得出的结果有所差别。然而无论是根据 NN 进行计算，还是根据 HMM 进行计算，CgCap1 与 Srv2 均不含有信号肽（表 8-5）。

表 8-5　Srv2 和 CgCap1 蛋白含有信号肽的可能性

Table 8-5　The possibility of potential signal peptide of CgCap1 in *C. graminicola* and Srv2 in *S. cerevisiae*

名称 Name	NN 预测 Prediction based on neural networks method			HMM 预测 Prediction based on hidden Markov models method
	信号肽位置 Position	*S* 平均值 Mean *S*	阈值 Value	最大切割位点概率 Max cleavage site probability
Srv2	1～25	0.064	0.48	0.001
CgCap1	1～18	0.078	0.48	0.001

五、AC 亚细胞定位分析

通过分析，结果表明禾谷炭疽菌 CgCap1 亚细胞定位与 Srv2 相同，均定位于细胞膜上，这与前人认为为腺苷酸环化酶定位于细胞膜上的研究结果是一致的（表 8-6）。

表 8-6　Srv2 和 CgCap1 亚细胞定位情况

Table 8-6　The subcellular localization of CgCap1 in *C. graminicola* and Srv2 in *S. cerevisiae*

名称 Name	Srv2	CgCap1
细胞核 Nuclear	0.35	0.33
细胞膜 Cell membrane	7.79	6.59
胞外 Extra cellular	0.00	0.00
细胞质 Cytoplasmic	1.50	1.34
线粒体 Mitochondrial	0.00	0.00
内质网 Endoplasmic reticulum	0.15	1.16
过氧化物酶体 Peroxisomal	0.05	0.45
溶酶体 Lysosomal	0.02	0.04
高尔基体 Golgi	0.14	0.09
液泡 Vacuolar	0.00	0.00

六、AC 二级结构分析

通过分析，CgCap1 与 Srv2 均没有典型的跨膜结构（结果未显示）。对其二级结构进行分析，结果表明两者在二级结构组成方面具有较大的一致性，均由近乎相同比例的 α-螺旋、β-折叠和无规卷曲 3 种形式组成，其中 α-螺旋、无规卷曲结构具有较高的比例，而β-折叠结构的比例较低（图 8-3）。

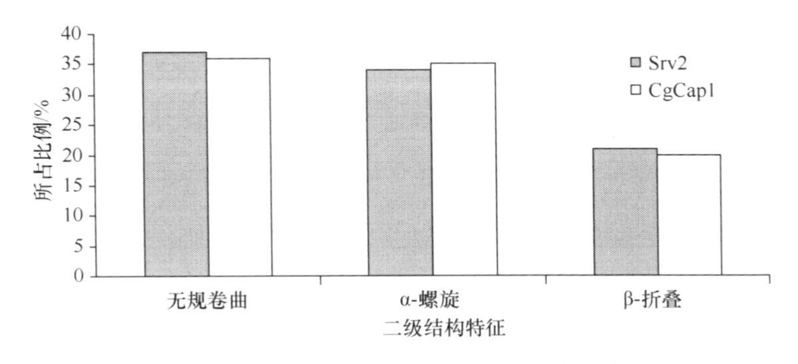

图 8-3　Srv2 和 CgCap1 序列二级结构分析

Figure 8-3　The secondary structure character of CgCap1 in *C. graminicola* and Srv2 in *S. cerevisiae*

七、AC 遗传关系分析

通过 Blastp 同源搜索，获得与禾谷炭疽菌 CgCap1 具有一定同源性的不同物种的氨基酸序列，根据其同源关系数值，选择 10 条序列，结合 Srv2 序列，利用 MEGA 5.2.2 进行系统进化分析。结果表明 CgCap1 与同属于炭疽菌属的 *C. gloeosporioides*、*C. orbiculare* 的同源序列亲缘关系较近，而与 Srv2 关系较远（图 8-4）。

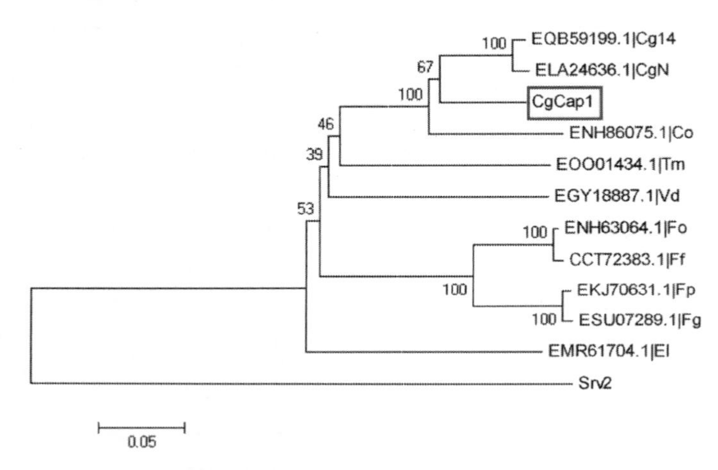

图 8-4　禾谷炭疽菌 CgCap1 与其他物种中同源序列之间的遗传进化关系（彩图请扫封底二维码）
Figure 8-4　The genetic relationships of CgCap1 in *C. graminicola* compared with its homologous sequences from other species

CgN、Cg14、Co、Tm、Ff、Fg、El、Vd、Fo、Fp 分别是 *Colletotrichum gloeosporioides* Nara gc5、*Colletotrichum gloeosporioides* Cg-14、*Colletotrichum orbiculare* MAFF 240422、*Togninia minima* UCRPA7、*Fusarium fujikuroi* IMI 58289、*Fusarium graminearum* PH-1、*Eutypa lata* UCREL1、*Verticillium dahliae* VdLs.17、*Fusarium oxysporum* f. sp. *cubense* race 1、*Fusarium pseudograminearum* CS3096 物种的缩写

CgN，Cg14，Co，Tm，Ff，Fg，El，Vd，Fo and Fp is abbreviation of *Colletotrichum gloeosporioides* Nara gc5，*Colletotrichum gloeosporioides* Cg-14，*Colletotrichum orbiculare* MAFF 240422，*Togninia minima* UCRPA7，*Fusarium fujikuroi* IMI 58289，*Fusarium graminearum* PH-1，*Eutypa lata* UCREL1，*Verticillium dahliae* VdLs.17，*Fusarium oxysporum* f. sp. *cubense* race 1，*Fusarium pseudograminearum* CS3096，respectively

第九章　禾谷炭疽菌 PKA-R 及 PKA-C 生物信息学分析

一、PKA-R 及 PKA-C 保守结构域分析

通过对 PKA-R 蛋白序列进行 SMART 分析，结果显示这些蛋白质所含有的保守结构域并不一致，CgPKA-R1 在 C 端含有 2 个连续的 cNMP（cyclic nucleotide-monophosphate binding domain）保守结构域，而 CgPKA-R3 在 N 端含有 2 个连续的 cNMP 保守结构域，且在 C 端含有 7 个 LRR（leucine-rich repeat）和 1 个 LRR_CC [leucine-rich repeat -CC（cysteine-containing）subfamily]保守结构域及 1 个 FBOX（a receptor for ubiquitination target）结构域；CgPKA-R4 则在 C 端含有 1 个 cNMP 保守结构域，N 端含有 10 个跨膜结构域；此外，与上述 3 个 PKA-R 具有较大的区别是 CgPKA-R2，其含有 1 个 CKS（cyclin-dependent kinase regulatory subunit）保守结构域（图 9-1）。

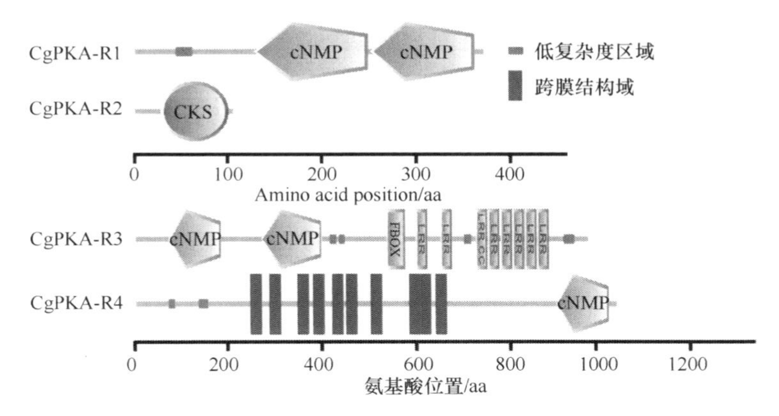

图 9-1　禾谷炭疽菌 PKA-R 的保守结构域分析（彩图请扫封底二维码）
Figure 9-1　The conserved domain of PKA-R in *C. graminicola*

通过对 PKA-C 蛋白序列进行 SMART 分析，结果显示这些蛋白质均含有 S_TKc（serine/threonine protein kinases，catalytic domain）保守结构域，同时 CgPKA-C1、CgPKA-C2、CgPKA-C3、CgPKA-C4、CgPKA-C5、CgPKA-C6 还含有 S_TK_X（extension to Ser/Thr-type protein kinases）保守结构域，此外 CgPKA-C3 还含有 C2 （protein kinase C conserved region 2，CalB）保守结构域，CgPKA-C4 除含有上述保守结构域外，还在 N 端含有 2 个 Hr1（rho effector or protein kinase C-related kinase homology region 1 homologue）结构域及在中间含有 2 个 C1（protein kinase C conserved region 1 domains，cysteine-rich domain）结构域（图 9-2）。

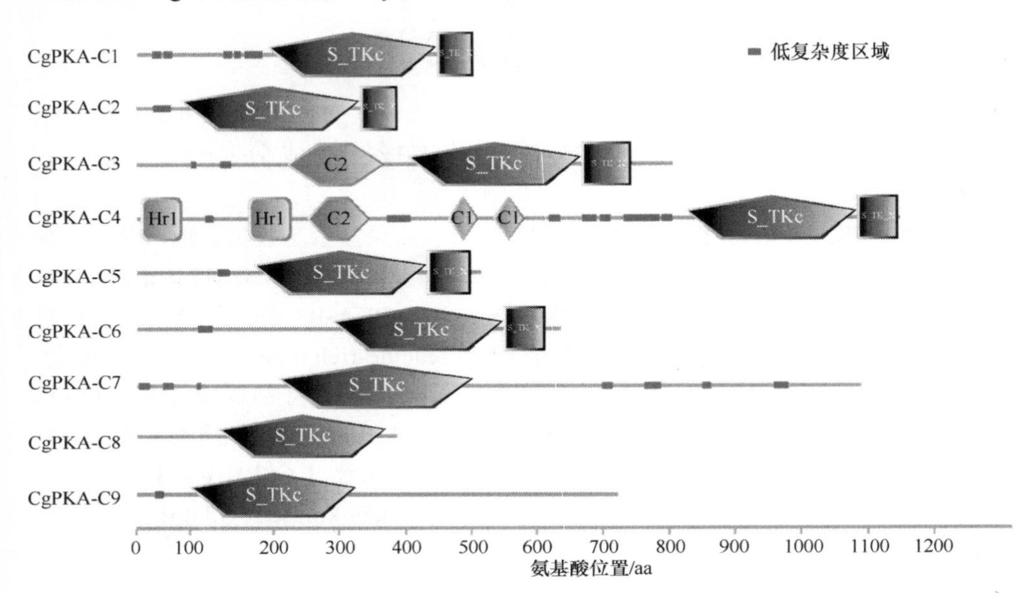

图 9-2　禾谷炭疽菌 PKA-C 的保守结构域分析（彩图请扫封底二维码）
Figure 9-2　The conserved domain of PKA-C in *C. graminicola*

二、PKA-R 及 PKA-C 理化性质分析

利用 Protscale 程序[113]对 *C. graminicola* 中所含的 4 个 PKA-R 进行理化性质分析，结果显示上述 PKA-R 彼此之间在酸性氨基酸、碱性氨基酸及非极性 R 基氨基酸、不带电荷的极性 R 基氨基酸的组成及所占比例方面不尽相同（表 9-1）。就所含比例最高氨基酸而言，CgPKA-R1 含有较高比例的甘氨酸（Gly），而另外 3 个 PKA-R 含有较高比例的亮氨酸（Leu）（表 9-1 阴影）；而就所含比例最低氨基酸而言，除 CgPKA-R3 含有较低比例的酪氨酸（Tyr）以外，其他 3 个 PKA-R 则含有较低比例的半胱氨酸（Cys）。

同时，对 *C. graminicola* 中所含的 9 个 PKA-C 进行理化性质分析，结果显示上述 PKA-C 彼此之间在酸性氨基酸、碱性氨基酸及非极性 R 基氨基酸、不带电荷的极性 R 基氨基酸的组成及所占比例方面不尽相同（表 9-2）。就所含最高比例氨基酸而言，CgPKA-C1、CgPKA-C4 均含有较高比例的谷氨酰胺（Gln），所占比例分别为 10.60%、8.30%，CgPKA-C3、CgPKA-C7 均含有较高比例的丝氨酸（Ser），

表 9-1 禾谷炭疽菌 PKA-R 氨基酸组成情况

Table 9-1 The amino acid composition of PKA-R in *C. graminicola*

氨基酸种类 Amino acid specie	氨基酸 Amino acid	CgPKA-R1		CgPKA-R2		CgPKA-R3		CgPKA-R4	
		数量 Num.	所占比例 Ratio/%	数量 Num.	所占比例 Ratio/%	数量 Num.	所占比例 Ratio/%	数量 Num.	所占比例 Ratio/%
酸性氨基酸酸性氨基酸 Acidic amino acid	Glu（E）	31	7.80	11	9.80	51	5.20	60	5.70
	Asp（D）	20	5.10	8	7.10	52	5.30	56	5.30
碱性氨基酸 Basic amino acid	Arg（R）	18	4.60	9	8.00	84	8.60	58	5.50
	Lys（K）	20	5.10	6	5.40	37	3.80	42	4.00
	His（H）	6	1.50	7	6.20	23	2.30	19	1.80
非极性 R 基氨基酸 Non-polar R amino acid	Ala（A）	38	9.60	5	4.50	78	8.00	74	7.00
	Val（V）	19	4.80	3	2.70	66	6.70	75	7.10
	Leu（L）	29	7.30	12	10.70	96	9.80	118	11.20
	Ile（I）	15	3.80	6	5.40	45	4.60	68	6.40
	Trp（W）	2	0.50	3	2.70	12	1.20	14	1.30
	Met（M）	10	2.50	3	2.70	19	1.90	26	2.50
	Phe（F）	21	5.30	2	1.80	29	3.00	55	5.20
	Pro（P）	29	7.30	9	8.00	82	8.40	57	5.40
不带电荷的极性 R 基氨基酸 R with polar uncharged amino acid	Asn（N）	17	4.30	2	1.80	37	3.80	33	3.10
	Cys（C）	1	0.30	0	0.00	18	1.80	6	0.60
	Gln（Q）	13	3.30	4	3.60	31	3.20	32	3.00
	Gly（G）	39	9.90	3	2.70	66	6.70	79	7.50
	Ser（S）	37	9.40	10	8.90	76	7.70	89	8.40
	Thr（T）	18	4.60	2	1.80	67	6.80	62	5.90
	Tyr（Y）	12	3.00	7	6.20	12	1.20	34	3.20

所占比例分别为 9.40%、11.20%，CgPKA-C5、CgPKA-C6、CgPKA-C8 则均含有较高比例的亮氨酸（Leu），所占比例分别为 9.60%、8.90%、9.40%，CgPKA-C2、CgPKA-C9 含有的较高比例氨基酸与上述 PKA-C 不同，分别为甘氨酸（Gly）、丙氨酸（Ala），所占比例分别为 8.80%、8.60%（表 9-2 阴影）。

同时，*C. graminicola* 中所含的 4 个 PKA-R 彼此之间及 9 个 PKA-C 彼此之间在分子质量、理论等电点、负电荷氨基酸残基数、正电荷氨基酸残基数、分子式、原子质量及不稳定性系数、脂肪族氨基酸指数、总平均亲水性等方面均存在着一定差异（表 9-3，表 9-4）。此外，*C. graminicola* 中所含的 4 个 PKA-R 和 9 个 PKA-C 不稳定性系数均大于 40，属于不稳定蛋白；除 CgPKA-R4 总平均亲水性（GRAVY）大于 0，为疏水性蛋白外，其他 3 个 PKA-R 和 9 个 PKA-C 均为亲水性蛋白（表 9-3，表 9-4）。

表 9-2　禾谷炭疽菌 PKA-C 氨基酸组成情况

Table 9-2　The amino acid composition of PKA-C in *C. graminicola*

氨基酸种类 Amino acid specie	氨基酸 Amino acid	CgPKA-C1		CgPKA-C2		CgPKA-C3		CgPKA-C4		CgPKA-C5		CgPKA-C6		CgPKA-C7		CgPKA-C8		CgPKA-C9	
		数量 Num.	所占比例 Ratio/%	数量 Num.	所占比例 Ratio/%	数量 Num.	所占比例 Ratio/%	数量 Num.	所占比例 Ratio/%	数量 Num.	所占比例 Ratio/%	数量 Num.	所占比例 Ratio/%	数量 Num.	所占比例 Ratio/%	数量 Num.	所占比例 Ratio/%	数量 Num.	所占比例 Ratio/%
酸性氨基酸 Acidic amino acid	Glu（E）	18	3.50	24	6.10	41	5.00	66	5.70	33	6.30	40	6.20	57	5.20	30	7.60	52	7.10
	Asp（D）	31	6.10	26	6.60	56	6.90	63	5.40	30	5.70	30	4.70	61	5.60	13	3.30	48	6.60
碱性氨基酸 Basic amino acid	Arg（R）	19	3.70	28	7.10	49	6.00	67	5.80	24	4.60	32	5.00	97	8.80	30	7.60	42	5.80
	Lys（K）	34	6.70	17	4.30	45	5.50	63	5.40	36	6.90	41	6.40	47	4.30	30	7.60	48	6.60
	His（H）	15	2.90	17	4.30	23	2.80	28	2.40	15	2.90	18	2.80	33	3.00	13	3.30	21	2.90
非极性 R 基氨基酸 Non-polar R amino acid	Ala（A）	30	5.90	28	7.10	58	7.10	91	7.90	36	6.90	47	7.30	94	8.60	24	6.10	63	8.60
	Val（V）	24	4.70	30	7.60	48	5.90	51	4.40	30	5.70	40	6.20	56	5.10	29	7.40	46	6.30
	Leu（L）	43	8.40	34	8.60	61	7.50	80	6.90	50	9.60	57	8.90	55	5.00	37	9.40	57	7.80
	Ile（I）	17	3.30	20	5.10	35	4.30	58	5.00	21	4.00	25	3.90	41	3.70	20	5.10	45	6.20
	Trp（W）	7	1.40	4	1.00	7	0.90	10	0.90	4	0.80	6	0.90	4	0.40	4	1.00	7	1.00
	Met（M）	11	2.20	7	1.80	17	2.10	37	3.20	16	3.10	14	2.20	17	1.50	9	2.30	19	2.60
	Phe（F）	19	3.70	19	4.80	40	4.90	41	3.50	22	4.20	35	5.50	25	2.30	13	3.30	19	2.60
	Pro（P）	40	7.80	23	5.80	51	6.30	84	7.30	29	5.60	41	6.40	84	7.70	24	6.10	50	6.90
不带电荷的极性 R 基氨基酸 R with polar uncharged amino acid	Asn（N）	23	4.50	16	4.00	37	4.60	46	4.00	19	3.60	30	4.70	49	4.50	15	3.80	25	3.40
	Cys（C）	2	0.40	4	1.00	6	0.70	19	1.60	6	1.10	5	0.80	4	0.40	3	0.80	6	0.80
	Gln（Q）	54	10.60	17	4.30	34	4.20	96	8.30	20	3.80	28	4.40	73	6.60	17	4.30	29	4.00
	Gly（G）	33	6.50	35	8.80	54	6.70	83	7.20	40	7.70	55	8.60	91	8.30	19	4.80	47	6.40
	Ser（S）	39	7.60	12	3.00	76	9.40	81	7.00	47	9.00	45	7.00	123	11.20	36	9.10	46	6.30
	Thr（T）	29	5.70	18	4.50	52	6.40	53	4.60	29	5.60	34	5.30	56	5.10	18	4.60	35	4.80
	Tyr（Y）	22	4.30	17	4.30	22	2.70	40	3.50	15	2.90	19	3.00	31	2.80	10	2.50	24	3.30

表 9-3　禾谷炭疽菌 PKA-R 蛋白基本理化性质

Table 9-3　The physicochemical properties of PKA-R in *C. graminicola*

名称 Name	分子质量 Molecular mass /Da	理论等电点 Isoelectric point	负电荷氨基酸残基数 Negatively charged amino acid residue	正电荷氨基酸残基数 Positively charged amino acid residue	分子式 Formula	原子数量 Atomic number	半衰期 Half-life /h	不稳定性系数 Instability coefficient	脂肪族氨基酸指数 Aliphatic amino acid index	总平均亲水性 The total average hydrophilic
CgPKA-R1	42 608.5	5.08	51	38	$C_{1883}H_{2911}N_{513}O_{595}S_{11}$	5 913	30	53.76	67.01	–0.448
CgPKA-R2	13 431.1	5.95	19	15	$C_{603}H_{916}N_{168}O_{176}S_{3}$	1 866	30	72.27	74.91	–0.938
CgPKA-R3	107 771.1	9.16	103	121	$C_{4728}H_{7608}N_{1396}O_{1411}S_{37}$	15 180	30	50.38	83.52	–0.345
CgPKA-R4	117 206.5	5.74	116	100	$C_{5304}H_{8300}N_{1390}O_{1540}S_{32}$	16 566	30	44.01	96.21	0.007

表 9-4　禾谷炭疽菌 PKA-C 蛋白质基本理化性质

Table 9-4　The physicochemical properties of PKA-C in *C. graminicola*

名称 Name	分子质量 Molecular mass /Da	理论等电点 Isoelectric point	负电荷氨基酸残基数 Negatively charged amino acid residue	正电荷氨基酸残基数 Positively charged amino acid residue	分子式 Formula	原子数量 Atomic number	半衰期 Half-life/h	不稳定性系数 Instability coefficient	脂肪族氨基酸指数 Aliphatic amino acid index	总平均亲水性 The total average hydrophilic
CgPKA-C1	57 571.5	8.66	49	53	$C_{2560}H_{3945}N_{715}O_{776}S_{13}$	8 009	30	56.37	65.41	–0.778
CgPKA-C2	44 812.8	6.38	50	45	$C_{2011}H_{3094}N_{568}O_{577}S_{11}$	6 261	30	47.49	82.22	–0.414
CgPKA-C3	90 193.2	6.78	97	94	$C_{3976}H_{6204}N_{1128}O_{1228}S_{23}$	12 559	30	47.35	70.30	–0.540
CgPKA-C4	129 401.1	7.55	12	130	$C_{5672}H_{8881}N_{1629}O_{1732}S_{56}$	17 970	30	57.75	67.17	–0.640
CgPKA-C5	57 720.5	6.58	63	60	$C_{2552}H_{4021}N_{703}O_{779}S_{22}$	8 077	30	47.69	76.61	–0.411
CgPKA-C6	71 149.7	8.33	70	73	$C_{3182}H_{4947}N_{879}O_{939}S_{19}$	9 966	30	37.20	75.20	–0.418
CgPKA-C7	119 986.3	9.58	118	144	$C_{5130}H_{8158}N_{1628}O_{1667}S_{21}$	16 604	30	65.78	57.45	–0.918
CgPKA-C8	44 771.4	9.70	43	60	$C_{1987}H_{3196}N_{576}O_{577}S_{12}$	6 348	30	49.35	83.86	–0.516
CgPKA-C9	81 206.2	6.13	100	90	$C_{3593}H_{5690}N_{1006}O_{1089}S_{25}$	11 403	30	48.21	81.51	–0.480

三、PKA-R 及 PKA-C 疏水性分析

C. graminicola 中 4 个 PKA-R 在亲（疏）水性最强氨基酸残基及位置方面存在着较大的差异（图 9-3，表 9-5）。同时，9 个 PKA-C 在亲（疏）水性最强氨基酸残基及位置方面也存在着一定的差异（图 9-4，表 9-6）。除 CgPKA-C1、CgPKA-C4、CgPKA-C7 的亲水性最强氨基酸残基均为谷氨酰胺（Gln）与 CgPKA-C3、CgPKA-C6、CgPKA-C7、CgPKA-C9 的疏水性最强氨基酸残基均为亮氨酸（Leu）外，9 个 PKA-C 基本上没有其他相同点。

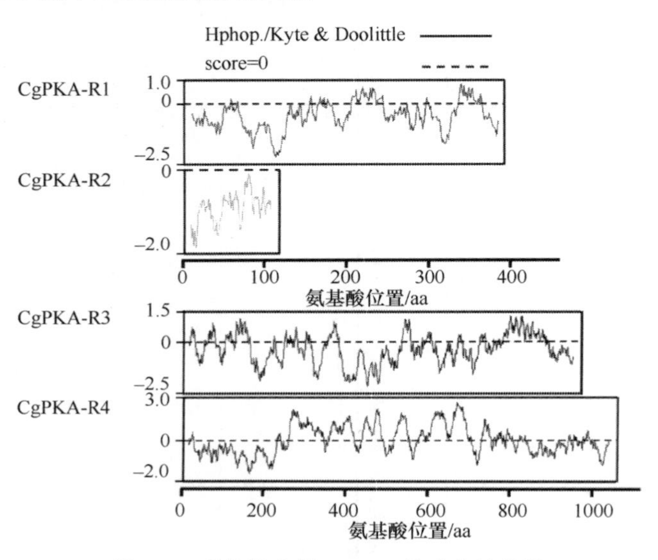

图 9-3　禾谷炭疽菌 PKA-R 的疏水性分析
Figure 9-3　The hydrophobic of PKA-R in *C. graminicola*

四、PKA-R 及 PKA-C 信号肽、转运肽分析

对蛋白质转运肽的预测利用 TargetP 1.1 Server 在线分析实现[115]，信号肽的预测则是利用 SignalP 3.0 Server[111]在线分析实现。

通过分析，*C. graminicola* 中除 CgPKA-R3、CgPKA-R4 定位于线粒体上外，其他 CgPKA-R1、CgPKA-R2 均未得到有效的定位情况，且上述转运肽预测结果的可靠性均较低（表 9-7）。同时，就对 CgPKA-C 转运肽的分析而言，仅 CgPKA-C7 定位于线粒体上，其他 CgPKA-C1、CgPKA-C2、CgPKA-C3、CgPKA-C4、CgPKA-C5、CgPKA-C6、CgPKA-C8、CgPKA-C9 均未得到有效的定位情况（表 9-8）。

经过 SingnalP Server 3.0 分析，无论是经 NN 计算还是经 HMM 分析，4 个 PKA-R 和 9 个 PKA-C 均未发现明显的信号肽序列（表 9-9，表 9-10）。

表 9-5　禾谷炭疽菌 PKA-R 疏水性及亲水性氨基酸残基位置情况

Table 9-5　The hydrophobic and hydrophilic amino acid residue positions situations of PKA-R in *C. graminicola*

名称 Name	亲水性最强氨基酸残基 Most hydrophilic amino acid residue	位置 Position	数值 Value	疏水性最强氨基酸残基 Most hydrophobic amino acid residue	位置 Position	数值 Value	亲水性氨基酸残基数值总和 The numerical sum of hydrophilic amino acid residue	疏水性氨基酸残基数值总和 The numerical sum of hydrophobic amino acid residue
CgPKA-R1	P	113	−2.205	D	340	0.889	−201.980	27.081
CgPKA-R2	S	16	−1.847	—	—	—	−84.740	—
CgPKA-R3	G	456	−2.132	T	835	1.389	−470.322	148.129
CgPKA-R4	E	165	−2.395	I	669	2.642	−427.300	424.628

表 9-6　禾谷炭疽菌 PKA-C 疏水性及亲水性氨基酸残基位置情况

Table 9-6　The hydrophobic and hydrophilic amino acid residue positions situations of PKA-C in *C. graminicola*

名称 Name	亲水性最强氨基酸残基 Most hydrophilic amino acid residue	位置 Position	数值 Value	疏水性最强氨基酸残基 Most hydrophobic amino acid residue	位置 Position	数值 Value	亲水性氨基酸残基数值总和 The numerical sum of hydrophilic amino acid residue	疏水性氨基酸残基数值总和 The numerical sum of hydrophobic amino acid residue
CgPKA-C1	Q	172	−2.721	E	386	0.784	−404.735	18.527
CgPKA-C2	T	382	−2.247	P	132	1.021	−183.695	27.697
CgPKA-C3	E	767	−2.958	L	603	1.232	−480.852	50.355
CgPKA-C4	Q	759	−2.947	P/D	585/586	1.184	−794.421	70.24
CgPKA-C5	M	172	−1.842	Y	282	1.363	−266.667	47.537
CgPKA-C6	P	240	−2.526	L	408	1.158	−302.993	47.886
CgPKA-C7	Q	976	−3.232	L	438	1.384	−1024.571	34.100
CgPKA-C8	V	165	−1.905	A	115	0.937	−207.436	24.477
CgPKA-C9	A	511	−2.221	L	268	1.568	−416.861	65.509

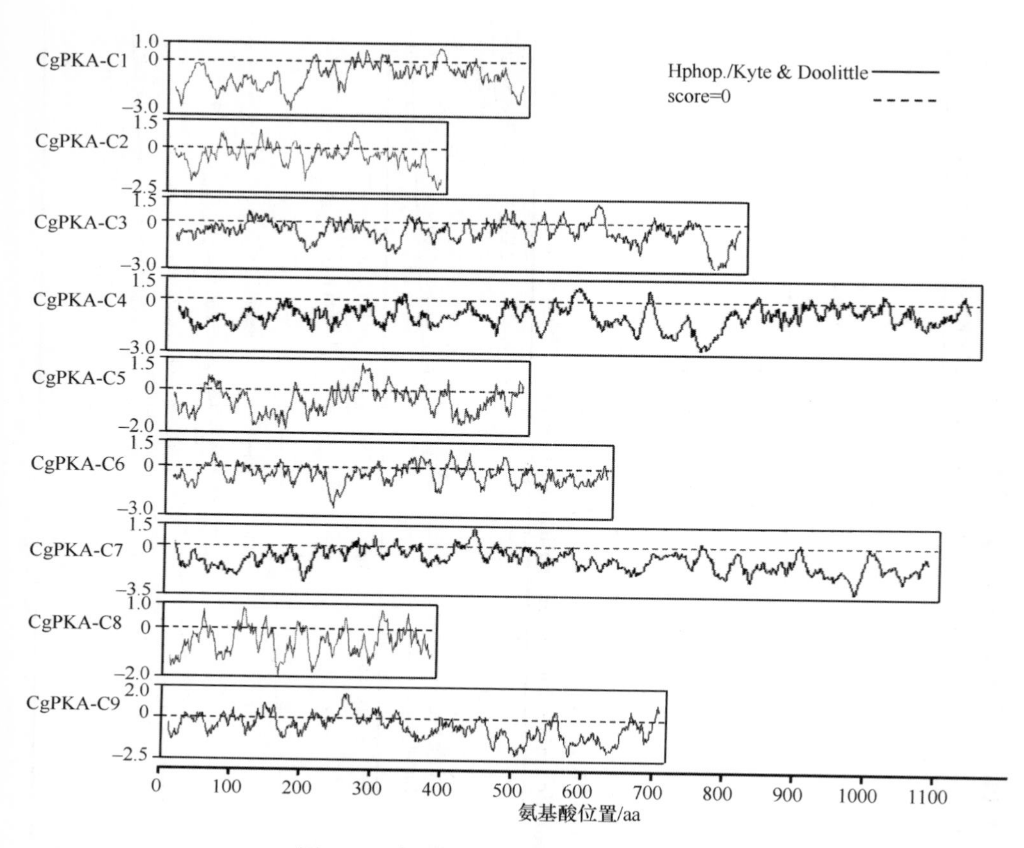

图 9-4　禾谷炭疽菌 PKA-C 的疏水性分析
Figure 9-4　The hydrophobic of PKA-C in *C. graminicola*

表 9-7　禾谷炭疽菌 PKA-R 含有潜在转运肽的可能性
Table 9-7　The possibility of potential transmit peptide of PKA-R in *C. graminicola*

名称 Name	叶绿体转运肽 Chloroplast transit peptide	线粒体目标肽 Mitochondrial targeting peptide	分泌途径信号肽 Secretory pathway signal peptide	定位情况 Localization	预测可靠性 Reliability class
CgPKA-R1	0.502	0.049	0.503	—	5
CgPKA-R2	0.353	0.050	0.686	—	4
CgPKA-R3	0.662	0.046	0.294	线粒体	4
CgPKA-R4	0.717	0.075	0.291	线粒体	3

表 9-8　禾谷炭疽菌 PKA-C 含有潜在转运肽的可能性

Table 9-8　The possibility of potential transmit peptide of PKA-C in *C. graminicola*

名称 Name	叶绿体转运肽 Chloroplast transit peptide	线粒体目标肽 Mitochondrial targeting peptide	分泌途径信号肽 Secretory pathway signal peptide	定位情况 Localization	预测可靠性 Reliability class
CgPKA-C1	0.233	0.03	0.83	—	3
CgPKA-C2	0.306	0.088	0.7	—	4
CgPKA-C3	0.068	0.055	0.93	—	1
CgPKA-C4	0.084	0.041	0.944	—	1
CgPKA-C5	0.191	0.095	0.729	—	3
CgPKA-C6	0.229	0.041	0.792	—	3
CgPKA-C7	0.604	0.051	0.32	线粒体	4
CgPKA-C8	0.122	0.116	0.873	—	2
CgPKA-C9	0.276	0.026	0.827	—	3

表 9-9　禾谷炭疽菌 PKA-R 蛋白含有信号肽的可能性

Table 9-9　The possibility of potential signal peptide of PKA-R in *C. graminicola*

名称 Name	NN 预测 Prediction based on neural networks method			HMM 预测 Prediction based on hidden Markov models method
	信号肽位置 Position	*S* 平均值 Mean *S*	阈值 Value	最大切割位点概率 Max cleavage site probability
CgPKA-R1	1～13	0.128	0.48	0.001
CgPKA-R2	1～39	0.025	0.48	0.000
CgPKA-R3	1～15	0.183	0.48	0.014
CgPKA-R4	1～29	0.150	0.48	0.033

表 9-10　禾谷炭疽菌 PKA-C 蛋白含有信号肽的可能性

Table 9-10　The possibility of potential signal peptide of PKA-C in *C. graminicola*

名称 Name	NN 预测 Prediction based on neural networks method			HMM 预测 Prediction based on hidden Markov models method
	信号肽位置 Position	*S* 平均值 Mean *S*	阈值 Value	最大切割位点概率 Max cleavage site probability
CgPKA-C1	1～3	0.062	0.48	0.000
CgPKA-C2	1～8	0.127	0.48	0.000
CgPKA-C3	1～15	0.045	0.48	0.000
CgPKA-C4	1～29	0.018	0.48	0.000
CgPKA-C5	1～23	0.083	0.48	0.001
CgPKA-C6	1～20	0.099	0.48	0.003
CgPKA-C7	1～18	0.145	0.48	0.208
CgPKA-C8	1～2	0.118	0.48	0.000
CgPKA-C9	1～38	0.030	0.48	0.000

五、PKA-R及PKA-C亚细胞定位分析

利用ProtComp v9.0对*C. graminicola*中所含的PKA-R、PKA-C进行亚细胞定位分析，结果表明4个PKA-R亚细胞定位情况不尽相同，CgPKA-R1、CgPKA-R3定位在细胞质中，而CgPKA-R2定位于高尔基体上，CgPKA-R4则定位于液泡上（表9-11阴影）。9个PKA-C的亚细胞定位也不尽相同，具体而言，CgPKA-C1、CgPKA-C2、CgPKA-C4、CgPKA-C8定位在细胞核内，而CgPKA-C3、CgPKA-C9定位在细胞质中，CgPKA-C5、CgPKA-C6、CgPKA-C7则定位在线粒体上（表9-12阴影）。上述结果反映出由于PKA-R、PKA-C发挥的功能不同，其定位情况也不尽相同。

六、PKA-R及PKA-C二级结构分析

对蛋白质二级结构的预测采用PHD[116]在线分析实现，除CgPKA-R1外，*C. graminicola*中所含的3个PKA-R均含有较高比例的α-螺旋，所占比例分别为41%、36%和53%（图9-5），β-折叠结构所占比例均较低，分别为27%、21%、15%、5%（图9-5）。

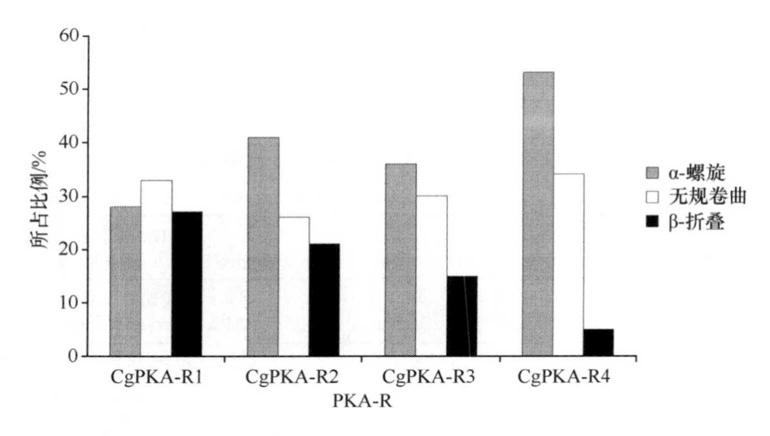

图9-5 禾谷炭疽菌PKA-R的二级结构分析

Figure 9-5 The secondary structure character of PKA-R in *C. graminicola*

另外，就PKA-C的二级结构组成来看，仅CgPKA-C3含有TM螺旋，所占比例为2%，其他PKA-C均不含有上述结构。此外，除CgPKA-C2外，其他PKA-C所含的无规卷曲的比例均较高，最低是CgPKA-C8，为36%，最高是CgPKA-C7，为75%（图9-6）。

表 9-11　禾谷炭疽菌 PKA-R 亚细胞定位情况

Table 9-11　The subcellular localization of PKA-R in *C. graminicola*

名称 Name	细胞核 Nuclear	细胞膜 Cell membrane	胞外 Extra cellular	细胞质 Cytoplasmic	线粒体 Mitochondrial	内质网 Endoplasmic reticulum	过氧化物酶体 Peroxisomal	溶酶体 Lysosomal	高尔基体 Golgi	液泡 Vacuolar
CgPKA-R1	0.01	4.52	0.00	5.47	0.00	0.00	0.00	0.00	0.00	0.00
CgPKA-R2	1.26	0.00	0.00	0.00	3.39	0.00	0.00	0.00	5.23	0.12
CgPKA-R3	1.63	1.62	1.12	2.81	2.00	0.13	0.54	0.00	0.16	0.00
CgPKA-R4	0.00	2.36	0.00	0.01	0.00	0.01	0.00	0.00	0.03	7.59

表 9-12　禾谷炭疽菌 PKA-C 亚细胞定位预测情况

Table 9-12　The subcellular localization of PKA-C in *C. graminicola*

名称 Name	细胞核 Nuclear	细胞膜 Cell membrane	胞外 Extra cellular	细胞质 Cytoplasmic	线粒体 Mitochondrial	内质网 Endoplasmic reticulum	过氧化物酶体 Peroxisomal	溶酶体 Lysosomal	高尔基体 Golgi	液泡 Vacuolar
CgPKA-C1	9.94	0.00	0.00	0.00	0.00	0.00	0.00	0.00	0.06	0.00
CgPKA-C2	5.66	4.17	0.18	0.00	0.00	0.00	0.00	0.00	0.00	0.00
CgPKA-C3	1.15	2.17	1.14	2.45	1.82	0.27	0.52	0.00	0.40	0.07
CgPKA-C4	3.90	0.96	0.00	3.62	0.71	0.34	0.33	0.00	0.00	0.14
CgPKA-C5	1.35	0.66	0.86	2.78	3.20	0.26	0.37	0.16	0.36	0.00
CgPKA-C6	0.00	0.00	0.08	0.50	8.25	0.00	0.54	0.27	0.06	0.30
CgPKA-C7	1.24	1.69	1.69	1.47	1.98	0.49	0.41	0.22	0.51	0.30
CgPKA-C8	9.93	0.00	0.00	0.00	0.00	0.00	0.00	0.00	0.07	0.00
CgPKA-C9	2.28	1.35	0.63	2.53	2.20	0.25	0.57	0.00	0.19	0.00

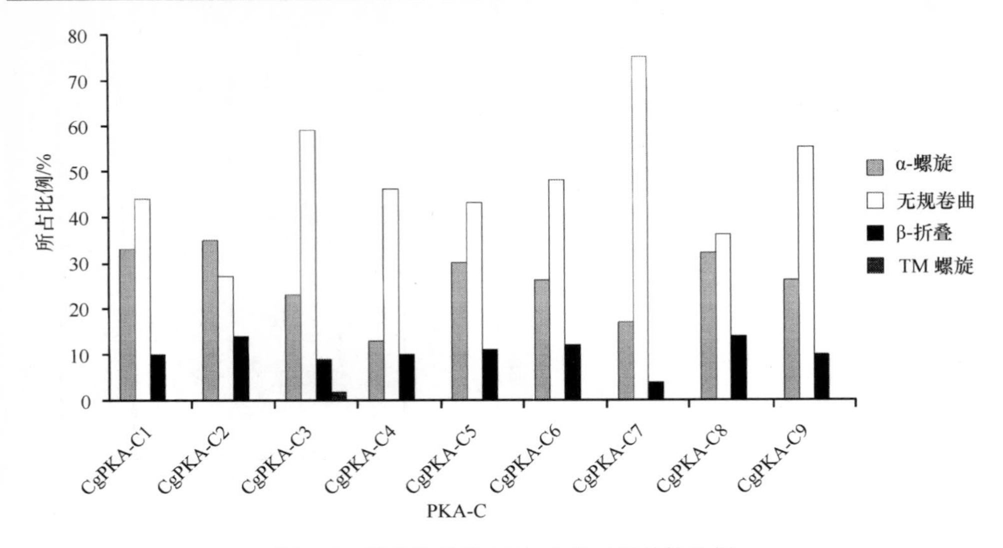

图 9-6　禾谷炭疽菌 PKA-C 的二级结构分析

Figure 9-6　The secondary structure character of PKA-C in *C. graminicola*

七、PKA-R 及 PKA-C 遗传关系分析

在 NCBI 中，以 *C. graminicola* 中 PKA-R 及 PKA-C 氨基酸序列为基础，在线进行 Blastp 同源搜索，获得来自于不同物种的同源蛋白质序列。对所获得的同源序列，利用 ClustalX[120]进行多重比对分析，随后利用 MEGA 5.2.2 软件[121]构建系统进化树：采用邻近法构建系统发育树，各分支之间的距离计算采用 p-distance 模型，系统可信度检测采用自举法重复 1000 次进行。

通过对 *C. graminicola* 中的 4 个 PKA-R 序列及其同源序列进行聚类分析，结果显示分别以 CgPKA-R1、CgPKA-R2、CgPKA-R3 及 CgPKA-R4 为核心，分为明显的四大类。就上述 4 个 PKA-R 的亲缘关系而言，CgPKA-R1 与 CgPKA-R4 彼此之间亲缘关系较近，而 CgPKA-R2 和 CgPKA-R3 彼此之间亲缘关系更近（图 9-7）。同时，发现该菌中的 PKA-R 与 *C. sublineola*、*C. higginsianum*、*Colletotrichum fioriniae* 中的同源序列亲缘关系更近（图 9-7）。

通过对 *C. graminicola* 中的 9 个 PKA-C 序列及其同源序列进行聚类分析，结果显示分别以 CgPKA-C1、CgPKA-C2、CgPKA-C3、CgPKA-C4 及 CgPKA-C5、CgPKA-C6、CgPKA-C7、CgPKA-C8、CgPKA-C9 为核心，分为明显的九大类。就上述 9 个 PKA-C 的亲缘关系而言，CgPKA-C6 与 CgPKA-C3、CgPKA-C5 彼此之间亲缘关系较近，而 CgPKA-C1 与 CgPKA-C2、CgPKA-C4 彼此亲缘关系较近，CgPKA-C8 与 CgPKA-C7、CgPKA-C9 彼此之间亲缘关系较近（图 9-8）。

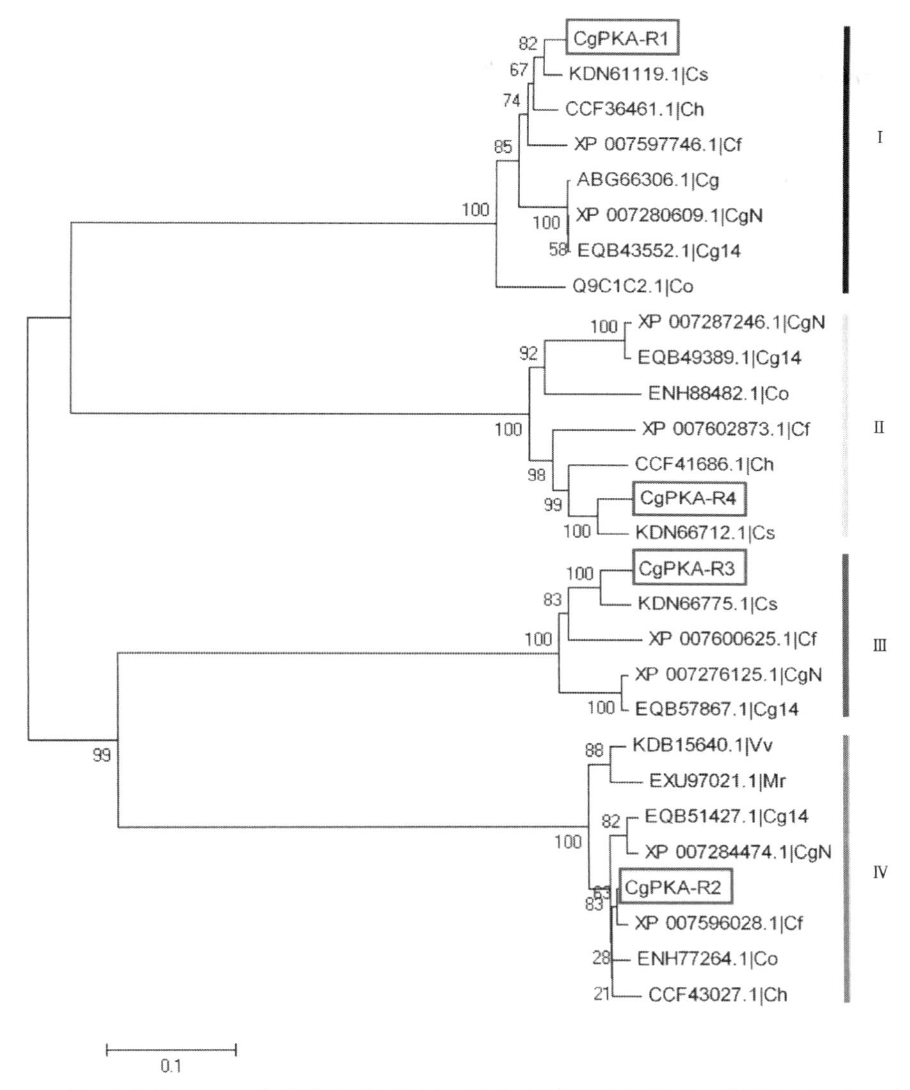

图 9-7　禾谷炭疽菌 PKA-R 与其他物种同源序列之间的遗传进化关系（彩图请扫封底二维码）

Figure 9-7　The genetic relationships of PKA-R in *C. graminicola* compared with its homologous sequences from other species

Cs、Ch、Cf、Cg、CgN、Cg14、Co、Vv、Mr 等分别是 *Colletotrichum sublineola*、*Colletotrichum higginsianum*、*Colletotrichum fioriniae* PJ7、*Colletotrichum gloeosporioides*、*Colletotrichum gloeosporioides* Nara gc5、*Colletotrichum gloeosporioides* Cg-14、*Colletotrichum orbiculare* MAFF 240422、*Verticillium alfalfae* VaMs.102、*Metarhizium robertsii* 等物种的缩写

Cs，Ch，Cf，Cg，CgN，Cg14，Co，Vv，Mr and so on is abbreviation of *Colletotrichum sublineola*，*Colletotrichum higginsianum*，*Colletotrichum fioriniae* PJ7，*Colletotrichum gloeosporioides*，*Colletotrichum gloeosporioides* Nara gc5，*Colletotrichum gloeosporioides* Cg-14，*Colletotrichum orbiculare* MAFF 240422，*Verticillium alfalfae* VaMs.102，*Metarhizium robertsii* and so on，respectively

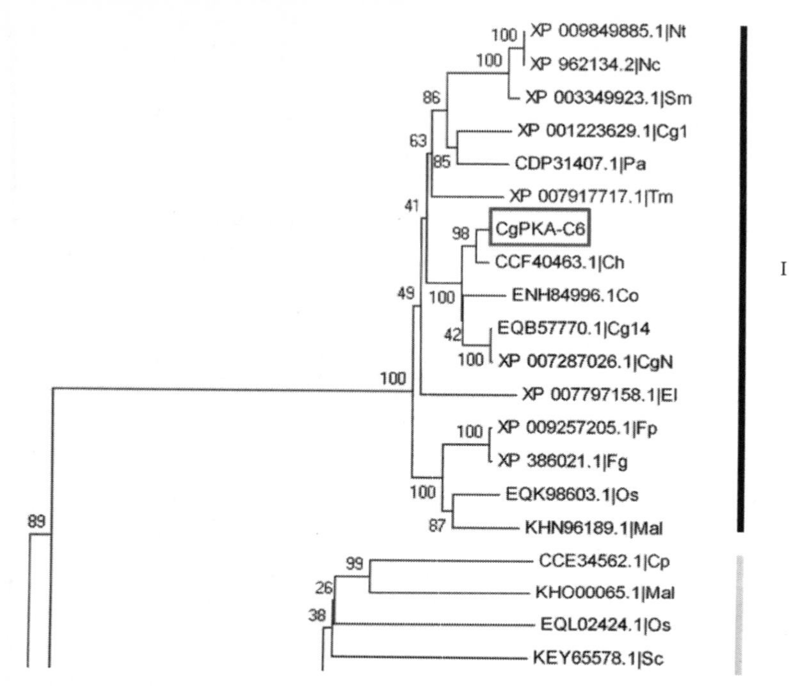

图 9-8　禾谷炭疽菌 PKA-C 与其他物种同源序列之间的遗传进化关系（彩图请扫封底二维码）

Figure 9-8　The genetic relationships of PKA-C in *C. graminicola* compared with its homologous sequences from other species

Ch、Cs、Cl、Co、Cg、Ct、CgN、Vd、Nh、Ma、Cf、Cg14、Mal、Va、Mo、Ma1、Tm、Cp、Os、Sc、Fg、Pf、Fo、Tr、Sc1、Tv、Mac、Sm、Cg1、Nt、Fp、Os、Nc、El、Pa、Sc2、Uv、Fol 等分别是 *Colletotrichum higginsianum*、*Colletotrichum sublineola*、*Colletotrichum lagenaria*、*Colletotrichum orbiculare* MAFF 240422、*Colletotrichum gloeosporioides*、*Colletotrichum trifolii*、*Colletotrichum gloeosporioides* Nara gc5、*Verticillium dahliae* VdLs.17、*Nectria haematococca* mpVI 77-13-4、*Metarhizium anisopliae* ARSEF 23、*Colletotrichum fioriniae* PJ7、*Colletotrichum gloeosporioides* Cg-14、*Metarhizium album* ARSEF 1941、*Verticillium alfalfae* VaMs.102、*Magnaporthe oryzae* 70-15、*Metarhizium anisopliae*、*Togninia minima* UCRPA7、*Claviceps purpurea* 20.1、*Ophiocordyceps sinensis* CO18、*Stachybotrys chartarum* IBT 7711、*Fusarium graminearum* PH-1、*Pestalotiopsis fici* W106-1、*Fusarium oxysporum* Fo47、*Trichoderma reesei* QM6a、*Stachybotrys chlorohalonata* IBT 40285、*Trichoderma virens* Gv29-8、*Metarhizium acridum* CQMa 102、*Sordaria macrospora* k-hell、*Chaetomium globosum* CBS 148.51、*Neurospora tetrasperma* FGSC 2508、*Fusarium pseudograminearum* CS3096、*Ophiocordyceps sinensis* CO18、*Neurospora crassa* OR74A、*Eutypa lata* UCREL1、*Podospora anserina* S mat+、*Stachybotrys chartarum* IBT 40288、*Ustilaginoidea virens*、*Fusarium oxysporum* f. sp. *lycopersici* MN25 物种的缩写

Ch, Cs, Cl, Co, Cg, Ct, CgN, Vd, Nh, Ma, Cf, Cg14, Mal, Va, Mo, Ma1, Tm, Cp, Os, Sc, Fg, Pf, Fo, Tr, Sc1, Tv, Mac, Sm, Cg1, Nt, Fp, Os, Nc, El, Pa, Sc2, Uv, Fol and so on is abbreviation of *Colletotrichum higginsianum*, *Colletotrichum sublineola*, *Colletotrichum lagenaria*, *Colletotrichum orbiculare* MAFF 240422, *Colletotrichum gloeosporioides*, *Colletotrichum trifolii*, *Colletotrichum gloeosporioides* Nara gc5, *Verticillium dahliae* VdLs.17, *Nectria haematococca* mpVI 77-13-4, *Metarhizium anisopliae* ARSEF 23, *Colletotrichum fioriniae* PJ7, *Colletotrichum gloeosporioides* Cg-14, *Metarhizium album* ARSEF 1941, *Verticillium alfalfae* VaMs.102, *Magnaporthe oryzae* 70-15, *Metarhizium anisopliae*, *Togninia minima* UCRPA7, *Claviceps purpurea* 20.1, *Ophiocordyceps sinensis* CO18, *Stachybotrys chartarum* IBT 7711, *Fusarium graminearum* PH-1, *Pestalotiopsis fici* W106-1, *Fusarium oxysporum* Fo47, *Trichoderma reesei* QM6a, *Stachybotrys chlorohalonata* IBT 40285, *Trichoderma virens* Gv29-8, *Metarhizium acridum* CQMa 102, *Sordaria macrospora* k-hell, *Chaetomium globosum* CBS 148.51, *Neurospora tetrasperma* FGSC 2508, *Fusarium pseudograminearum* CS3096, *Ophiocordyceps sinensis* CO18, *Neurospora crassa* OR74A, *Eutypa lata* UCREL1, *Podospora anserina* S mat+, *Stachybotrys chartarum* IBT 40288, *Ustilaginoidea virens*, *Fusarium oxysporum* f. sp. *lycopersici* MN25 and so on, respectively

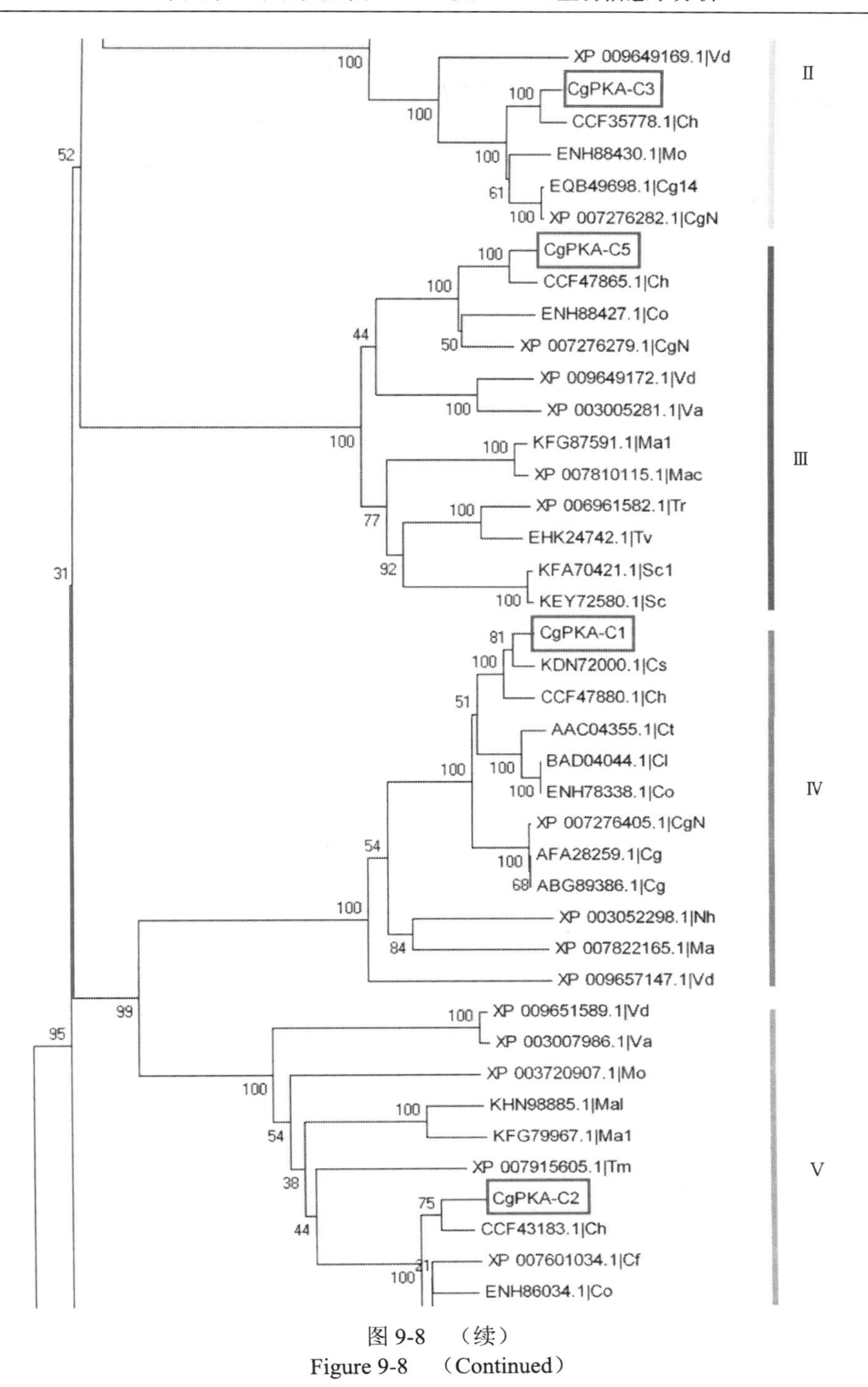

图 9-8 （续）

Figure 9-8 （Continued）

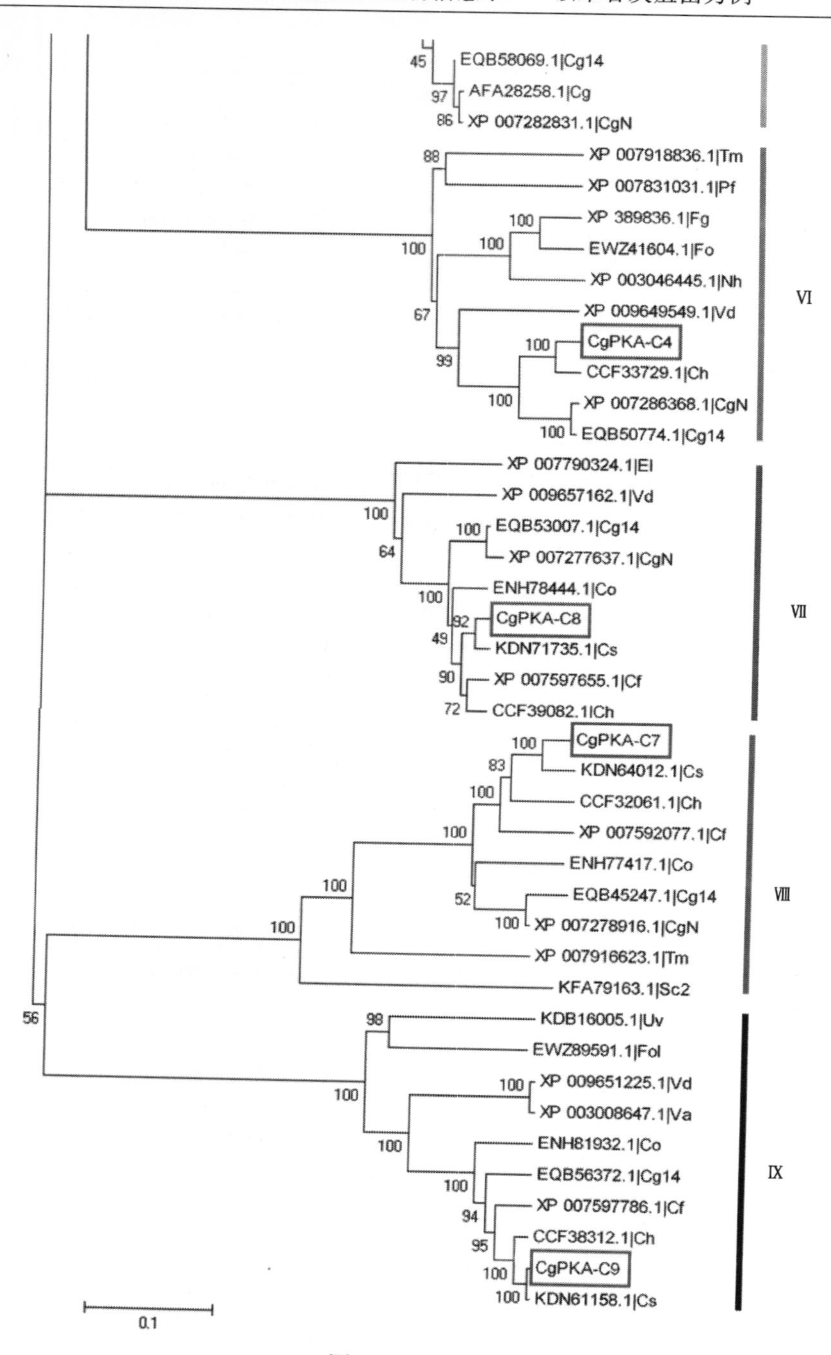

图 9-8　（续）

Figure 9-8　(Continued)

第十章　禾谷炭疽菌 Pde 生物信息学分析

一、Pde 保守结构域分析

通过比对分析及关键词搜索，结果显示禾谷炭疽菌中分别存在一个与酿酒酵母 Pde1、Pde2 同源的序列，其 ID 为 GLRG_02149.1、GLRG_08476.1。同时，基于 SMART 分析网站，对上述序列保守结构域进行分析，结果显示 ScPde1 与 GLRG_02149.1 具有相似的保守结构域，ScPde2 与 GLRG_08476.1 具有相同的 HDc 保守结构域，基于此，将 GLRG_02149.1、GLRG_08476.1 命名为 CgPde1、CgPde2（图 10-1）。此外，利用 NCBI 保守结构域进行分析，结果表明 ScPde1 与 CgPde1 均含有 PDEase_Ⅱ superfamily 保守结构域；ScPde2 与 CgPde2 均含有 HDc 保守结构域（结果未显示），这与 SMART 的分析结果一致。

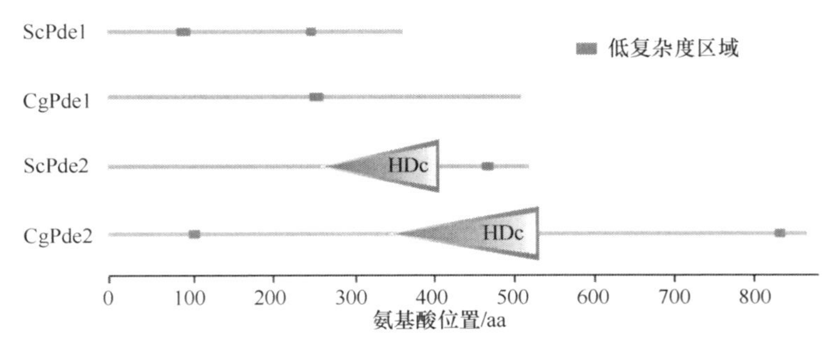

图 10-1　ScPde1、ScPde2 和 CgPde1、CgPde2 保守功能域分析（彩图请扫封底二维码）
Figure 10-1　The conserved domain of CgPde1 and Pde2 in *C. graminicola* and ScPde1and ScPde2 in *S. cerevisiae*

二、Pde 理化性质分析

通过对 ScPde1、ScPde2 及 CgPde1、CgPde2 中氨基酸残基的组成进行对比分析，结果表明尽管 *S. cerevisiae* 与 *C. graminicola* 中的 Pde 在不同类别氨基酸数量及其所占比例方面均存在着较大的差异，但在同一个物种中 Pde 所含有的氨基酸数量及其所占比例方面具有较高的一致性。具体而言，*S. cerevisiae* 中 ScPde1、ScPde2 所含比例最高的氨基酸均为亮氨酸（Leu），所占比例分别为 11.70%、11.60%，所含比例最低的氨基酸均为色氨酸（Trp），所占比例分布为 1.10%、1.50%（表 10-1），值得一提的是在 ScPde1 中，甲硫氨酸（Met）也具有最低的比例（1.10%），而在 ScPde2 中，甲硫

表 10-1　ScPde1、ScPde2 和 CgPde1、CgPde2 氨基酸组成情况

Table 10-1　The amino acid composition of CgPde1 and Pde2 in *C. graminicola* and ScPde1and ScPde2 in *S. cerevisiae*

氨基酸种类 Amino acid specie	氨基酸 Amino acid	ScPde1		CgPde1		ScPde2		CgPde2	
		数量 Num.	所占比例 Ratio/%	数量 Num.	所占比例 Ratio/%	数量 Num.	所占比例 Ratio/%	数量 Num.	所占比例 Ratio/%
酸性氨基酸 Acidic amino acids	Glu（E）	33	8.90	32	6.20	31	5.90	56	6.40
	Asp（D）	18	4.90	25	4.80	32	6.10	57	6.50
碱性氨基酸 Basic amino acid	Arg（R）	16	4.30	28	5.40	20	3.80	61	7.00
	Lys（K）	25	6.80	19	3.70	32	6.10	35	4.00
	His（H）	13	3.50	21	4.10	25	4.80	34	3.90
非极性 R 基氨基酸 Non-polar R amino acid	Ala（A）	11	3.00	48	9.30	25	4.80	77	8.80
	Val（V）	23	6.20	33	6.40	26	4.90	46	5.30
	Leu（L）	43	11.70	49	9.50	61	11.60	76	8.70
	Ile（I）	28	7.60	36	7.00	42	8.00	47	5.40
	Trp（W）	4	1.10	4	0.80	8	1.50	7	0.80
	Met（M）	4	1.10	7	1.40	10	1.90	28	3.20
	Phe（F）	15	4.10	12	2.30	31	5.90	33	3.80
	Pro（P）	19	5.10	37	7.20	18	3.40	51	5.80
不带电荷的极性 R 基氨基酸 R with polar uncharged amino acid	Asn（N）	16	4.30	16	3.10	37	7.00	27	3.10
	Cys（C）	7	1.90	6	1.20	11	2.10	14	1.60
	Gln（Q）	12	3.30	11	2.10	25	4.80	22	2.50
	Gly（G）	24	6.50	41	7.90	13	2.50	40	4.60
	Ser（S）	26	7.00	52	10.10	41	7.80	91	10.40
	Thr（T）	19	5.10	30	5.80	25	4.80	57	6.50
	Tyr（Y）	13	3.50	10	1.90	13	2.50	15	1.70

氨酸（Met）也具有较低的比例（1.90%）；*C. graminicola* 中 CgPde1、CgPde2 所含比例最高的氨基酸均为丝氨酸（Ser），所占比例分别为 10.10%、10.40%，所含比例最低的氨基酸均为色氨酸（Trp），所占比例均为 0.80%（表 10-1）。上述结果显示，*S. cerevisiae* 与 *C. graminicola* 中的 Pde 均含有最低比例的色氨酸。

通过对 ScPde1、ScPde2 及 CgPde1、CgPde2 在分子质量、理论等电点、负电荷氨基酸残基数、正电荷氨基酸残基数、分子式及原子数量、脂肪族氨基酸指数、总平均亲水性等方面进行对比分析，结果显示上述 Pde 的理论等电点范围均为 5.5～6.5，属于酸性范围（表 10-2）；通过对负电荷氨基酸残基数与正电荷氨基酸残基数进行对比分析，发现氨基酸的等电点受到负电荷氨基酸残基数量与正电荷氨基酸残基数量的影响，两者处负电荷氨基酸残基数量多于正电荷氨基酸残基数量时，蛋白质等电点较小，反之亦然（表 10-2）。所预测的上述 Pde 半衰期较为一致，均为 30h；其稳定性系数尽管不同，但数值均大于 40；同时，总平均亲水性（grand average of hydropathicity，GRAVY）均为负值。结果表明，*S. cerevisiae* 与 *C. graminicola* 中的 Pde 均属于亲水性不稳定性蛋白（表 10-2）。

表 10-2　ScPde1、ScPde2 和 CgPde1、CgPde2 氨基酸结构与理化性质

Table 10-2　The physicochemical properties of CgPde1 and Pde2 in *C. graminicola* and ScPde1 and ScPde2 in *S. cerevisiae*

名称 Name	ScPde1	CgPde1	ScPde2	CgPde2
分子质量 Molecular mass/Da	42 016.1	55 425.8	60 999.7	96 983.7
理论等电点 Isoelectric point	5.75	6.09	6.14	6.07
负电荷氨基酸残基数 Negatively charged amino acid residue	51	57	63	113
正电荷氨基酸残基数 Positively charged amino acid residue	41	47	52	96
分子式 Formula	$C_{1893}H_{2972}N_{500}O_{558}S_{11}$	$C_{2444}H_{3901}N_{693}O_{751}S_{13}$	$C_{2747}H_{4258}N_{738}O_{794}S_{21}$	$C_{4232}H_{6714}N_{1216}O_{1313}S_{42}$
原子数量 Atomic number	5 934	7 802	8 558	13 517
半衰期 Half-life/h	30	30	30	30
不稳定性系数 Instability coefficient	43.77	47.17	43.04	50.87
脂肪族氨基酸指数 Aliphatic amino acid index	96.10	91.91	95.46	78.96
总平均亲水性 The total average hydrophilic	−0.296	−0.157	−0.252	−0.355

三、Pde 疏水性分析

通过对 ScPde1、ScPde2 及 CgPde1、CgPde2 进行 Protscale 预测分析可知，不

同物种间及同一物种不同 Pde 间在亲水性最强氨基酸残基、位置及疏水性最强氨基酸残基、位置方面均存在着较大差异。然而，ScPde1 的亲水性最强氨基酸残基和疏水性最强氨基酸残基均为赖氨酸（Leu）（表 10-3，图 10-2），有待今后通过实验进行进一步验证。

表 10-3 ScPde1、ScPde2 和 CgPde1、CgPde2 疏水性及亲水性氨基酸残基位置情况

Table 10-3 The hydrophobic and hydrophilic amino acid residue positions situations of CgPde1 and Pde2 in *C. graminicola* and ScPde1and ScPde2 in *S. cerevisiae*

名称 Name	ScPde1	CgPde1	ScPde2	CgPde2
亲水性最强氨基酸残基 Most hydrophilic amino acid residue	L	P	D	H
位置 Position	64	383	130	739
数值 Value	–1.947	–1.921	–1.947	–2.484
疏水性最强氨基酸残基 Most hydrophobic amino acid residue	L	V	E	A/V
位置 Position	277	56	222	191/192
数值 Value	1.105	1.389	1.332	1.516
亲水性氨基酸残基数值总和 The numerical sum of hydrophilic amino acid residue	–161.331	–150.775	–207.890	–455.830
疏水性氨基酸残基数值总和 The numerical sum of hydrophobic amino acid residue	28.394	81.816	86.797	151.455

对 ScPde1、ScPde2 及 CgPde1、CgPde2 进行疏水性、亲水性数值统计分析，结果显示上述 4 个蛋白质亲水性氨基酸残基数值总和分别为–161.331、–150.775、–207.890、–455.830，疏水性氨基酸残基总和则分别为 28.394、81.816、86.797、151.455（表 10-3），同时结合上述 4 个 Pde 在亲水性最强氨基酸残基、位置及疏水性最强氨基酸残基、位置的分析结果，表明不同物种间 Pde 在具体的氨基酸残基数量、位置方面可能存在较大的差异，但是整体分析发现其均属于亲水性蛋白，这与通过 GRAVY 计算所得结果一致。

四、Pde 信号肽、转运肽分析

SignalP 作为在线预测蛋白质所含有信号肽的程序，提供了神经网络方法（neural network，NN）和隐马可夫模型（hidden Markov model，HMM）两种算法，根据算法不同得出的结果有所差别，然而无论是根据 NN 进行计算，还是根据 HMM 进行计算，上述 4 个 Pde 均不含有信号肽（表 10-4）。

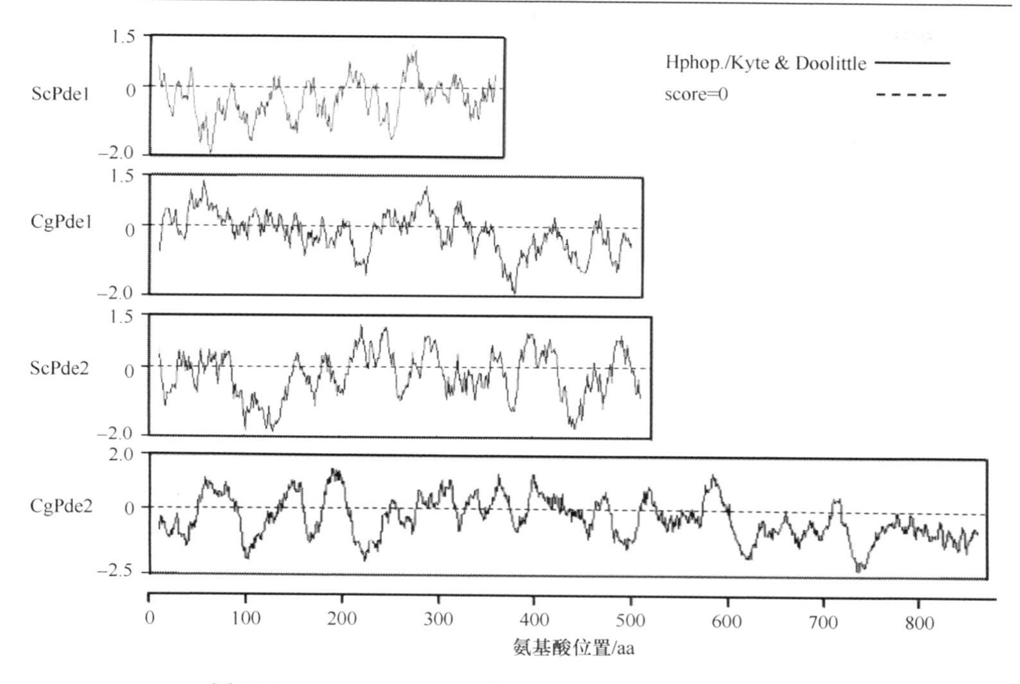

图 10-2　ScPde1、ScPde2 和 CgPde1、CgPde2 疏水性分析
Figure 10-2　The hydrophobic of CgPde1 and Pde2 in *C. graminicola* and ScPde1 and ScPde2 in *S. cerevisiae*

通过对 ScPde1、ScPde2 及 CgPde1、CgPde2 进行转运肽分析，结果表明上述 4 个 Pde 均显示定位于分泌途径上，其预测值分别为 0.815、0.830、0.869、0.490，而预测可靠性方面所处的概率有所不同（表 10-5）。

表 10-4　ScPde1、ScPde2 和 CgPde1、CgPde2 蛋白含有信号肽的可能性
Table 10-4　The possibility of potential signal peptide of CgPde1 and CgPde2 in *C. graminicola* and ScPde1 and ScPde2 in *S. cerevisiae*

名称 Name	NN 预测 Prediction based on neural networks method			HMM 预测 Prediction based on hidden Markov models method
	信号肽位置 Position	*S* 平均值 Mean *S*	阈值 Value	最大切割位点概率 Max cleavage site probability
ScPde1	1～13	0.183	0.48	0.010
CgPde1	1～28	0.083	0.48	0.002
ScPde2	1～17	0.077	0.48	0.003
CgPde2	1～33	0.049	0.48	0.000

表 10-5 ScPde1、ScPde2 和 CgPde1、CgPde2 含有潜在转运肽的可能性
Table 10-5 The possibility of potential transmit peptide of CgPde1 and CgPde2 in *C. graminicola* and ScPde1 and ScPde2 in *S. cerevisiae*

名称 Name	叶绿体转运肽 Chloroplast transit peptide	线粒体目标肽 Mitochondrial targeting peptide	分泌途径信号肽 Secretory pathway signal peptide	定位情况 Localization	预测可靠性 Reliability class
ScPde1	0.078	0.187	0.815	—	2
CgPde1	0.050	0.162	0.869	—	2
ScPde2	0.059	0.306	0.830	—	3
CgPde2	0.451	0.072	0.490	—	5

五、Pde 亚细胞定位分析

通过对 ScPde1、ScPde2 及 CgPde1、CgPde2 进行亚细胞定位分析，结果表明 *S. cerevisiae* 与 *C. graminicola* 中 Pde 的定位不尽相同，前者的 ScPde1、ScPde2 定位相同，均定位于细胞质中，而后者的 CgPde1、CgPde2 分别定位于线粒体、细胞核中（表 10-6 阴影）。由于 Pde 是 G 蛋白信号途径上重要的效应酶，一般在细胞质中发挥作用，这与 ScPde1、ScPde2 定位于细胞质中的情况相对应，然而 CgPde1、CgPde2 并未定位于细胞质，其发挥的功能有待于通过实验进行进一步验证。

表 10-6 ScPde1、ScPde2 和 CgPde1、CgPde2 亚细胞定位情况
Table 10-6 The subcellular localization of CgPde1 and CgPde2 in *C. graminicola* and ScPde1 and ScPde2 in *S. cerevisiae*

名称 Name	ScPde1	CgPde1	ScPde2	CgPde2
细胞核 Nuclear	2.17	1.94	2.28	4.69
细胞膜 Cell membrane	1.57	0.91	1.64	0.69
胞外 Extra cellular	0.74	0.18	0.21	0.48
细胞质 Cytoplasmic	3.94	3.01	3.37	1.41
线粒体 Mitochondrial	0.46	3.54	1.27	2.03
内质网 Endoplasmic reticulum	0	0.13	0.53	0.01
过氧化物酶体 Peroxisomal	0.22	0.29	0.3	0.26
溶酶体 Lysosomal	0	0	0.08	0.09
高尔基体 Golgi	0.9	0	0.32	0.33
液泡 Vacuolar	0	0	0	0.01

六、Pde 二级结构分析

通过对 ScPde1、ScPde2 及 CgPde1、CgPde2 进行跨膜结构域的预测分析，结果显示上述 4 个 Pde 均没有典型的跨膜结构（结果未显示），这与 SMART 保守结构域预测分析结果相一致。此外，通过对其二级结构进行分析，结果表明 *S. cerevisiae* 与 *C. graminicola* 中的 Pde 在二级结构组成方面具有较大的差异性。具体而言，ScPde1 由近乎相同比例的 α-螺旋、β-折叠和无规卷曲 3 种形式组成，ScPde2 则具有较高比例的 α-螺旋，所占比例为 65.0%；CgPde1、CgPde2 均具有较高比例的无规卷曲，所占比例分别为 44.0%、48.0%（图 10-3）。

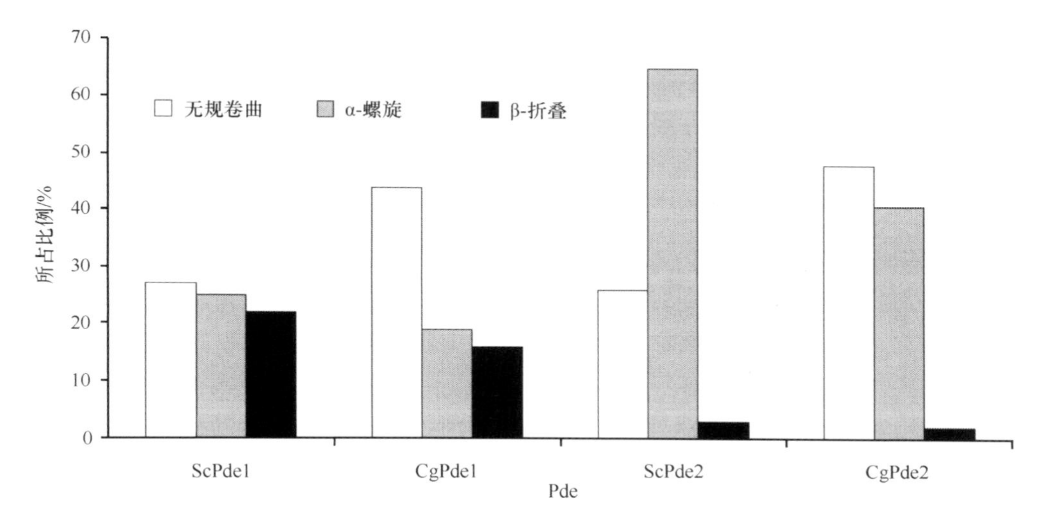

图 10-3　ScPde1、ScPde2 和 CgPde1、CgPde2 序列二级结构分析

Figure 10-3　The secondary structure character of CgPde1 and CgPde2 in *C. graminicola* and ScPde1 and ScPde2 in *S. cerevisiae*

七、Pde 遗传关系分析

为了更好地明确来自于不同物种的 Pde 之间的遗传关系，以 CgPde1、CgPde2 为基础序列，通过 Blastp 同源搜索，获得与禾谷炭疽菌 Pde 具有一定同源性的不同物种的氨基酸序列，根据其同源关系数值，选择 8 条序列，结合 ScPde1、ScPde2 序列，利用 MEGA 5.2.2 进行系统进化分析。结果表明，CgPde1 与希金斯炭疽菌（*Colletotrichum higginsianum*）中的 CCF45569.1 亲缘关系较近，并与同属于炭疽菌属的其他真菌西瓜炭疽菌（*Colletotrichum orbiculare*）、胶孢炭疽菌（*Colletotrichum gloeosporioides*）的同源序列聚为一类；与此相同，CgPde2 也与 *C. higginsianum* 中的 CCF39435.1 亲缘关系较近，并与同属于炭疽菌属的真菌的同源序列聚为一类（图 10-4）。此外，基于酿酒酵母 Pde1、Pde2 进行 Blastp 比对分析及关键词搜索，明确 CCF45569.1、CCF39435.1 分别是上述 Pde 的同源序列，将其命名为 ChPde1、ChPde2。

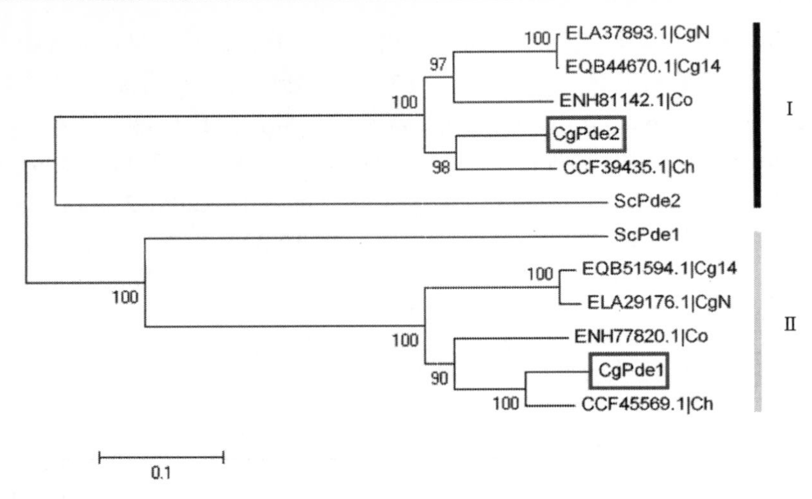

图 10-4　禾谷炭疽菌 CgPde1、CgPde2 与其他物种中同源序列之间的遗传进化关系（彩图请扫封底二维码）

Figure 10-4　The genetic relationships of CgPde1 and CgPde2 in *C. graminicola* compared with its homologous sequences from other species

CgN、Cg14、Co、Ch 分别是 *Colletotrichum gloeosporioides* Nara gc5、*Colletotrichum gloeosporioides* Cg-14、*Colletotrichum orbiculare* MAFF 240422、*Colletotrichum higginsianum* 物种的缩写

CgN，Cg14，Co and Ch is abbreviations of *Colletotrichum gloeosporioides* Nara gc5，*Colletotrichum gloeosporioides* Cg-14，*Colletotrichum orbiculare* MAFF 240422，*Colletotrichum higginsianum*，respectively

第十一章　禾谷炭疽菌 MAPK 信号途径上蛋白质生物信息学分析

一、MAPK 信号途径上蛋白质保守结构域分析

禾谷炭疽菌中 MAPK 信号途径上涉及 3 种途径总共 9 个蛋白质，上述蛋白质均含有典型的 S_TKc 保守结构域（图 11-1）。就禾谷炭疽菌中 Fus3/Kss1 MAPK 途径的蛋白质而言，包括 CgSte11、CgSte7 及 CgMK1 3 个蛋白质，CgSte11 在 N 端含有 SAM、RA 保守结构域，在 C 端含有 S_TKc 保守结构域，而其他两个蛋白质只含有 S_TKc 保守结构域，并不含有 SAM、RA 等保守结构域。

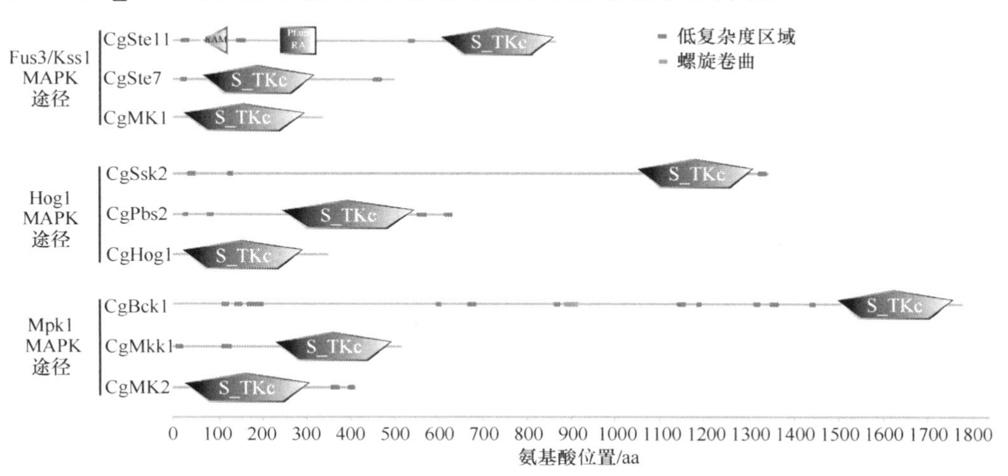

图 11-1　禾谷炭疽菌 MAPK 保守功能域分析（彩图请扫封底二维码）

Figure 11-1　The conserved domain of MAPK pathway related protein in *C. graminicola*

就禾谷炭疽菌中 Hog1 MAPK 途径的蛋白质而言，包括 CgSsk2、CgPbs2 及 CgHog1 3 个蛋白质，上述蛋白质仅含有 S_TKc 保守结构域。

就禾谷炭疽菌中 Mpk1 MAPK 途径的蛋白质而言，包括 CgBck1、CgMkk1 及 CgMK2 3 个蛋白质，上述蛋白质仅含有 S_TKc 保守结构域。

二、MAPK 信号途径上蛋白质理化性质分析

利用 Protscale 程序[113]对禾谷炭疽菌 MAPK 信号途径相关蛋白进行理化性质

及疏水性测定，结果表明 *C. graminicola* 中所含的 MAPK 信号途径相关蛋白，无论是 3 种途径各途径中的彼此蛋白质之间，还是不同途径中的彼此蛋白质之间，在酸性氨基酸、碱性氨基酸及非极性 R 基氨基酸、不带电荷的极性 R 基氨基酸的组成及所占比例方面均存在不同（表 11-1），同时在分子质量、理论等电点、负电荷氨基酸残基数、正电荷氨基酸残基数、分子式、原子质量及不稳定性系数、脂肪族氨基酸指数、总平均亲水性等方面也存在着一定差异（表 11-2）。

此外，除 CgHog1 不稳定性系数小于 40 外，其他均大于 40，属于不稳定蛋白；MAPK 途径上相关的 9 个蛋白质总平均亲水性均小于 0，均为亲水性蛋白（表 11-2）。

三、MAPK 信号途径上蛋白质疏水性分析

根据 Protscale 分析，就 Fus3/Kss1 MAPK 途径的蛋白质而言，CgSte11 位于 421 位的精氨酸（Arg），其亲水性最强，为－2.205，而位于 645 位的组氨酸（His），其疏水性最强，为 1.484；CgSte7 位于 490 位的天冬氨酸（Asp），其亲水性最强，为–2.695，而位于 166 位的赖氨酸（Leu），其疏水性最强，为 1.268；CgMK1 位于 316 位的天冬氨酸（Asp），其亲水性最强，为–1.847，而位于 218 位的谷氨酸（Glu），其疏水性最强，为 1.021（表 11-3）。

就 Hog1 MAPK 途径的蛋白质而言，CgSsk2 位于 153 位的脯氨酸（Pro），其亲水性最强，为–2.437，而位于 535 位、955 位的精氨酸（Arg）、赖氨酸（Leu），其疏水性最强，为 1.311；CgPbs2 位于 297 位的精氨酸（Arg），其亲水性最强，为–1.558，而位于 349 位的脯氨酸（Pro），其疏水性最强，为 1.268；CgHog1 位于 260 位的脯氨酸（Pro），其亲水性最强，为–1.989，而位于 88 位的丝氨酸（Ser），其疏水性最强，为 1.216（表 11-3）。

就 Mpk1 MAPK 途径的蛋白质而言，CgBck1 位于 911 位的谷氨酰胺（Gln），其亲水性最强，为–2.679，而位于 1038 位的甲硫氨酸（Met），其疏水性最强，为 1.395；CgMkk1 位于 12 位的甲硫氨酸（Met），其亲水性最强，为–1.753，而位于 417 位的丝氨酸（Ser），其疏水性最强，为 0.616；CgMK2 位于 394 位的天冬氨酸（Asp），其亲水性最强，为–1.616，而位于 216 位的甘氨酸（Gly），其疏水性最强，为 1.074（表 11-3）。

对上述不同类型 MAPK 途径相关蛋白的疏水性进行对比分析，结果显示，就所含的亲水性最强氨基酸残基而言，CgSte7、CgPbs2 2 个蛋白质均为精氨酸（Arg），而 CgSte7、CgMK1 及 CgMK2 3 个蛋白质均为天冬氨酸（Asp），CgSsk2、CgHog1 2 个蛋白质则均为脯氨酸（Pro），CgBck1 和 CgMkk1 分别为谷氨酰胺（Gln）、甲硫氨酸（Met）；就所含的疏水性最强氨基酸残基而言，仅 CgHog1 与 CgMkk1 为丝氨酸（Ser），其他 7 个蛋白质均不相同。上述结果表明，不同类型 MAPK 途

表 11-1 禾谷炭疽菌 MAPK 信号途径相关蛋白氨基酸组成情况

Table 11-1 The amino acid composition of MAPK pathway related protein in *C. graminicola*

氨基酸种类 Amino acid specie	氨基酸 Amino acid	CgSte11		CgSte7		CgMK1		CgSsk2		CgPbs2		CgHog1		CgBck1		CgMkk1		CgMK2	
		数量 Num.	所占比例 Ratio /%	数量 Num.	所占比例 Ratio /%	数量 Num.	所占比例 Ratio /%	数量 Num.	所占比例 Ratio /%	数量 Num.	所占比例 Ratio /%	数量 Num.	所占比例 Ratio /%	数量 Num.	所占比例 Ratio /%	数量 Num.	所占比例 Ratio /%	数量 Num.	所占比例 Tatio /%
酸性氨基酸 Acidic amino acid	Glu（E）	55	6.10	27	5.20	23	6.50	112	8.20	40	6.20	22	6.20	87	4.80	33	6.30	26	6.20
	Asp（D）	54	6.00	32	6.10	25	7.00	83	6.10	33	5.20	27	7.60	106	5.90	23	4.40	28	6.70
碱性氨基酸 Basic amino acid	Arg（R）	67	7.40	34	6.50	20	5.60	95	7.00	28	4.40	18	5.00	132	7.30	31	5.90	26	6.20
	Lys（K）	47	5.20	28	5.40	26	7.30	71	5.20	32	5.00	22	6.20	79	4.40	25	4.80	17	4.10
	His（H）	16	1.80	12	2.30	12	3.40	31	2.30	12	1.90	9	2.50	42	2.30	8	1.50	9	2.10
非极性 R 基氨基酸 Non-polar R amino acid	Ala（A）	67	7.40	39	7.50	21	5.90	105	7.70	53	8.30	21	5.90	130	7.20	37	7.10	33	7.90
	Val（V）	48	5.30	32	6.10	17	4.80	83	6.10	34	5.30	21	5.90	73	4.10	25	4.80	26	6.20
	Leu（L）	81	9.00	39	7.50	38	10.70	127	9.30	46	7.20	37	10.40	113	6.30	37	7.10	40	9.50
	Ile（I）	38	4.20	28	5.40	22	6.20	71	5.20	31	4.80	24	6.70	59	3.30	24	4.60	22	5.30
	Trp（W）	9	1.00	2	0.40	2	0.60	16	1.20	4	0.60	4	1.10	13	0.70	7	1.30	4	1.00
	Met（M）	22	2.40	16	3.10	11	3.10	40	2.90	25	3.90	11	3.10	49	2.70	18	3.40	9	2.10
	Phe（F）	25	2.80	14	2.70	17	4.80	50	3.70	16	2.50	19	5.30	63	3.50	16	3.10	21	5.00
	Pro（P）	62	6.90	50	9.60	21	5.90	61	4.50	63	9.80	20	5.60	183	10.20	47	9.00	24	5.70
不带电荷的极性 R 基氨基酸 R with polar uncharged amino acid	Asn（N）	41	4.60	23	4.40	13	3.70	57	4.20	19	3.00	14	3.90	82	4.60	15	2.90	17	4.10
	Cys（C）	11	1.20	5	1.00	6	1.70	11	0.80	6	0.90	4	1.10	9	0.50	7	1.30	8	1.90
	Gln（Q）	29	3.20	14	2.70	13	3.70	70	5.20	12	1.90	16	4.50	71	3.90	20	3.80	24	5.70
	Gly（G）	68	7.60	44	8.40	12	3.40	82	6.00	65	10.20	15	4.20	151	8.40	55	10.50	31	7.40
	Ser（S）	93	10.30	44	8.40	22	6.20	108	7.90	64	10.00	20	5.60	209	11.60	50	9.50	21	5.00
	Thr（T）	46	5.10	25	4.80	17	4.80	50	3.70	42	6.60	19	5.30	121	6.70	32	6.10	17	4.10
	Tyr（Y）	21	2.30	13	2.50	17	4.80	36	2.60	15	2.30	14	3.90	29	1.60	14	2.70	16	3.80

表 11-2 禾谷炭疽菌 MAPK 信号途径相关蛋白基本理化性质

Table 11-2 The physicochemical properties of MAPK pathway related protein in *C. graminicola*

MAPK 途径 MAPK pathway	名称 Name	分子质量 Molecular mass /Da	理论等电点 Isoelectric point	负电荷氨基酸残基数 Negatively charged amino acid residues	正电荷氨基酸残基数 Positively charged amino acid residues	分子式 Formula	原子数量 Atomic number	半衰期 Half-life/h	不稳定性系数 Instability coefficient	脂肪族氨基酸指数 Aliphatic amino acid index	总平均亲水性 The total average hydrophilic
Fus3/Kss1 MAPK 途径 Fus3/Kss1 MAPK pathway	CgSte11	98 850.4	8.43	109	114	$C_{4300}H_{6873}N_{1259}O_{1349}S_{33}$	13 814	30	55.08	74.48	–0.545
	CgSte7	56 570.2	8.42	59	62	$C_{2478}H_{3958}N_{714}O_{759}S_{21}$	7 930	30	49.72	75.45	–0.470
	CgMK1	41 152.3	6.64	48	46	$C_{1852}H_{2891}N_{493}O_{534}S_{17}$	5 787	30	43.62	85.72	–0.407
Hog1 MAPK 途径 Hog1 MAPKpathway	CgSsk2	153 447.6	5.67	195	166	$C_{6746}H_{10674}N_{1920}O_{2071}S_{51}$	21 462	30	51.11	82.26	–0.486
	CgPbs2	67 749.6	5.53	73	60	$C_{2962}H_{4703}N_{815}O_{939}S_{31}$	9 450	30	53.45	70.61	–0.350
	CgHog1	41 098.1	5.55	49	40	$C_{1856}H_{2885}N_{485}O_{539}S_{15}$	5 780	30	30.34（稳定蛋白）	89.58	–0.287
Mpk1 MAPK 途径 Mpk1 MAPK pathway	CgBck1	194 948.9	9.09	193	211	$C_{8418}H_{13296}N_{2526}O_{2700}S_{58}$	26 998	30	57.22	56.22	–0.763
	CgMkk1	56 672.1	7.08	56	56	$C_{2484}H_{3912}N_{700}O_{768}S_{25}$	7 889	30	48.27	66.30	–0.474
	CgMK2	47 124.5	5.39	54	43	$C_{2102}H_{3257}N_{577}O_{623}S_{17}$	6 576	30	40.13	83.58	– 0.317

表 11-3　禾谷炭疽菌 MAPK 疏水性及亲水性氨基酸残基位置情况

Table 11-3　The hydrophobic and hydrophilic amino acid residue positions situations of MAPK in *C. graminicola*

MAPK 途径 MAPK pathway	Fus3/Kss1 MAPK 途径 Fus3/Kss1 MAPK pathway			Hog1 MAPK 途径 Hog1 MAPKpathway			Mpk1 MAPK 途径 Mpk1 MAPK pathway		
	CgSte11	CgSte7	CgMK1	CgSsk2	CgPbs2	CgHog1	CgBck1	CgMkk1	CgMK2
亲水性最强氨基酸残基 Most hydrophilic amino acid residue	R	D	D	P	R	P	G	M	D
位置 Position	421	490	316	153	297	260	911	12	394
数值 Value	−2.205	−2.695	−1.847	−2.437	−1.558	−1.989	−2.679	−1.753	−1.616
疏水性最强氨基酸残基 Most hydrophobic amino acid residue	H	L	E	R/L	P	S	M	S	G
位置 Position	645	166	218	535/955	349	88	1038	417	216
数值 Value	1.484	1.268	1.021	1.311	1.268	1.216	1.395	0.616	1.074
疏水性氨基酸残基数值总和 The numerical sum of hydrophobic amino acid residue	60.552	58.536	32.721	112.329	62.303	34.996	59.125	18.259	36.611
亲水性氨基酸残基数值总和 The numerical sum of hydrophilic amino acid residue	−565.812	−286.275	−162.212	−753.974	−278.041	−129.194	−1413.558	−249.757	−157.696

径相关蛋白在亲水性、疏水性氨基酸残基方面具有差异，同样在亲（疏）水性最强氨基酸残基位置、数量方面也存在着不同。

另外，不同蛋白质中亲水性最强氨基酸残基与疏水性最强氨基酸残基存在着一定的交叉，如 CgSsk2、CgHog1 中亲水性最强氨基酸残基与 CgPbs2 中疏水性最强氨基酸残基相同，均为脯氨酸（Pro）；CgMkk1 中亲水性最强氨基酸残基与 CgBck1 中疏水性最强氨基酸残基相同，均为甲硫氨酸（Met）。

此外，对上述蛋白质的疏水性、亲水性数值进行统计分析，结果显示 CgSte11、CgSte7、CgMK1、CgSsk2、CgPbs2、CgHog1、CgBck1、CgMkk1、CgMK2 亲水性氨基酸残基数值总和分别为–565.812、–286.275、–162.212、–753.974、–278.041、–129.194、–1413.558、–249.757、–157.696，疏水性氨基酸残基数值总和则分别为 60.552、58.536、32.721、112.329、62.303、34.996、59.125、18.259、36.611。上述结果表明，尽管两者在“亲水性最强氨基酸残基位置、数值”、“疏水性最强氨基酸残基位置、数值”、“疏水性氨基酸残基数值总和”及“亲水性氨基酸残基数值总和”等方面不尽相同，但是均为亲水性蛋白，这与通过 GRAVY 计算所得结果一致（表 11-3，图 11-2）。

四、MAPK 信号途径上蛋白质信号肽、转运肽分析

无论是根据 NN 进行计算，还是根据 HMM 进行计算，MAPK 途径上的 9 个蛋白质均不含有信号肽（表 11-4），这与后续对 MAPK 途径上蛋白质定位情况进行预测的结果相吻合。

表 11-4　禾谷炭疽菌 MAPK 信号途径蛋白质含有信号肽的可能性

Table 11-4　The possibility of potential signal peptide of MAPK in *C. graminicola*

MAPK 途径 MAPK pathway	名称 Name	NN 预测 Prediction based on neural networks method			HMM 预测 Prediction based on hidden Markov models method
		信号肽位置 Position	*S* 平均值 Mean *S*	阈值 Value	最大切割位点概率 Max cleavage site probability
Fus3/Kss1 MAPK 途径 Fus3/Kss1 MAPK pathway	CgSte11	1～17	0.254	0.48	0.117
	CgSte7	1～25	0.069	0.48	0.006
	CgMK1	1～30	0.038	0.48	0.000
Hog1 MAPK 途径 Hog1 MAPKpathway	CgSsk2	1～2	0.152	0.48	0.000
	CgPbs2	1～32	0.020	0.48	0.000
	CgHog1	1～23	0.140	0.48	0.001
Mpk1 MAPK 途径 Mpk1 MAPK pathway	CgBck1	1～3	0.015	0.48	0.000
	CgMkk1	1～2	0.071	0.48	0.000
	CgMK2	1～35	0.036	0.48	0.000

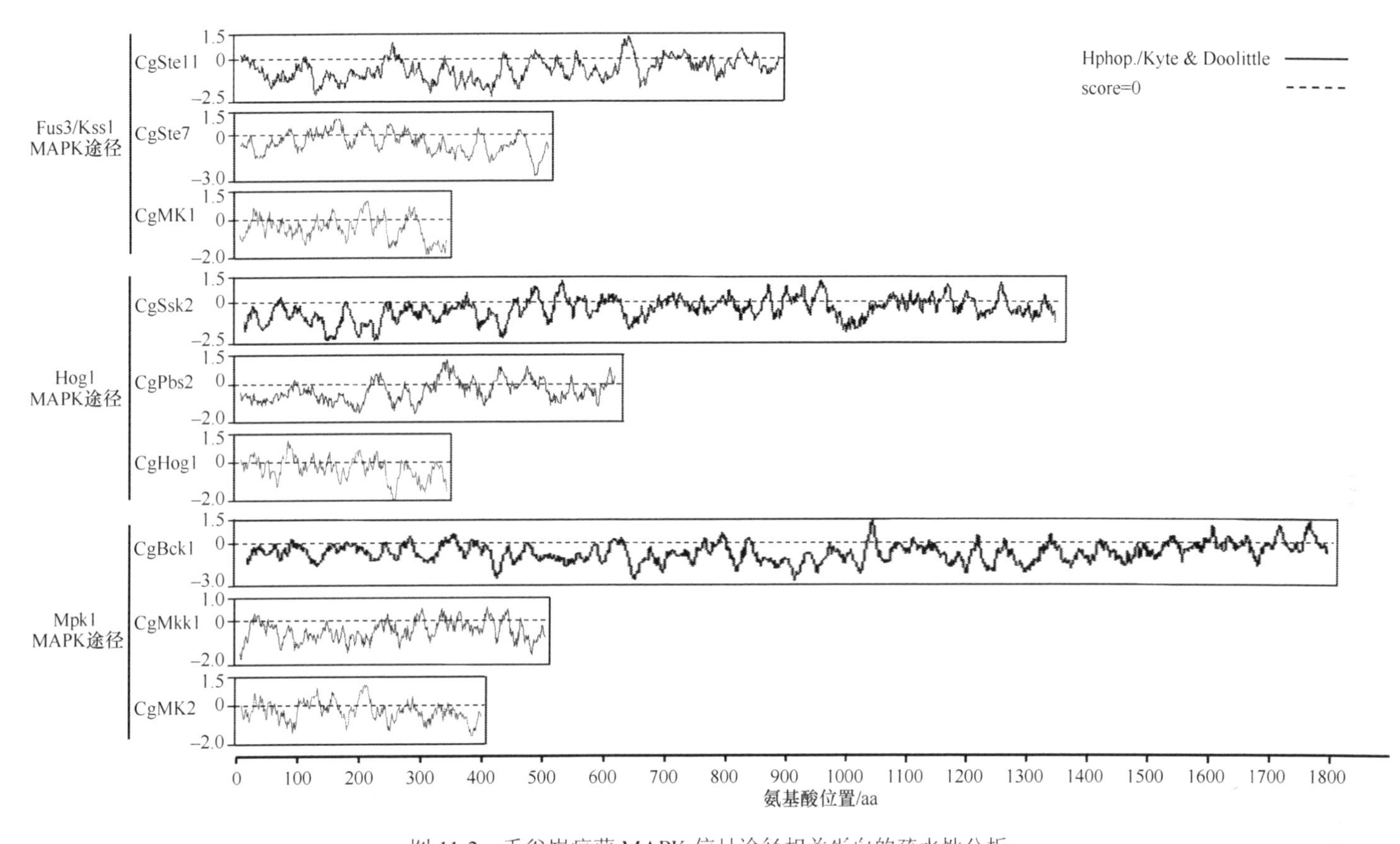

图 11-2　禾谷炭疽菌 MAPK 信号途径相关蛋白的疏水性分析

Figure 11-2　The hydrophobic of MAPK pathway related protein in *C. graminicola*

通过对 CgSte11、CgSte7、CgMK1、CgSsk2、CgPbs2、CgHog1、CgBck1、CgMkk1、CgMK2 9 个蛋白质进行转运肽分析，结果表明除 CgMK1 预测定位于线粒体上外，其余 8 个 MAPK 途径蛋白质均未得到明确的定位情况（表 11-5），有待于进一步通过生物学实验开展相关研究。

表 11-5　禾谷炭疽菌 MAPK 信号途径含有潜在转运肽的可能性

Table 11-5　The possibility of potential transmit peptide of MAPK in *C. graminicola*

MAPK 途径 MAPK pathway	名称 Name	叶绿体转运肽 Chloroplast transit peptide	线粒体目标肽 Mitochondrial targeting peptide	分泌途径信号肽 Secretory pathway signal peptide	定位情况 Localization	预测可靠性 Reliability class
Fus3/Kss1 MAPK 途径 Fus3/Kss1 MAPK pathway	CgSte11	0.480	0.051	0.494	—	5
	CgSte7	0.527	0.049	0.586	—	5
	CgMK1	0.531	0.058	0.472	线粒体	5
Hog1 MAPK 途径 Hog1 MAPKpathway	CgSsk2	0.177	0.041	0.868	—	2
	CgPbs2	0.050	0.039	0.961	—	1
	CgHog1	0.139	0.096	0.775	—	2
Mpk1 MAPK 途径 Mpk1 MAPK pathway	CgBck1	0.535	0.022	0.598	—	5
	CgMkk1	0.144	0.052	0.927	—	2
	CgMK2	0.167	0.077	0.825	—	2

五、MAPK 信号途径上蛋白质亚细胞定位分析

通过对 CgSte11、CgSte7、CgMK1、CgSsk2、CgPbs2、CgHog1、CgBck1、CgMkk1、CgMK 2 9 个蛋白质进行亚细胞定位分析，结果显示，就 Fus3/Kss1 MAPK 途径而言，CgSte11 与 CgMK1 定位在细胞核内，而 CgSte7 定位在线粒体上；与上述 Fus3/Kss1 MAPK 途径中蛋白质的定位不同，Hog1、Mpk1 MAPK 途径的蛋白质均定位在细胞质中（表 11-6）。由于 MAPK 信号途径转导过程涉及多个蛋白质，本研究所获得的 CgSsk2、CgPbs2、CgHog1、CgBck1、CgMkk1、CgMK2 6 个蛋白质涉及 Hog1、Mpk1 两个 MAPK 途径，均在细胞质中发挥作用，然而 Fus3/Kss1 MAPK 途径中的 CgSte11、CgSte7、CgMK1 并未定位于细胞质，而是定位在细胞核及线粒体上，其发挥的功能有待于通过实验进行进一步验证。

六、MAPK 信号途径上蛋白质二级结构分析

通过对 CgSte11、CgSte7、CgMK1、CgSsk2、CgPbs2、CgHog1、CgBck1、CgMkk1、CgMK2 9 个蛋白质的二级结构进行分析，结果表明上述蛋白质均含有 α-螺旋、β-折叠和无规卷曲，所占比例不尽相同（图 11-3）。

就 Fus3/Kss1 MAPK 途径的蛋白质而言，CgMK1 含有较高比例的 α-螺旋，所

表 11-6　禾谷炭疽菌 MAPK 亚细胞定位预测情况

Table 11-6　The subcellular localization of MAPK in *C. graminicola*

MAPK 途径 MAPK pathway	名称 Name	细胞核 Nuclear	细胞膜 Cell membrane	胞外 Extra cellular	细胞质 Cytoplasmic	线粒体 Mitochondrial	内质网 Endoplasmic reticulum	过氧化物酶体 Peroxisomal	溶酶体 Lysosomal	高尔基体 Golgi	液泡 Vacuolar
Fus3/Kss1 MAPK 途径 Fus3/Kss1 MAPK pathway	CgSte11	2.99	1.03	0.99	2.13	1.95	0.13	0.41	0.09	0.29	0.00
	CgSte7	2.03	1.61	0.80	0.56	4.23	0.00	0.31	0.00	0.46	0.00
	CgMK1	5.20	0.00	0.00	4.77	0.02	0.00	0.00	0.01	0.00	0.00
Hog1 MAPK 途径 Hog1 MAPKpathway	CgSsk2	1.00	1.82	1.01	3.32	1.75	0.24	0.44	0.00	0.42	0.00
	CgPbs2	0.00	0.01	0.00	9.86	0.11	0.00	0.00	0.00	0.02	0.00
	CgHog1	4.76	0.00	0.01	5.23	0.00	0.00	0.00	0.00	0.00	0.00
Mpk1 MAPK 途径 Mpk1 MAPK pathway	CgBck1	0.93	1.93	1.11	2.53	2.29	0.32	0.31	0.00	0.42	0.18
	CgMkk1	3.54	1.10	0.00	3.81	0.82	0.25	0.27	0.00	0.00	0.21
	CgMK2	4.90	0.00	0.00	5.10	0.00	0.00	0.00	0.00	0.00	0.00

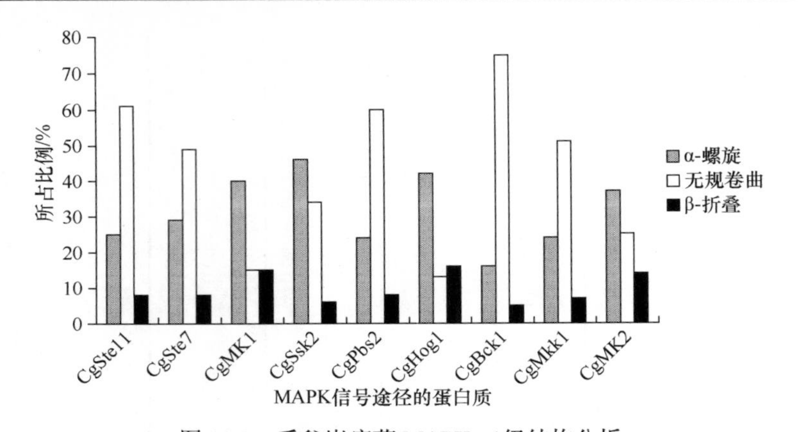

图 11-3　禾谷炭疽菌 MAPK 二级结构分析

Figure 11-3　The secondary structure character of MAPK in *C. graminicola*

占比例为 40%，CgSte7 含有较高比例的无规卷曲，所占比例为 49%，CgMK1 则含有较高比例的β-折叠，所占比例为 15%；就 Hog1 MAPK 途径的蛋白质而言，CgSsk2 含有较高比例的 α-螺旋，所占比例为 46%，CgPbs2 含有较高比例的无规卷曲，所占比例为 60%，CgHog1 则含有较高比例的β-折叠，所占比例为 16%；就 Mpk1 MAPK 途径的蛋白质而言，CgMK2 含有较高比例的 α-螺旋，所占比例为 37%，CgBck1 含有较高比例的无规卷曲，所占比例为 75%，CgMK2 则含有较高比例的β-折叠，所占比例为 14%（图 11-3）。

七、MAPK 信号途径上蛋白质遗传关系分析

为了更好地明确来自于不同物种中的 MAPK 信号途径上相关蛋白之间的遗传关系，以 CgSte11、CgSte7、CgMK1、CgSsk2、CgPbs2、CgHog1、CgBck1、CgMkk1、CgMK2 为基础序列，通过在 NCBI 中进行 Blastp 同源搜索，获得与禾谷炭疽菌上述 MAPK 信号途径相关蛋白具有一定同源性的不同物种的氨基酸序列。由于 MAPK 信号转导途径涉及 MAPKKK、MAPKK、MAPK 等级联反应蛋白，因此对属于 MAPKKK、MAPKK 及 MAPK 的蛋白质序列分别进行聚类分析，结果发现不同级联反应蛋白存在一定的遗传关系。

利用 MEGA 5.2.2 对禾谷炭疽菌中 CgSte11、CgSsk2、CgBck1 等 MAPKKK 蛋白及其相关同源序列进行分析，结果表明 CgSte11 与 *Colletotrichum sublineola* 中的 KDN69222.1、*Colletotrichum higginsianum* 中的 CCF44724.1 具有较近的亲缘关系；CgSsk2 与 *C. sublineola* 中的 KDN64857.1、*C. higginsianum* 中的 CCF32144.1 具有较近的亲缘关系，CgBck1 与 *C. sublineola* 中的 KDN71555.1、*Colletotrichum fioriniae* PJ7 中的 XP 007599846.1 具有较近的亲缘关系（图 11-4，附录 5 附图 5-1～附图 5-3）。

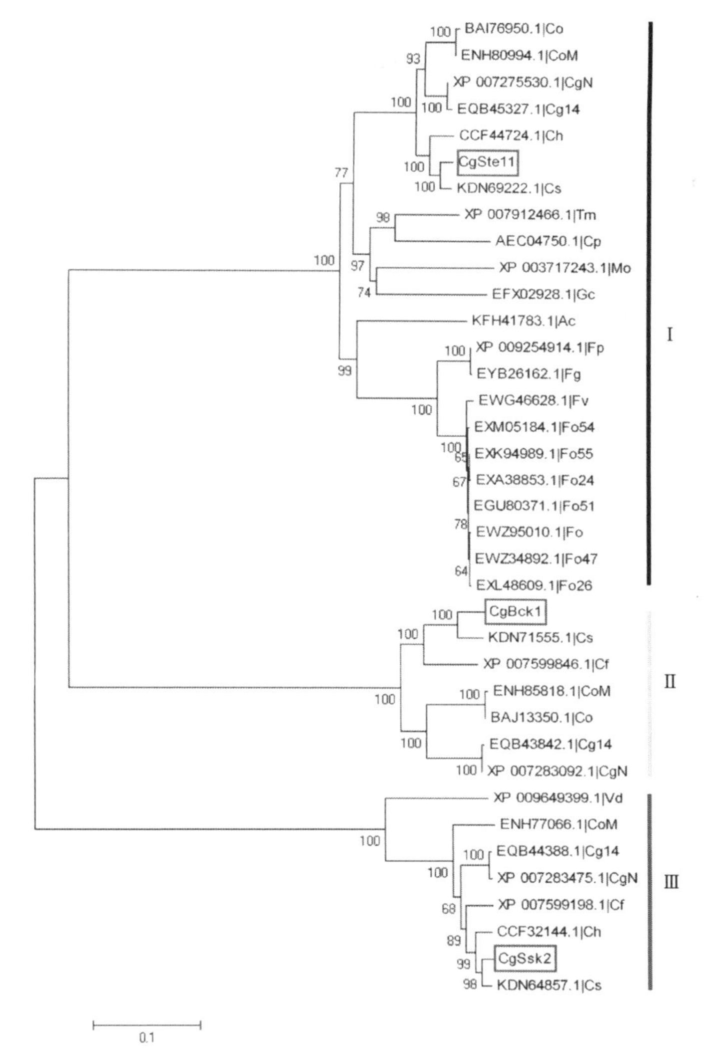

图 11-4　禾谷炭疽菌 MAPKKK 蛋白与其他物种中同源序列之间的遗传关系分析
（彩图请扫封底二维码）

Figure 11-4　The genetic relationships of MAPKKK in *C. graminicola* compared with its homologous sequences from other species

Cs：*Colletotrichum sublineola*；Ch：*Colletotrichum higginsianum*；Co：*Colletotrichum orbiculare*；CgN：*Colletotrichum gloeosporioides* Nara gc5；Cg14：*Colletotrichum gloeosporioides* Cg-14；CoM：*Colletotrichum orbiculare* MAFF 240422；Tm：*Togninia minima* UCRPA7；Fo：*Fusarium oxysporum* f. sp. *lycopersici* MN25；Fo47：*Fusarium oxysporum* Fo47；Fo26：*Fusarium oxysporum* f. sp. *radicis-lycopersici* 26381；Fo54：*Fusarium oxysporum* f. sp. *cubense tropical* race 454006；Fo51：*Fusarium oxysporum* Fo5176；Fv：*Fusarium verticillioides* 7600；Fo55：*Fusarium oxysporum* f. sp. *raphani* 54005；Ac：*Acremonium chrysogenum* ATCC 11550；Fo24：*Fusarium oxysporum* f. sp. *pisi* HDV247；Fp：*Fusarium pseudograminearum* CS3096；Fg：*Fusarium graminearum*；Gc：*Grosmannia clavigera* kw1407；Cp：*Cryphonectria parasitica*；Mo：*Magnaporthe oryzae* 70-15；Cf：*Colletotrichum fioriniae* PJ7；Vd：*Verticillium dahliae* VdLs.17

上述蛋白质并不能聚成一类，究其原因，可能是其属于不同信号途径，彼此之间并不存在一定的联系。

同时，对禾谷炭疽菌中CgSte7、CgPbs2、CgMkk1等MAPKK蛋白及其相关同源序列进行分析，结果表明CgSte7与*C. sublineola*中的KDN61133.1、*C. fioriniae* PJ7中的XP 007597759.1及*C. higginsianum*中的CCF40893.1具有较近的亲缘关系；CgPbs2与*C. sublineola*中的KDN63758.1、*C. higginsianum*中的CCF42298.1及*C. fioriniae* PJ7中的XP 007597733.1具有较近的亲缘关系；CgMkk1与*C. sublineola*中的KDN65517.1、*C. higginsianum*中的CCF46127.1及*C. fioriniae* PJ7中的XP 007598331.1具有较近的亲缘关系（图11-5，附录5附图5-4～附图5-6）。

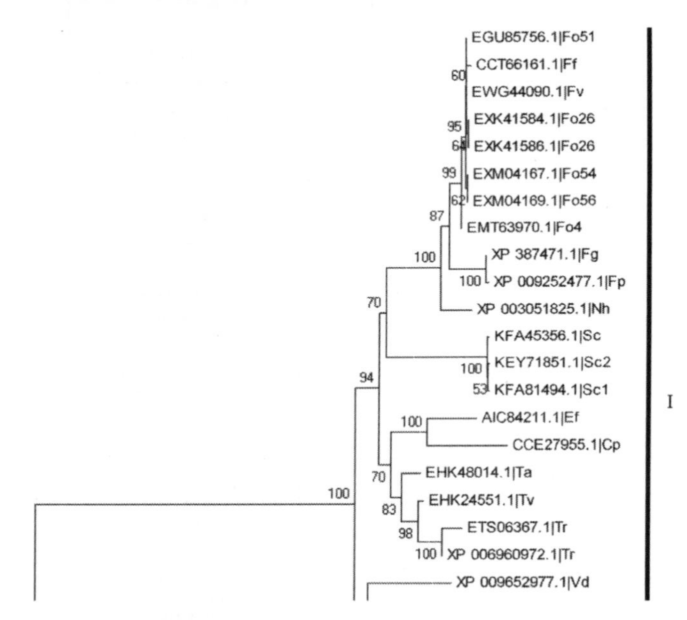

图11-5　禾谷炭疽菌MAPKK蛋白与其他物种中同源序列之间的遗传关系分析（彩图请扫封底二维码）

Figure 11-5　The genetic relationships of MAPKK in *C. graminicola* compared with its homologous sequences from other species

Cs：*Colletotrichum sublineola*；Ch：*Colletotrichum higginsianum*；Vd：*Verticillium dahliae* VdLs.17；Tr：*Trichoderma reesei* RUT C-30；Fo54：*Fusarium oxysporum* f. sp. *cubense tropical* race 454006；Ta：*Trichoderma atroviride* IMI 206040；Cf：*Colletotrichum fioriniae* PJ7；CgN：*Colletotrichum gloeosporioides* Nara gc5；CoM：*Colletotrichum orbiculare* MAFF 240422；Ef：*Epichloe festucae*；Cp：*Claviceps purpurea* 20.1；Sc：*Stachybotrys chartarum* IBT 40293；Fo51：*Fusarium oxysporum* Fo5176；Sc1：*Stachybotrys chartarum* IBT 40288；Sc2：*Stachybotrys chartarum* IBT 7711；Fo56：Fo4 *Fusarium oxysporum* f. sp. *cubense* race 4；Ff：*Fusarium fujikuroi* IMI 58289；Fo26：*Fusarium oxysporum* f. sp. *melonis* 26406；Fg：*Fusarium graminearum* PH-1；Fp：*Fusarium pseudograminearum* CS3096；Fv：*Fusarium verticillioides* 7600；Tv：*Trichoderma virens* Gv29-8；Tr：*Trichoderma reesei* QM6a；Nh：*Nectria haematococca* mpVI 77-13-4；Sc3：*Stachybotrys chlorohalonata* IBT 40285；Gc：*Glomerella cingulata*；Ma：*Metarhizium anisopliae* ARSEF 23；Uv：*Ustilaginoidea virens*；Mac：*Metarhizium acridum* CQMa 102；Os：*Ophiocordyceps sinensis* CO18

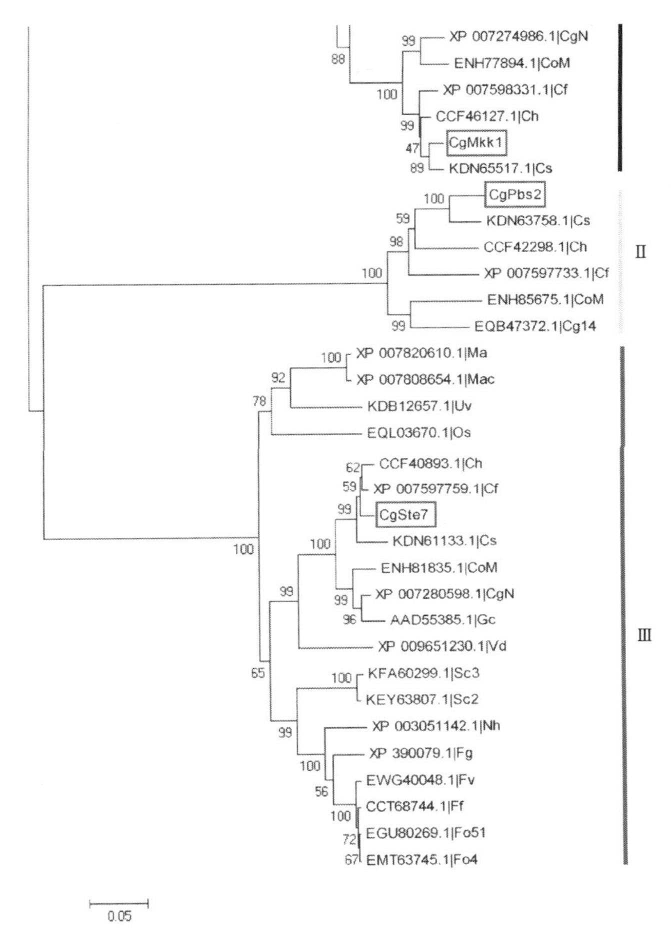

图 11-5　（续）
Figure 11-5　(Continued)

此外，对禾谷炭疽菌中 CgMK1、CgHog1、CgMK2 等 MAPK 蛋白及其相关同源序列进行分析，结果表明 CgMK1 与 *Colletotrichum gloeosporioides* Nara gc5 中的 XP 007272789.1、*C. sublineola* 中的 KDN71663.1 及 *Colletotrichum lagenaria* 中的 AAD50496.1 具有较近的亲缘关系；CgHog1 与 *C. sublineola* 中的 KDN61189.1、*Colletotrichum orbiculare* MAFF 240422 中的 Q75Q66.1、ENH80487.1 具有较近的亲缘关系；CgMK2 与 *C. sublineola* 中的 KDN62277.1、*C. higginsianum* 中的 CCF38280.1 及 *C. fioriniae* PJ7 中的 XP 007600152.1 具有较近的亲缘关系（图 11-6，附录 5 附图 5-7～附图 5-9）。

另外，对禾谷炭疽菌中 MAPK 信号途径上的 CgSte11、CgBck1、CgSsk2、CgMkk1、CgPbs2、CgSte7、CgMK1、CgMK2、CgHog1 等 9 个蛋白质分别开展遗

传关系分析，明确上述蛋白质与 *C. sublineola* 中的 KDN69222.1、KDN71555.1、KDN64857.1、KDN65517.1、KDN63758.1、KDN61133.1、KDN71633.1、KDN62277.1、KDN61189.1 亲缘关系较近（附图 4-1～附图 4-9）。

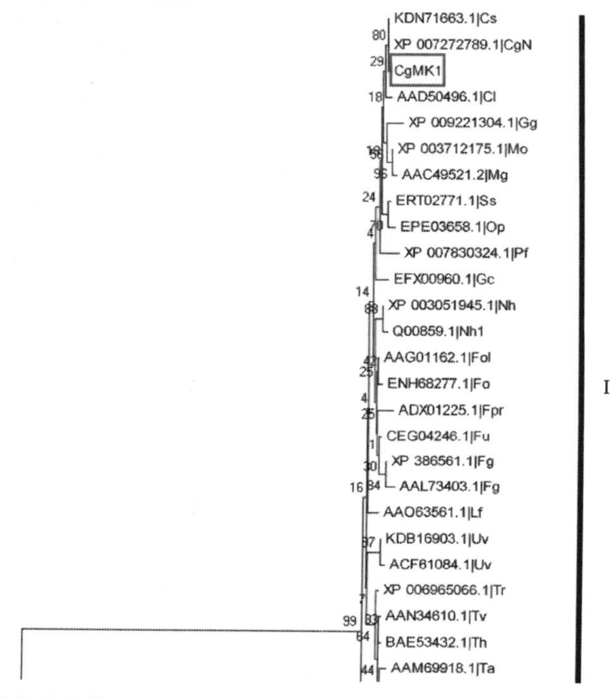

图 11-6　禾谷炭疽菌 MAPK 蛋白与其他物种中同源序列之间的遗传关系分析
（彩图请扫封底二维码）

Figure 11-6　The genetic relationships of MAPK in *C. graminicola* compared with its homologous sequences from other species

Cs：*Colletotrichum sublineola*；Cf：*Colletotrichum fioriniae* PJ7；CoM：*Colletotrichum orbiculare* MAFF 240422；CgN：*Colletotrichum gloeosporioides* Nara gc5；Vd：*Verticillium dahliae* VdLs.17；Mo：*Magnaporthe oryzae* 70-15；Fo：*Fusarium oxysporum* f. sp. *cubense* race 1；Fp：*Fusarium pseudograminearum* CS3096；Ff：*Fusarium fujikuroi* IMI 58289；Fpr：*Fusarium proliferatum*；Nh：*Nectria haematococca* mpVI 77-13-4；Ac：*Acremonium chrysogenum* ATCC 11550；Pf：*Pestalotiopsis fici* W106-1；Nt：*Neurospora tetrasperma* FGSC 2508；Sm：*Sordaria macrospora* k-hell；Nc：*Neurospora crassa* OR74A；Mac：*Metarhizium acridum* CQMa 102；Pa：*Podospora anserina* S mat+；Tr：*Trichoderma reesei* QM6a；Ta20：*Trichoderma atroviride* IMI 206040；Fg：*Fusarium graminearum* PH-1；Gg：*Gaeumannomyces graminis* var. *tritici* R3-111a-1；Ta：*Trichoderma atroviride*；Os：*Ophiocordyceps sinensis* CO18；Bb28：*Beauveria bassiana* ARSEF 2860；Bb：*Beauveria bassiana*；Mt：*Myceliophthora thermophila* ATCC 42464；El：*Eutypa lata* UCREL1；Ma：*Metarhizium anisopliae*；Th：*Trichoderma harzianum*；Fo51：*Fusarium oxysporum* Fo5176；Tv：*Trichoderma virens*；Tv29：*Trichoderma virens* Gv29-8；Cl：*Colletotrichum lagenaria*；Uv：*Ustilaginoidea virens*；Ff：*Fusarium fujikuroi* IMI 58289；Fv：*Fusarium verticillioides* 7600；Mac：*Metarhizium acridum*；Ef：*Epichloe festucae*；Th：*Trichoderma harzianum*；Fu：*Fusarium* sp. FIESC_5 CS3069；Ss：*Sporothrix schenckii* ATCC 58251；Fol：*Fusarium oxysporum* f. sp. *lycopersici*；Gc：*Grosmannia clavigera* kw1407；Mg：*Magnaporthe grisea*；Tas：*Trichoderma asperellum*；Op：*Ophiostoma piceae* UAMH 11346；Nh1：*Nectria haematococca* mpVI；Fg：*Fusarium graminearum*；Lf：*Lecanicillium fungicola*

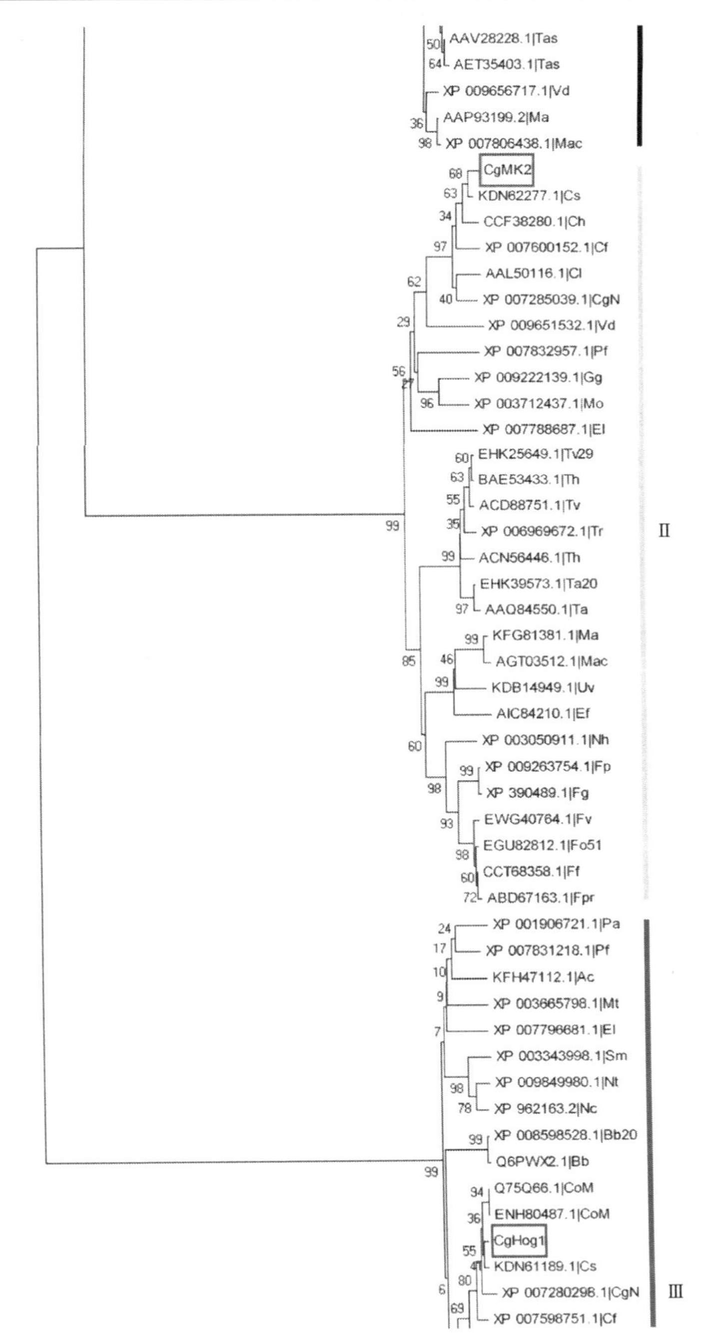

图 11-6　（续）

Figure 11-6　（Continued）

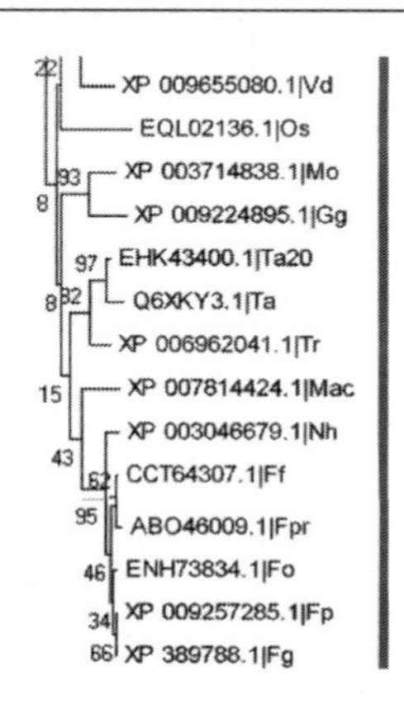

图 11-6　（续）

Figure 11-6　(Continued)

第十二章　禾谷炭疽菌 PI-PLC 生物信息学分析

一、PI-PLC 保守结构域分析

基于酿酒酵母典型的 PI-PLC 氨基酸序列，对禾谷炭疽菌蛋白质数据库进行 Blastp 比对分析，总共获得 5 个同源序列，同时利用 3 个关键词进行搜索，总共获得 6 个相关序列，其中发现一个蛋白质序列（GLRG_04012.1）可以通过“phospholipase-C”、“phosphatidylinositol-specific phospholipase”搜索到，而通过“PLC”却未能搜索到，该蛋白质通过 Blastp 也可以比对上；另一个蛋白质（GLRG_04421.1）序列则仅可以通过“PLC”搜索到，通过其他 2 个关键词却不能搜索到，通过 Blastp 也未能比对上，有待于进一步进行核实。随后，对上述获得的序列进行重复去除，获得 8 条蛋白质序列，再利用 SMART 进行在线分析，结果显示仅有 7 条序列具有典型的 PLCXc 保守域结构，同时还具有诸如 PLCYc、C2 等保守结构域（图 12-1）。

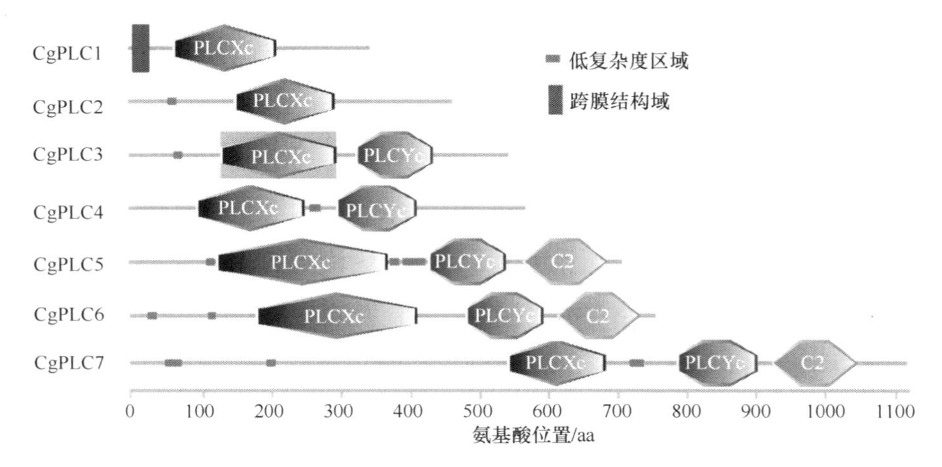

图 12-1　禾谷炭疽菌 PI-PLC 保守结构域分析（彩图请扫封底二维码）
Figure 12-1　The conserved domain of PI-PLC in *C. graminicola*

对 GLRG_04421.1 进行深入分析，结果显示该蛋白质属于肌醇鞘磷脂磷脂酶 C 基因家族，并不是 G 蛋白下游的效应因子，同时基于 SMART 分析，该蛋白质并不含有磷脂酶所含有的保守 PLCXc 或者 PLCYc 结构域，因此将该蛋白质进行排除。根据上述分析，共获得 7 条蛋白质序列，依据其氨基酸大小进行排序，分别将其命名为 CgPLC1、CgPLC2、CgPLC3、CgPLC4、CgPLC5、CgPLC6、CgPLC7。

表 12-1　禾谷炭疽菌 PI-PLC 氨基酸组成情况

Table 12-1　The amino acid composition of PI-PLC in *C. graminicola*

氨基酸种类 Amino acid specie	氨基酸 Amino acid	CgPLC1		CgPLC2		CgPLC3		CgPLC4		CgPLC5		CgPLC6		CgPLC7	
		数量 Num.	所占比例 Ratio/%	数量 Num.	所占比例 Ratio/%	数量 Num.	所占比例 Ratio/%	数量 Num.	所占比例 Ratio/%	数量 Num.	所占比例 Ratio/%	数量 Num.	所占比例 Ratio/%	数量 Num.	所占比例 Ratio/%
酸性氨基酸 Acidic amino acid	Glu（E）	16	4.60	27	5.70	42	7.60	44	7.70	47	6.60	56	7.30	59	5.20
	Asp（D）	20	5.70	39	8.30	34	6.20	41	7.10	46	6.40	48	6.30	67	5.90
碱性氨基酸 Basic amino acid	Arg（R）	22	6.30	33	7.00	34	6.20	30	5.20	32	4.50	58	7.60	83	7.40
	Lys（K）	11	3.10	13	2.80	34	6.20	32	5.60	47	6.60	50	6.60	63	5.60
	His（H）	14	4.00	19	4.00	16	2.90	28	4.90	16	2.20	16	2.10	22	2.00
非极性 R 基氨基酸 Non-polar R amino acid	Ala（A）	35	10.00	39	8.30	34	6.20	46	8.00	71	9.90	44	5.80	68	6.00
	Val（V）	22	6.30	33	7.00	29	5.30	37	6.40	45	6.30	44	5.80	67	5.90
	Leu（L）	37	10.50	42	8.90	42	7.60	60	10.40	53	7.40	64	8.40	74	6.60
	Ile（I）	16	4.60	28	5.90	27	4.90	24	4.20	28	3.90	39	5.10	54	4.80
	Trp（W）	5	1.40	7	1.50	12	2.20	7	1.20	7	1.00	13	1.70	13	1.20
	Met（M）	12	3.40	8	1.70	14	2.50	7	1.20	16	2.20	17	2.20	28	2.50
	Phe（F）	18	5.10	21	4.50	30	5.40	19	3.30	21	2.90	30	3.90	48	4.30
	Pro（P）	15	4.30	28	5.90	37	6.70	38	6.60	57	8.00	48	6.30	75	6.70
不带电荷的极性 R 基氨基酸 R with polar uncharged amino acid	Asn（N）	18	5.10	25	5.30	21	3.80	22	3.80	18	2.50	39	5.10	54	4.80
	Cys（C）	4	1.10	7	1.50	5	0.90	6	1.00	7	1.00	10	1.30	8	0.70
	Gln（Q）	6	1.70	11	2.30	14	2.50	15	2.60	28	3.90	18	2.40	47	4.20
	Gly（G）	23	6.60	35	7.40	32	5.80	36	6.30	50	7.00	42	5.50	64	5.70
	Ser（S）	24	6.80	22	4.70	44	8.00	49	8.50	59	8.30	70	9.20	123	10.90
	Thr（T）	21	6.00	24	5.10	37	6.70	22	3.80	48	6.70	48	6.30	79	7.00
	Tyr（Y）	12	3.40	10	2.10	13	2.40	12	2.10	19	2.70	9	1.20	31	2.80

表 12-2　禾谷炭疽菌 PI-PLC 基本理化性质

Table 12-2　The physicochemical properties of PI-PLC in *C. graminicola*

名称 Name	分子质量 Molecular mass /Da	理论等电点 Ipoint	负电荷氨基酸残基数 Negatively charged amino acid residue	正电荷氨基酸残基数 Positively charged amino acid residue	分子式 Formula	原子数量 Atomic number	半衰期 Half-life /h	不稳定性系数 Instability coefficient	脂肪族氨基酸指数 Aliphatic amino acid index	总平均亲水性 The total average hydrophilic
CgPLC1	39 147.6	6.53	36	33	$C_{1751}H_{2709}N_{485}O_{505}S_{16}$	5 466	30	24.18（稳定蛋白）	87.04	−0.093
CgPLC2	52 501.1	5.37	66	46	$C_{2327}H_{3606}N_{664}O_{696}S_{15}$	7 308	30	35.72（稳定蛋白）	86.56	−0.305
CgPLC3	62 620.8	6.10	76	68	$C_{2798}H_{4314}N_{766}O_{833}S_{19}$	8 730	30	39.05（稳定蛋白）	70.27	−0.542
CgPLC4	63 750.6	5.63	85	62	$C_{2820}H_{4409}N_{797}O_{866}S_{13}$	8 905	30	43.02	83.63	−0.474
CgPLC5	77 606.4	5.70	93	79	$C_{3417}H_{5393}N_{943}O_{1074}S_{23}$	10 850	30	46.62	72.36	−0.471
CgPLC6	85 908.3	8.35	104	108	$C_{3767}H_{6001}N_{1089}O_{1156}S_{27}$	12 040	30	42.92	75.14	−0.594
CgPLC7	12 6221.0	9.24	126	146	$C_{5535}H_{8725}N_{1597}O_{1714}S_{36}$	17 607	30	54.29	67.57	−0.621

二、PI-PLC 理化性质分析

利用 Protscale 程序[113]对 PI-PLC 进行理化性质及疏水性测定，*C. graminicola* 中所含 PI-PLC 彼此之间在酸性氨基酸、碱性氨基酸及非极性 R 基氨基酸、不带电荷的极性 R 基氨基酸的组成及所占比例方面不尽相同（表 12-1）。具体而言，CgPLC1、CgPLC2 及 CgPLC4 均含有较高比例的赖氨酸（Leu），所占比例分别为 10.50%、8.90%、10.40%；CgPLC3、CgPLC6 及 CgPLC7 则含有较高比例的丝氨酸（Ser），所占比例分别为 8.00%、9.20%、10.90%；而 CgPLC5 含有较高比例的丙氨酸（Ala），所占比例为 9.90%（表 12-1）。同时，*C. graminicola* 中所含的 7 个 PI-PLC 在分子质量、理论等电点、负电荷氨基酸残基数、正电荷氨基酸残基数、分子式、原子质量及不稳定系数、脂肪族氨基酸指数、总平均亲水性等方面均存在着一定差异（表 12-2）。此外，CgPLC1、CgPLC2、CgPLC3 的不稳定性系数小于 40 外，其他均大于 40，属于不稳定蛋白；7 个 PI-PLC 的总平均亲水性指数均小于 0，为亲水性蛋白（表 12-2）。

三、PI-PLC 疏水性分析

通过对 7 个 PI-PLC 进行疏水性分析，结果显示尽管 CgPLC1 和 CgPLC2 的亲水性最强氨基酸残基相同，均是谷氨酸（Glu）；CgPLC1、CgPLC4、CgPLC6 的疏水性最强氨基酸残基相同，均是赖氨酸（Leu）。但是彼此之间在亲（疏）水性最强氨基酸残基及位置方面仍然存在较大的差异（表 12-3，图 12-2），推测在细胞信号转导过程中，诸多磷脂酶 C 所具有的功能具有一定的差异性。

表 12-3　禾谷炭疽菌 PI-PLC 疏水性及亲水性氨基酸残基位置情况

Table 12-3　The hydrophobic and hydrophilic amino acid residue positions situations of PI-PLC in *C. graminicola*

名称 name	CgPLC1	CgPLC2	CgPLC3	CgPLC4	CgPLC5	CgPLC6	CgPLC7
亲水性最强氨基酸残基 Most hydrophilic amino acid residue	E	E	D/R	A/R	A	N	R
位置 Position	44	261	13/14	281/282	625	15	837
数值 Value	–1.389	–1.853	–1.868	–2.826	–2.453	–2.100	–2.405
疏水性最强氨基酸残基 Most hydrophobic amino acid residue	L	V	F	L	I	L	N
位置 Position	17	131	238	543	323	490	1074
数值 Value	2.568	1.258	1.037	1.779	0.995	0.653	1.216

续表

名称 name	CgPLC1	CgPLC2	CgPLC3	CgPLC4	CgPLC5	CgPLC6	CgPLC7
疏水性氨基酸残基数值总和 The numerical sum of hydrophobic amino acid residue	82.164	50.419	32.596	45.74	38.731	25.959	41.082
亲水性氨基酸残基数值总和 The numerical sum of hydrophilic amino acid residue	−121.046	−192.512	−319.864	−325.883	−377.993	−472.838	−728.156

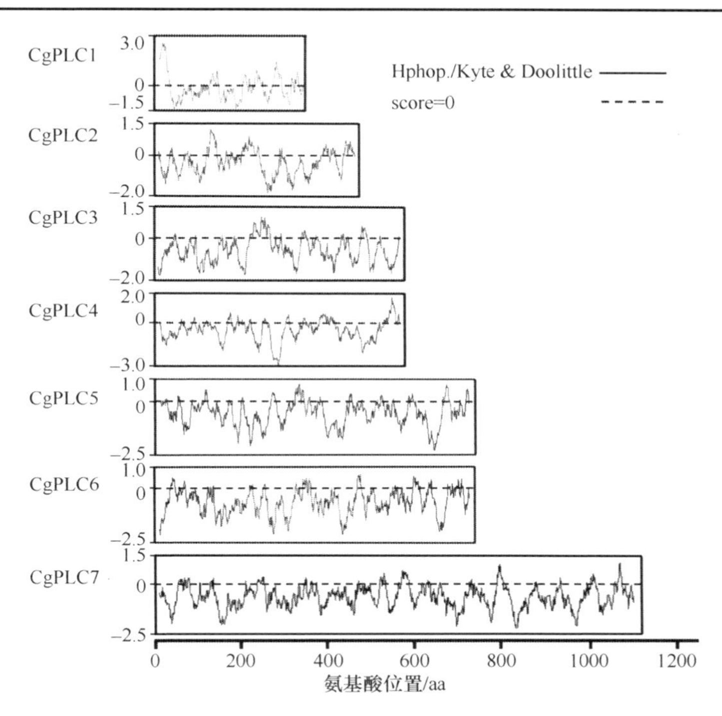

图 12-2　禾谷炭疽菌 PI-PLC 疏水性分析

Figure 12-2　The hydrophobic of PI-PLC in *C. graminicola*

四、PI-PLC 信号肽、转运肽分析

通过 SignalP 分析，除 CgPLC1 在 N 端含有 1 个信号肽外，其他 PI-PLC 均不含有信号肽（图 12-3，表 12-4）。此外，通过 TMHMM 分析，除 CgPLC1 在 N 端含有 1 个跨膜结构域外，其他 PI-PLC 均不含有跨膜域结构（图 12-4），鉴于 TMHMM 未能将信号肽与跨膜结构进行严格区分，因此 CgPLC1 在 N 端含有的序列结构是信号肽，而不是由 TMHMM、SMART 预测的跨膜结构域（图 12-4）。

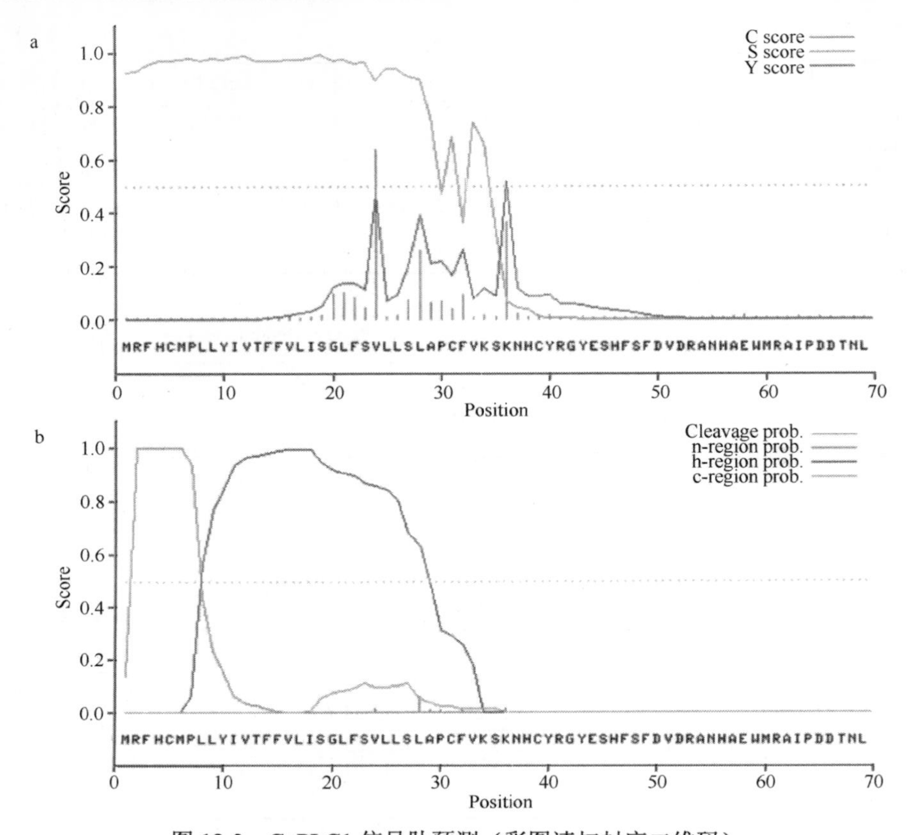

图 12-3　CgPLC1 信号肽预测（彩图请扫封底二维码）

Figure 12-3　The potential signal peptide of CgPLC1 in *C. graminicola*

a. 基于神经网络方法获得的预测结果；b. 基于隐马科夫方法获得的预测结果

a. NN；b. HMM

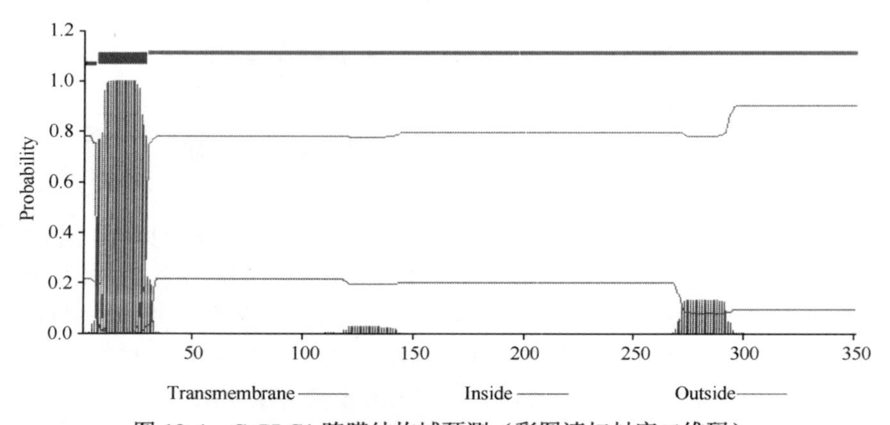

图 12-4　CgPLC1 跨膜结构域预测（彩图请扫封底二维码）

Figure 12-4　The prediction of transmembrane domain of CgPLC1 in *C. graminicola*

表 12-4　禾谷炭疽菌 PI-PLC 蛋白含有信号肽的可能性

Table 12-4　The possibility of potential signal peptide of PI-PLC in *C. graminicola*

名称 Name	NN 预测 Prediction based on neural networks method			HMM 预测 Prediction based on hidden Markov models method	
	信号肽位置 Position	*S* 平均值 Mean *S*	阈值 Value	最大切割位点概率 Max cleavage site probability	切割位点 Cleavage position
CgPLC1	1～35	0.884	0.48	0.060	27～28
CgPLC2	1～16	0.196	0.48	0.000	16～17
CgPLC3	1～25	0.163	0.48	0.004	19～20
CgPLC4	1～7	0.075	0.48	0.000	-1～0
CgPLC5	1～2	0.203	0.48	0.000	17～18
CgPLC6	1～30	0.064	0.48	0.015	30～31
CgPLC7	1～36	0.072	0.48	0.021	52～53

通过对 PI-PLC 进行转运肽分析，结果显示除 CgPLC1 明确定位于分泌途径上、CgPLC2 定位于线粒体上外，而对其他 PI-PLC 并未预测到定位到某一位置（表 12-5）。为了更好地明确 PLC 的亚细胞定位，利用 ProtComp 进行分析，结果显示 CgPLC1 定位于高尔基体上，CgPLC5、CgPLC6 定位于细胞核中，而其他 PLC 定位于细胞质中（表 12-5）。上述定位预测结果说明，禾谷炭疽菌中不同的 PLC 发挥着不同的功能，其定位情况也不尽相同。

表 12-5　禾谷炭疽菌 PI-PLC 含有潜在转运肽的可能性

Table 12-5　The possibility of potential transmit peptide of PI-PLC in *C. graminicola*

名称 Name	叶绿体转运肽 Chloroplast transit peptide	线粒体目标肽 Mitochondrial targeting peptide	分泌途径信号肽 Secretory pathway signal peptide	定位情况 Localization	预测可靠性 Reliability class
CgPLC1	0.014	0.965	0.045	分泌途径	1
CgPLC2	0.528	0.050	0.459	线粒体	5
CgPLC3	0.367	0.068	0.620	—	4
CgPLC4	0.107	0.124	0.837	—	2
CgPLC5	0.129	0.072	0.846	—	2
CgPLC6	0.486	0.031	0.663	—	5
CgPLC7	0.528	0.047	0.533	—	5

五、PI-PLC 亚细胞定位分析

为了更好地明确 PI-PLC 的亚细胞定位情况，利用 ProtComp 进行分析，结果显示 CgPLC1 定位在高尔基体上，CgPLC2、CgPLC3、CgPLC4、CgPLC7 均定位于细胞质中，而 CgPLC5、CgPLC6 均定位于细胞核中（表 12-6）。上述定位预测结果说明，禾谷炭疽菌中 CgPLC2、CgPLC3、CgPLC4、CgPLC7 具有相同的定位情况，具有相似的功能；CgPLC5 与 CgPLC6 具有相同的定位情况，推测其具有相似的功能；而 CgPLC1 与上述 PI-PLC 定位情况不同，推测其发挥着不同的功能（表 12-6）。

表 12-6　禾谷炭疽菌 PI-PLC 亚细胞定位预测情况

Table 12-6　The subcellular localization of PI-PLC in *C. graminicola*

名称 Name	细胞核 Nuclear	细胞膜 Cell membrane	胞外 Extra cellular	细胞质 Cyto-plasmic	线粒体 Mitocho-ndrial	内质网 Endoplasmic reticulum	过氧化物酶体 Peroxiso-mal	溶酶体 Lysoso-mal	高尔基体 Golgi	液泡 Vacuo-lar
CgPLC1	0.19	3.00	0.44	0.00	0.01	0.00	0.00	1.94	4.42	0.00
CgPLC2	0.80	0.87	0.24	7.48	0.00	0.00	0.32	0.00	0.29	0.00
CgPLC3	1.93	0.77	0.16	4.92	1.18	0.42	0.49	0.07	0.06	0.00
CgPLC4	1.28	0.77	0.78	3.31	3.04	0.14	0.58	0.02	0.09	0.00
CgPLC5	4.09	0.46	0.44	1.97	1.96	0.22	0.34	0.31	0.14	0.07
CgPLC6	4.49	1.39	0.70	0.84	1.53	0.14	0.11	0.10	0.70	0.00
CgPLC7	2.34	0.97	0.57	3.13	1.46	0.48	0.48	0.23	0.34	0.00

六、PI-PLC 二级结构分析

通过对 7 个 PI-PLC 的二级结构进行预测分析，结果显示其均含有无规卷曲、α-螺旋及β-折叠结构，所占比例不尽相同。具体而言，就所含无规卷曲的比例而言，CgPLC1 最低，为 17%，CgPLC7 最高，为 44%，其他 PLC 所含比例均集中于 20%～30%；就所含的α-螺旋而言，CgPLC2 最低，为 21%，CgPLC6 最高，为 37%，其他 PLC 所含比例则集中于 25%～35%；就β-折叠而言，CgPLC3 最低，为 13%，CgPLC2 最高，为 23%，其他 PLC 所含比例则集中于 10%～20%（图 12-5）。

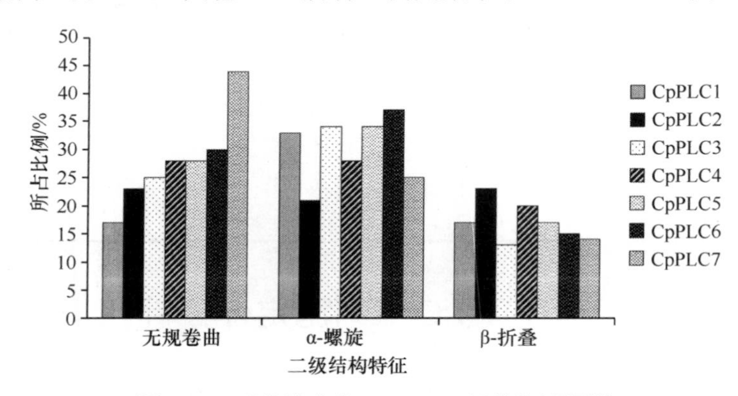

图 12-5　禾谷炭疽菌 PI-PLC 二级结构域预测

Figure 12-5　The secondary structure character of PI-PLC in *C. graminicola*

七、PI-PLC 遗传关系分析

通过在 NCBI 中对 PI-PLC 进行 Blastp 比对，获得与禾谷炭疽菌 PI-PLC 同源的序列，对这些序列进行遗传关系分析。结果显示，就物种之间的关系而言，该菌中的 PI-PLC 与 *C. higginsianum*、*C. fioriniae* 的同源序列亲缘关系较近；就该菌中的 PI-PLC 之间的关系而言，7 个 PI-PLC 可以大致聚为三大类。具体而言，CgPLC7、CgPLC4 关系较近，为一类；CgPLC3、CgPLC6 与 CgPLC5 关系较近，为一类；CgPLC1、CgPLC2 亲缘关系较近，为一类（图 12-6）。

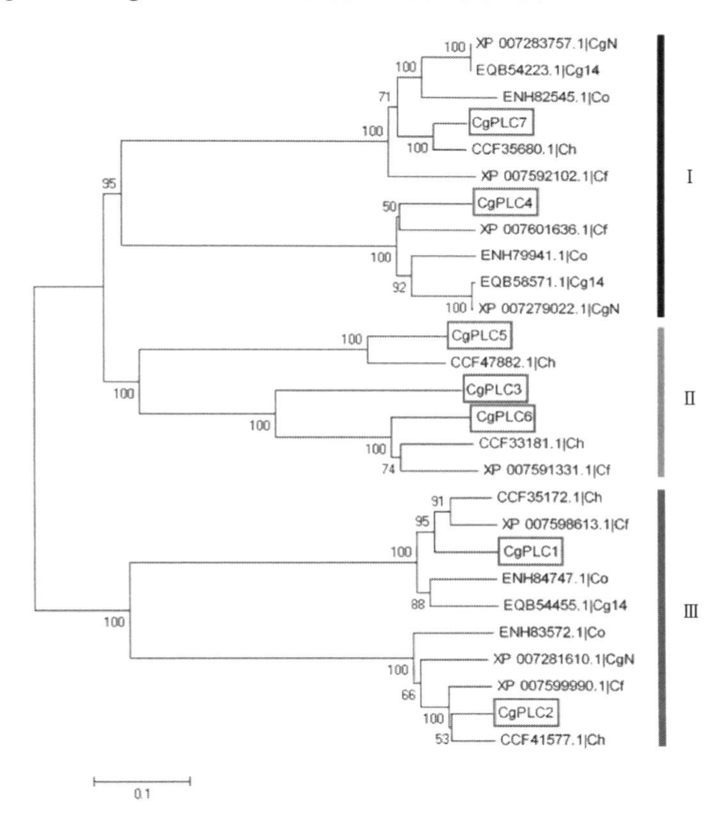

图 12-6　禾谷炭疽菌 PI-PLC 与其他物种中同源序列之间的遗传关系分析（彩图请扫封底二维码）

Figure 12-6　The genetic relationships of PI-PLC in *C. graminicola* compared with its homologous sequences from other species

Cf、Co、CgN、Cg14 分别是 *Colletotrichum fioriniae* PJ7、*Colletotrichum orbiculare* MAFF 240422、*Colletotrichum gloeosporioides* Nara gc5、*Colletotrichum gloeosporioides* Cg-14 物种的缩写

Cf, Co, CgN and Cg14 is abbreviations of *Colletotrichum fioriniae* PJ7, *Colletotrichum orbiculare* MAFF 240422, *Colletotrichum gloeosporioides* Nara gc5, *Colletotrichum gloeosporioides* Cg-14, respectively

第十三章　禾谷炭疽菌 PKC 生物信息学分析

一、PKC 保守结构域分析

基于酿酒酵母典型 PKC 氨基酸序列，对禾谷炭疽菌蛋白质数据库进行 Blastp 比对分析，以及进行 SMART 分析，最终明确 10 个 PKC，其中 GLRG_03738.1、GLRG_07797.1、GLRG_01564.1、GLRG_09877.1、GLRG_01561.1、GLRG_09918.1 6 个与 PKC-A 相同，GLRG_09198.1 则与 CgGβ-1 相同，其余 4 个蛋白质其 ID 为 GLRG_02522.1、GLRG_05387.1、GLRG_00115.1、GLRG_07772.1，分别命名为 CgPKC1、CgPKC2、CgPKC3、CgPKC4。

对上述蛋白质进行 SMART 分析，发现 CgPKC1、CgPKC2、CgPKC3、CgPKC4 4 个蛋白质均含有 S_TKc 保守结构域，除上述结构域外，CgPKC1、CgPKC4 在 C 端则含有 S_TK_X 保守结构域（图 13-1）。

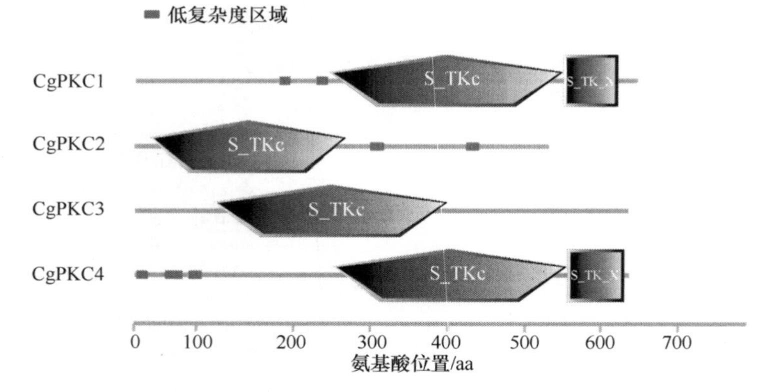

图 13-1　禾谷炭疽菌 PKC 保守结构域分析（彩图请扫封底二维码）
Figure 13-1　The conserved domain of PKC in *C. graminicola*

二、PKC 理化性质分析

利用 Protscale 程序[113]对上述 4 个 PKC 进行理化性质及疏水性测定，结果显示 *C. graminicola* 中所含 PKC 彼此之间在酸性氨基酸、碱性氨基酸及非极性 R 基氨基酸、不带电荷的极性 R 基氨基酸的组成及所占比例方面均存在不同（表 13-1）。

同时，在分子质量、理论等电点、负电荷氨基酸残基数、正电荷氨基酸残基数、分子式、原子质量及不稳定性系数、脂肪族氨基酸指数、总平均亲水性等方面均存在着一定差异（表13-2）。

表13-1 禾谷炭疽菌PKC氨基酸组成情况

Table 13-1 The amino acid composition of PKC in *C. graminicola*

氨基酸种类 Amino acid specie	氨基酸 Amino acid	CgPKC1		CgPKC2		CgPKC3		CgPKC4	
		数量 Num.	所占比例 Ratio/%	数量 Num.	所占比例 Ratio/%	数量 Num.	所占比例 Ratio/%	数量 Num.	所占比例 Ratio/%
酸性氨基酸 Acidic amino acid	Glu（E）	43	6.60	37	6.90	53	8.30	31	4.80
	Asp（D）	43	6.60	35	6.50	46	7.20	37	5.80
碱性氨基酸 Basic amino acid	Arg（R）	51	7.80	41	7.60	43	6.70	45	7.00
	Lys（K）	38	5.80	31	5.70	41	6.40	29	4.50
	His（H）	16	2.40	11	2.00	21	3.30	15	2.30
非极性R基氨基酸 Non-polar R amino acid	Ala（A）	37	5.70	37	6.90	50	7.80	41	6.40
	Val（V）	34	5.20	36	6.70	35	5.50	24	3.70
	Leu（L）	57	8.70	44	8.10	54	8.40	42	6.50
	Ile（I）	19	2.90	27	5.00	34	5.30	33	5.10
	Trp（W）	8	1.20	5	0.90	4	0.60	7	1.10
	Met（M）	18	2.80	13	2.40	18	2.80	13	2.00
	Phe（F）	34	5.20	21	3.90	22	3.40	32	5.00
	Pro（P）	44	6.70	34	6.30	39	6.10	41	6.40
不带电荷的极性R基氨基酸 R with polar uncharged amino acid	Asn（N）	27	4.10	22	4.10	19	3.00	39	6.10
	Cys（C）	4	0.60	4	0.70	6	0.90	5	0.80
	Gln（Q）	24	3.70	18	3.30	21	3.30	53	8.20
	Gly（G）	36	5.50	44	8.10	44	6.90	49	7.60
	Ser（S）	45	6.90	39	7.20	45	7.00	41	6.40
	Thr（T）	51	7.80	22	4.10	30	4.70	36	5.60
	Tyr（Y）	25	3.80	19	3.50	17	2.60	30	4.70

此外，上述4个PKC的不稳定性系数均大于40，均属于不稳定蛋白，同时其总平均亲水性均小于0，为亲水性蛋白（表13-2）。

表 13-2　禾谷炭疽菌 PKC 基本理化性质

Table 13-2　The physicochemical properties of PKC in *C. graminicola*

名称 Name	CgPKC1	CgPKC2	CgPKC3	CgPKC4
分子质量 Molecular mass/Da	75 054.7	60 431.4	71 833.2	73 219.7
理论等电点 Isoelectric point	8.35	7.18	5.84	8.76
负电荷氨基酸残基数 Negatively charged amino acid residue	86	72	99	68
正电荷氨基酸残基数 Positively charged amino acid residue	89	72	84	74
分子式 Formula	$C_{3334}H_{5170}N_{936}O_{999}S_{22}$	$C_{2673}H_{4209}N_{761}O_{805}S_{17}$	$C_{3154}H_{4996}N_{898}O_{973}S_{24}$	$C_{3236}H_{4962}N_{936}O_{979}S_{18}$
原子数量 Atomic number	10 461	8 465	10 045	10 131
半衰期 Half-life/h	30	30	30	30
不稳定性系数 Instability coefficient	44.84	44.52	45.82	51.49
脂肪族氨基酸指数 Aliphatic amino acid index	66.06	77.46	77.06	62.69
总平均亲水性 The total average hydrophilic	−0.694	−0.519	−0.567	−0.782

三、PKC 疏水性分析

通过对 4 个 PKC 进行 Protscale 疏水性分析，结果显示，CgPKC1 位于 236 位的精氨酸（Arg），其亲水性最强，为−2.463，而位于 489 位的苏氨酸（Thr），其疏水性最强，为 0.932（表 13-3）；CgPKC2 位于 329 位的精氨酸（Arg），其亲水性最强，为−2.642，而位于 130 位的异亮氨酸（Ile），其疏水性最强，为 0.679（表 13-3）；CgPKC3 位于 70 位的脯氨酸（Pro），其亲水性最强，为−1.984，而位于 23 位的苏氨酸（Thr），其疏水性最强，为 1.163（表 13-3）；CgPKC4 位于 52 位的甲

表 13-3　禾谷炭疽菌 PKC 疏水性及亲水性氨基酸残基位置情况

Table 13-3　The hydrophobic and hydrophilic amino acid residue positions situations of PKC in *C. graminicola*

名称 Name	CgPKC1	CgPKC2	CgPKC3	CgPKC4
亲水性最强氨基酸残基 Most hydrophilic amino acid residue	R	R	P	M
位置 Position	236	329	70	52
数值 Value	−2.463	−2.642	−1.984	−2.758
疏水性最强氨基酸残基 Most hydrophobic amino acid residue	T	I	T	I
位置 Position	489	130	23	370
数值 Value	0.932	0.679	1.163	1.537
疏水性氨基酸残基数值总和 The numerical sum of hydrophobic amino acid residue	32.490	29.074	37.836	48.279
亲水性氨基酸残基数值总和 The numerical sum of hydrophilic amino acid residue	−491.067	−299.541	−380.559	−529.169

硫氨酸（Met），其亲水性最强，为–2.758，而位于 370 位的异亮氨酸（Ile），其疏水性最强，为 1.537（表 13-3）。

CgPKC1 和 CgPKC2 的亲水性最强氨基酸残基相同，均是精氨酸（Arg）；CgPKC1 和 CgPKC3 的疏水性最强氨基酸残基相同，均为苏氨酸（Thr），而 CgPKC2 和 CgPKC4 均为异亮氨酸（Ile）。尽管如此，但是彼此之间在亲（疏）水性最强氨基酸残基及位置方面仍然存在较大的差异（表 13-3，图 13-2），推测在细胞信号转导过程中，诸多磷脂酶 C 所具有的功能具有一定的差异性。

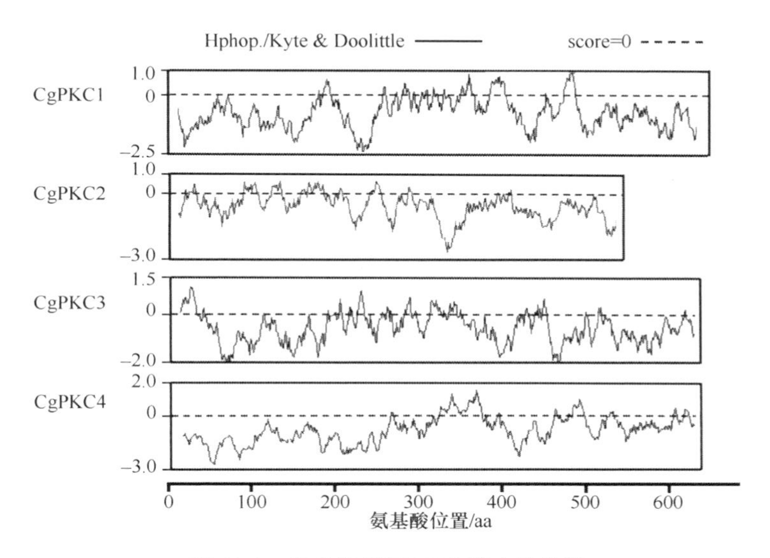

图 13-2　禾谷炭疽菌 PKC 疏水性分析
Figure 13-2　The hydrophobic of PKC in *C. graminicola*

对 4 个 PKC 的疏水性、亲水性数值进行统计分析，结果显示亲水性氨基酸残基数值总和分别为–491.067、–299.541、–380.559、–529.169，疏水性氨基酸残基总和则分别为 32.490、29.074、37.836、48.279。上述结果表明，尽管上述 4 个 PKC 在“亲水性最强氨基酸残基位置、数值”、“疏水性最强氨基酸残基位置、数值”、“疏水性氨基酸残基数值总和”及“亲水性氨基酸残基数值总和”等方面并不相同，但是均为亲水性蛋白，这与通过 GRAVY 计算所得结果一致（表 13-2，表 13-3）。

四、PKC 信号肽、转运肽分析

通过对 4 个 PKC 进行信号肽分析，发现上述蛋白质均不含明显的信号肽序列（表 13-4）；同时，对其转运肽进行分析，结果显示上述蛋白质的定位情况为在任何位置（表 13-5）。

表 13-4　禾谷炭疽菌 PKC 蛋白含有信号肽的可能性

Table 13-4　The possibility of potential signal peptide of PKC in *C. graminicola*

名称 Name	NN 预测 Prediction based on neural networks method			HMM 预测 Prediction based on hidden Markov models method
	信号肽位置 Position	*S* 平均值 Mean *S*	阈值 Value	最大切割位点概率 Max cleavage site probability
CgPKC1	1～15	0.086	0.48	0.001
CgPKC2	1～32	0.054	0.48	0.000
CgPKC3	1～31	0.126	0.48	0.177
CgPKC4	1～3	0.037	0.48	0.000

表 13-5　禾谷炭疽菌 PKC 含有潜在转运肽的可能性预测结果

Table 13-5　The possibility of potential transmit peptide of PKC in *C. graminicola*

名称 Name	叶绿体转运肽 Chloroplast transit peptide	线粒体目标肽 Mitochondrial targeting peptide	分泌途径信号肽 Secretory pathway signal peptide	定位情况 Localization	预测可靠性 Reliability class
CgPKC1	0.497	0.057	0.511	—	5
CgPKC2	0.183	0.039	0.879	—	2
CgPKC3	0.043	0.362	0.753	—	4
CgPKC4	0.194	0.038	0.87	—	2

五、PKC 亚细胞定位分析

为了更好地明确 PKC 的亚细胞定位，利用 ProtComp 进行分析，结果显示 CgPKC1、CgPKC2、CgPKC4 均定位于细胞质中，而 CgPKC3 定位于细胞核中（表 13-6）。上述定位预测结果说明，禾谷炭疽菌中 CgPKC1、CgPKC2、CgPKC4 具有相同的定位情况，具有相似的功能，而 CgPKC3 与上述 PKC 具有不同的定位情况，推测其发挥着不同的功能（表 13-6）。

六、PKC 二级结构分析

通过对 4 个 PKC 的二级结构进行预测分析，结果显示均含有无规卷曲、α-螺旋及β-折叠结构，所占比例不尽相同。具体而言，就所含无规卷曲的比例而言，CgPKC3 最高，为 53%，其次是 CgPKC1 最高，为 51%，其他 PKC 所含比例均集中于 40%～50%；就所含的α-螺旋而言，PKC 所含比例集中于 27%～31%，CgPKC3 最低，为 27%，CgPKC2 最高，为 31%；就β-折叠而言，CgPKC2、CgPKC3 均为 11%，CgPKC1、CgPKC4 分别为 7%、8%（图 13-3）。

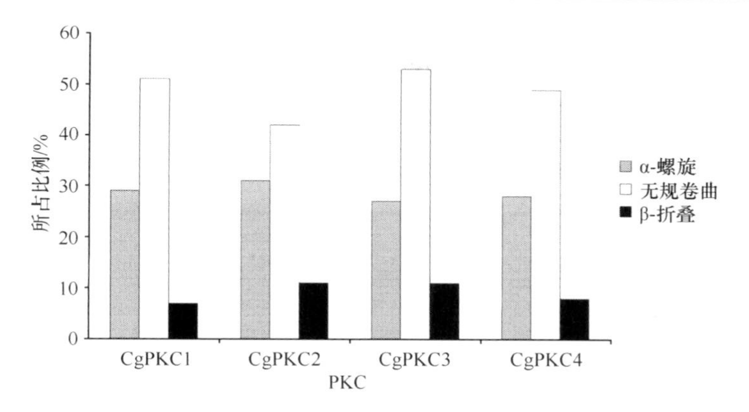

图 13-3　禾谷炭疽菌中 4 个 PKC 二级结构域预测

Figure 13-3　The secondary structure character of PKC in *C. graminicola*

表 13-6　禾谷炭疽菌 PKC 亚细胞定位预测情况

Table 13-6　The subcellular localization of PKC in *C. graminicola*

名称 Name	CgPKC1	CgPKC2	CgPKC3	CgPKC4
细胞核 Nuclear	1.74	2.29	4.75	3.90
细胞膜 Cell membrane	1.29	0.86	1.00	0.25
胞外 Extra cellular	0.62	1.32	0.46	0.07
细胞质 Cytoplasmic	3.12	3.36	1.30	4.24
线粒体 Mitochondrial	2.49	1.27	1.89	0.90
内质网 Endoplasmic reticulum	0.22	0.15	0.14	0.28
过氧化物酶体 Peroxisomal	0.49	0.67	0.17	0.17
溶酶体 Lysosomal	0.00	0.03	0.00	0.02
高尔基体 Golgi	0.04	0.04	0.30	0.00
液泡 Vacuolar	0.00	0.00	0.00	0.19

七、PKC 遗传关系分析

通过在 NCBI 中对 PKC 进行 Blastp 比对，获得与禾谷炭疽菌 PKC 同源的序列，结合 PKA-C1、PKA-C2、PKA-C3、PKA-C4 及 PKA-C5、PKA-C6 等序列，对上述这些序列进行遗传关系分析。结果显示，就物种之间关系而言，该菌中的 CgPKA-C6、CgPKA-C3、CgPKA-C5、CgPKA-C2、CgPKA-C4、CgPKC4 与 *C. higginsianum* 的同源序列亲缘关系较近，CgPKA-C1、CgPKC1、CgPKC2、CgPKC3 与 *Colletotrichum sublineola* 的同源序列亲缘关系较近；就该菌中所含有的 PKA-C 及 PKC 而言，10 个蛋白质可以大致聚为六大类 10 小类。具体而言，CgPKA-C6、CgPKA-C3 关系较近，为一大类；CgPKA-C5 单独为一大类；CgPKA-C1、CgPKA-C2 亲缘关系较近，为一大类；CgPKA-C4、CgPKC2 亲缘关系较近，为一大类；CgPKC1、CgPKC4 亲缘关系较近，为一大类；CgPKC3 单独为一大类（图 13-4）。

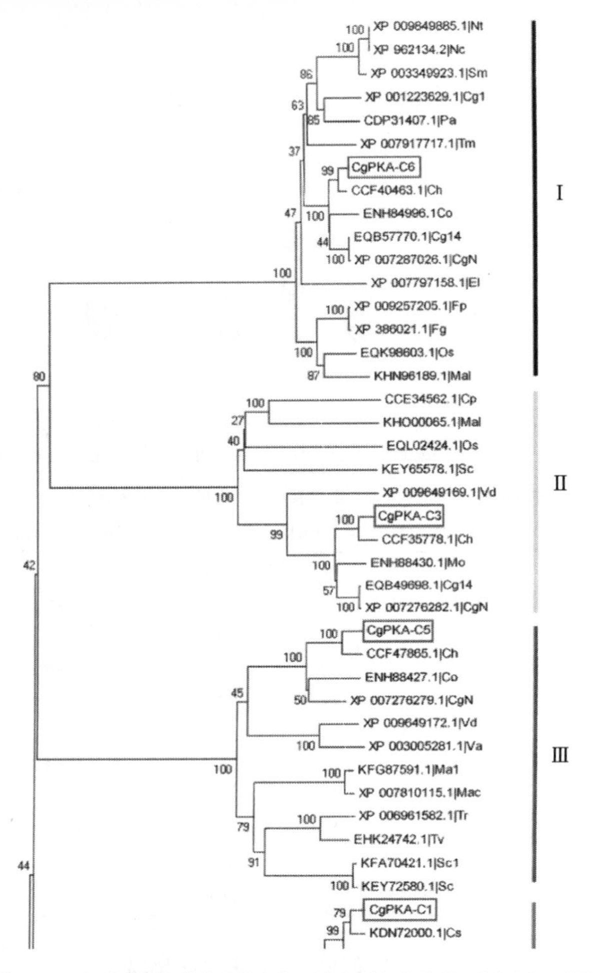

图 13-4　禾谷炭疽菌 PKC 与其他物种中同源序列之间的遗传关系分析（彩图请扫封底二维码）

Figure 13-4　The genetic relationships of PKC in *C. graminicola* compared with its homologous sequences from other species

Ch、Cs、Co、Cf、CgN、Cg14、Vd、Tm、Sc、Fo、Ct、Os、Fp、Ma、Tt、Ac、Uv 分别是 *Colletotrichum higginsianum*、*Colletotrichum sublineola*、*Colletotrichum orbiculare* MAFF 240422、*Colletotrichum fioriniae* PJ7、*Colletotrichum gloeosporioides* Nara gc5、*Colletotrichum gloeosporioides* Cg-14、*Verticillium dahliae* VdLs.17、*Togninia minima* UCRPA7、*Stachybotrys chartarum* IBT 40293、*Fusarium oxysp orum* FOSC 3-a、*Colletotrichum trifolii*、*Ophiocordyceps sinensis* CO18、*Fusarium pseudograminearum* CS3096、*Metarhizium album* ARSEF 1941、*Thielavia terrestris* NRRL 8126、*Acremonium chrysogenum* ATCC 11550、*Ustilaginoidea virens* 物种的简称

Ch, Cs, Co, Cf, CgN, Cg14, Vd, Tm, Sc, Fo, Ct, Os, Fp, Ma, Tt, Ac and Uv is abbreviations of *Colletotrichum higginsianum*, *Colletotrichum sublineola*, *Colletotrichum orbiculare* MAFF 240422, *Colletotrichum fioriniae* PJ7, *Colletotrichum gloeosporioides* Nara gc5, *Colletotrichum gloeosporioides* Cg-14, *Verticillium dahliae* VdLs.17, *Togninia minima* UCRPA7, *Stachybotrys chartarum* IBT 40293, *Fusarium oxysp orum* FOSC 3-a, *Colletotrichum trifolii*, *Ophiocordyceps sinensis* CO18, *Fusarium pseudograminearum* CS3096, *Metarhizium album* ARSEF 1941, *Thielavia terrestris* NRRL 8126, *Acremonium chrysogenum* ATCC 11550, *Ustilaginoidea virens*, respectively

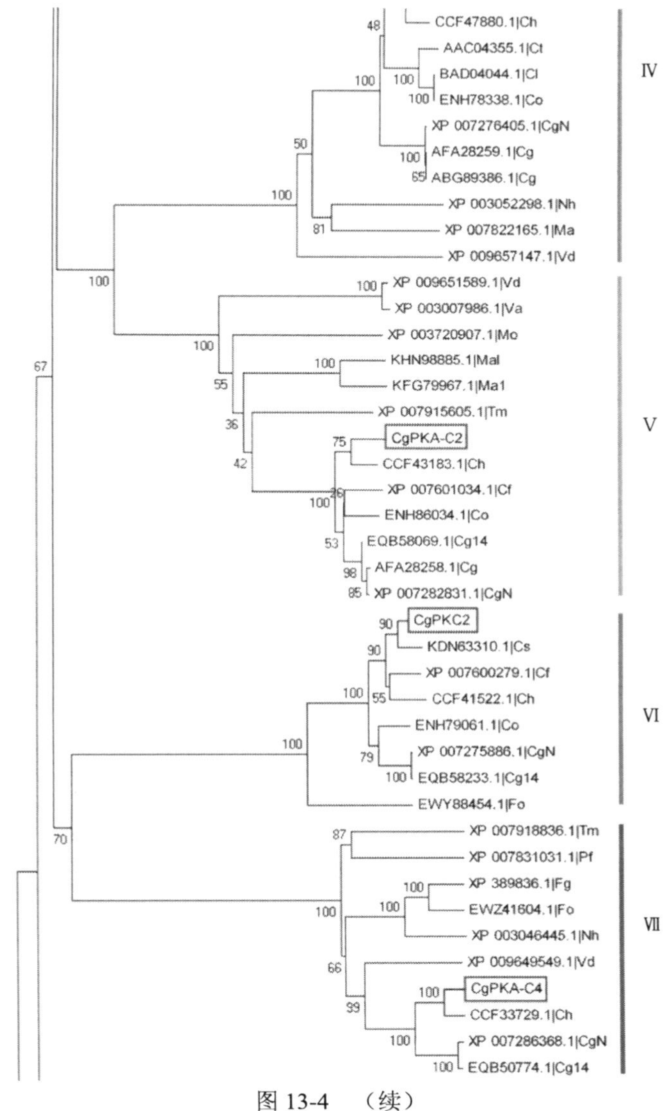

图 13-4　（续）

Figure 13-4　(Continued)

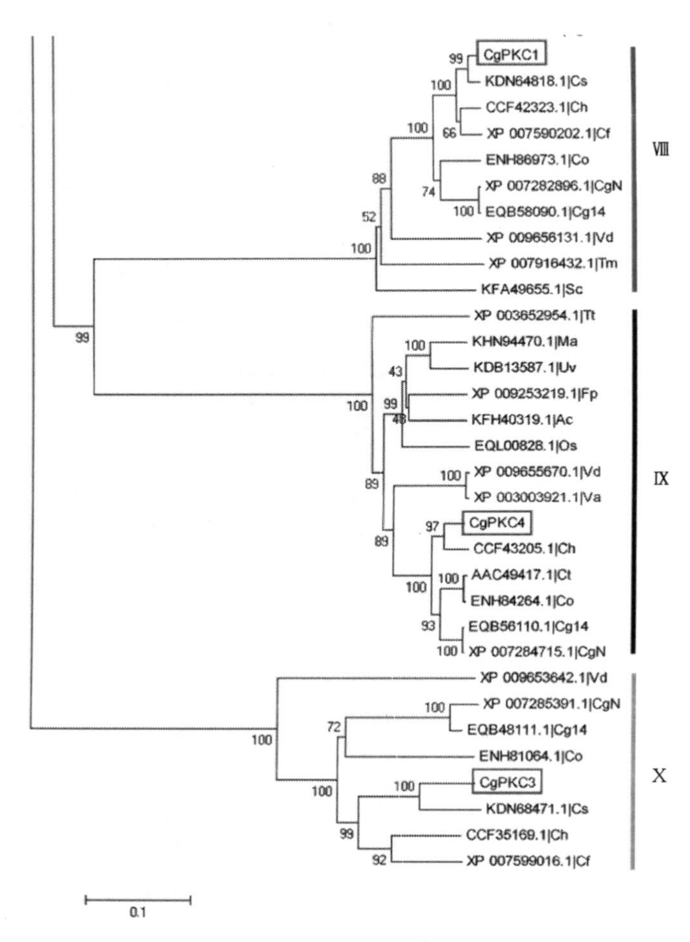

图 13-4　（续）
Figure 13-4　(Continued)

参 考 文 献

[1] Crous PW, Gams W, Stalpers JA, et al. MycoBank: an online initiative to launch mycology into the 21st century[J]. Studies in Mycology, 2004, (50): 19-22.

[2] Bergstrom GC, Nicholson RL. The biology of corn anthracnose: knowledge to exploit for improved management[J]. Plant Disease, 1999, 83(7): 596-608.

[3] Callaway M, Smith M, Coffman W. Effect of anthracnose stalk rot on grain yield and related traits of maize adapted to the northeastern United States[J]. Canadian Journal of Plant Science, 1992, 72(4): 1031-1036.

[4] Keller N, Bergstrom G. Developmental predisposition of maize to anthracnose stalk rot[J]. Plant Disease, 1988, (72): 972-980.

[5] Leonard K, Thompson D. Effects of temperature and host maturity on lesion development of *Colletotrichum graminicola* [stalk rot] on corn [Fungus diseases][J]. Phytopathology, 1976, (66): 635-639.

[6] Warren H, Nicholson R, Ullstrup A, et al. Observations of *Colletotrichum graminicola* on sweet corn in Indiana[J]. Plant Dis Rep, 1973, (57): 143-144.

[7] Anderson B, White D. Fungi associated with cornstalks in Illinois in 1982 and 1983[J]. Plant Disease, 1987, 71(2): 135-137.

[8] Byrnes K, Carroll R. Fungi causing stalk rot of conventional-tillage and no-tillage corn in Delaware[J]. Plant Disease, 1986, 70(3): 238-239.

[9] O'Connell RJ, Thon MR, Hacquard S, et al. Lifestyle transitions in plant pathogenic *Colletotrichum fungi* deciphered by genome and transcriptome analyses[J]. Nat Genet, 2012, 44(9): 1060-1065.

[10] Du M, Schardl CL, Nuckles EM, et al. Using mating-type gene sequences for improved phylogenetic resolution of *Colletotrichum* species complexes[J]. Mycologia, 2005, 97(3): 641-658.

[11] Ainsworth GC. Ainsworth & Bisby's Dictionary of the Fungi[M]. Cabi, 2008.

[12] Bailey JA, Jeger MJ. *Colletotrichum*: biology, Pathology and Control[M]. 1992.

[13] Garcia EO. Infection structure-specificity of β-1, 3-glucan synthase is essential for pathogenicity of *Colletotrichum graminicola* and evasion of glucan-triggered immunity[J]. PhD thesis of Martin-Luther-University, 2013.

[14] Prusky D, Plumbley R, Kobiler I. The relationship between antifungal diene levels and fungal inhibition during quiescent infection of unripe avocado fruits by *Colletotrichum gloeosporioides*[J]. Plant Pathology, 1991, 40(1): 45-52.

[15] Gupta V, Pandey A, Kumar P, et al. Genetic characterization of mango anthracnose pathogen *Colletotrichum gloeosporioides* Penz. by random amplified polymorphic DNA analysis[J]. African Journal of Biotechnology, 2010, 9(26): 4009-4013.

[16] Azim T, Jeeva M, Pravi V, et al. Exploration of smaller subunit ribosomal DNA for detection of *Colletotrichum gloeosporioides* causing anthracnose in *Dioscorea alata* L. [J]. Journal of Root Crops, 2010, 36(1): 83-87.

[17] 韩长志. 胶孢炭疽菌侵染过程相关基因研究[J]. 广东农业科学, 2014, 41(9): 165-169.

[18] 韩长志. 禾谷炭疽菌 RGS 蛋白生物信息学分析[J]. 微生物学通报, 2014, 41(8): 1582-1594.

[19] 韩长志. 希金斯炭疽菌 RGS 蛋白生物信息学分析[J]. 生物技术, 2014, (1): 36-41.

[20] 韩长志. 禾谷炭疽菌 14-3-3 蛋白生物信息学分析[J]. 河南师范大学学报(自然科学版), 2014, 42(3): 109-114, 118.

[21] 韩长志. 希金斯炭疽菌 14-3-3 蛋白生物信息学分析[J]. 湖北农业科学, 2014, 3(15): 3669-3672.

[22] Skoropad W. Effect of temperature on the ability of *Colletotrichum graminicola* to form appressoria and penetrate barley leaves[J]. Canadian Journal of Plant Science, 1967, 47(4): 431-434.

[23] Khan A, Hsiang T. The infection process of *Colletotrichum graminicola* and relative aggressiveness on four turfgrass species[J]. Canadian Journal of Microbiology, 2003, 49(7): 433-442.

[24] Khan A, Hsiang T. The infection process of *Colletotrichum graminicola* and relative aggressiveness on four turfgrass species[J]. Can J Microbiol, 2003, 49(7): 433-442.

[25] Rosewich UL, Pettway RE, McDonald BA, et al. Genetic structure and temporal dynamics of a *Colletotrichum graminicola* population in a sorghum disease nursery[J]. Phytopathology, 1998, 88(10):

1087-1093.

[26] Chen F, Goodwin PH, Khan A, et al. Population structure and mating-type genes of *Colletotrichum graminicola* from *Agrostis palustris*[J]. Can J Microbiol, 2002, 48(5): 427-436.

[27] Valerio HM, Resende MA, Weikert-Oliveira RC, et al. Virulence and molecular diversity in *Colletotrichum graminicola* from Brazil[J]. Mycopathologia, 2005, 159(3): 449-459.

[28] Flowers JL, Vaillancourt LJ. Parameters affecting the efficiency of *Agrobacterium tumefaciens*-mediated transformation of *Colletotrichum graminicola*[J]. Curr Genet, 2005, 48(6): 380-388.

[29] 林春花，蔡志英，黄贵修. 全基因组法绘制禾谷炭疽菌和希金斯炭疽菌中 MAPK 级联信号途径简图[J]. 热带作物学报, 2012, (4): 674-680.

[30] Oliveira-Garcia E, Deising HB. Infection structure-specific expression of beta-1, 3-glucan synthase is essential for pathogenicity of *Colletotrichum graminicola* and evasion of beta-glucan-triggered immunity in maize[J]. Plant Cell, 2013, 25(6): 2356-2378.

[31] Munch S, Ludwig N, Floss DS, et al. Identification of virulence genes in the corn pathogen *Colletotrichum graminicola* by *Agrobacterium tumefaciens*-mediated transformation[J]. Mol Plant Pathol, 2011, 12(1): 43-55.

[32] Thon MR, Nuckles EM, Takach JE, et al. CPR1: a gene encoding a putative signal peptidase that functions in pathogenicity of *Colletotrichum graminicola* to maize[J]. Mol Plant Microbe Interact, 2002, 15(2): 120-128.

[33] Fang GC, Hanau RM, Vaillancourt LJ. The SOD2 gene, encoding a manganese-type superoxide dismutase, is up-regulated during conidiogenesis in the plant-pathogenic fungus *Colletotrichum graminicola*[J]. Fungal Genet Biol, 2002, 36(2): 155-165.

[34] 韩长志. 禾谷炭疽菌腺苷酸环化酶的生物信息学分析[J]. 贵州农业科学, 2014, 42(10): 64-68.

[35] 李洋，刘长远，陈秀蓉，等. 辽宁省葡萄炭疽菌鉴定及对多菌灵敏感性研究[J]. 植物保护, 2009, (4): 74-77.

[36] 韩国兴，礼茜，孙飞洲，等. 杭州地区草莓炭疽病病原鉴定及其对多菌灵和乙霉威的抗药性[J]. 浙江农业科学, 2009, (6): 1169-1172.

[37] 徐大高，潘汝谦，郑仲，等. 芒果炭疽病菌对多菌灵的抗药性监测[J]. 华南农业大学学报, 2004, (2): 34-36.

[38] 杨叶，何书海，张淑娟，等. 海南芒果炭疽菌对多菌灵的抗药性测定[J]. 热带作物学报, 2008, (1): 73-77.

[39] 詹儒林，李伟，郑服丛. 芒果炭疽病菌对多菌灵的抗药性[J]. 植物保护学报, 2005, (1): 71-76.

[40] 张令宏，李敏，高兆银，等. 抗多菌灵的芒果炭疽病菌的杀菌剂筛选及其交互抗性测定[J]. 热带作物学报, 2009, (3): 347-352.

[41] Li L, Wright SJ, Krystofova S, et al. Heterotrimeric G protein signaling in filamentous fungi[J]. Annu Rev Microbiol, 2007, 61: 423-452.

[42] 李利，陈莎，毛涛，等. 丝状真菌 G 蛋白信号途径的研究进展[J]. 微生物学通报, 2013, 40(8): 1493-1507.

[43] Yu J. Heterotrimeric G protein signaling and RGSs in *Aspergillus nidulans*[J]. Journa of Microbiology-Seoul, 2006, 44(2): 145.

[44] 韩长志. 全基因组预测禾谷炭疽菌的分泌蛋白[J]. 生物技术, 2014, (2): 36-41.

[45] Möller S, Croning MD, Apweiler R. Evaluation of methods for the prediction of membrane spanning regions[J]. Bioinformatics, 2001, 17(7): 646-653.

[46] Galagan JE, Calvo SE, Borkovich KA, et al. The genome sequence of the filamentous fungus *Neurospora crassa*[J]. Nature, 2003, 422(6934): 859-868.

[47] Xue C, Hsueh YP, Heitman J. Magnificent seven: roles of G protein-coupled receptors in extracellular sensing in fungi[J]. FEMS Microbiology Reviews, 2008, 32(6): 1010-1032.

[48] Lafon A, Han KH, Seo JA, et al. G-protein and cAMP-mediated signaling in aspergilli: a genomic perspective[J]. Fungal Genet Biol, 2006, 43(7): 490-502.

[49] Xiao RP, Zhang SJ, Chakir K, et al. Enhanced G_i signaling selectively negates β2-adrenergic receptor (AR)-but not β1-AR–mediated positive inotropic effect in myocytes from failing rat hearts[J]. Circulation, 2003, 108(13): 1633-1639.

[50] Woo AY H, Jozwiak K, Toll L, et al. Tyrosine 308 is necessary for ligand-directed G_s protein-biased signaling of β2-adrenoceptor[J]. Journal of Biological Chemistry, 2014, 289(28): 19 351-19 363.

[51] Wan Y, Yang Z, Guo J, et al. Misfolded Gβ is recruited to cytoplasmic dynein by Nudel for efficient clearance[J]. Cell Research, 2012, 22(7): 1140-1154.

[52] Mason MG, Botella JR. Completing the heterotrimer: isolation and characterization of an *Arabidopsis*

thaliana G protein gamma-subunit cDNA[J]. Proc Natl Acad Sci USA, 2000, 97(26): 14 784-14 788.

[53] Cook LA, Schey KL, Cleator JH, et al. Identification of a region in G protein gamma subunits conserved across species but hypervariable among subunit isoforms[J]. Protein Sci, 2001, 10(12): 2548-2555.

[54] Mende U, Schmidt CJ, Yi F, et al. The G protein gamma subunit. Requirements for dimerization with beta subunits[J]. J Biol Chem, 1995, 270(26): 15 892-15 898.

[55] Krystofova S, Borkovich KA. The heterotrimeric G-protein subunits GNG-1 and GNB-1 form a Gβγ dimer required for normal female fertility, asexual development, and Gα protein levels in *Neurospora crassa*[J]. Eukaryotic Cell, 2005, 4(2): 365-378.

[56] 范云燕. 板栗疫病菌 G 蛋白γ亚基基因的克隆及其功能研究[D]. 广西大学硕士学位论文, 2007.

[57] Blaauw M, Knol JC, Kortholt A, et al. Phosducin-like proteins in *Dictyostelium discoideum*: implications for the phosducin family of proteins[J]. EMBO J, 2003, 22(19): 5047-5057.

[58] Yu HY, Seo JA, Kim JE, et al. Functional analyses of heterotrimeric G protein Gα and Gβ subunits in *Gibberella zeae*[J]. Microbiology, 2008, 154(2): 392-401.

[59] Seo JA, Yu JH. The phosducin-like protein PhnA is required for Gβγ-mediated signaling for vegetative growth, developmental control, and toxin biosynthesis in *Aspergillus nidulans*[J]. Eukaryotic Cell, 2006, 5(2): 400-410.

[60] Abramow-Newerly M, Roy AA, Nunn C, et al. RGS proteins have a signalling complex: interactions between RGS proteins and GPCRs, effectors, and auxiliary proteins[J]. Cell Signal, 2006, 18(5): 579-591.

[61] McCudden CR, Hains MD, Kimple RJ, et al. Willard FS. G-protein signaling: back to the future[J]. Cell Mol Life Sci, 2005, 62(5): 551-577.

[62] 赵勇, 王云川, 蒋德伟, 等. 真菌 G 蛋白信号调控蛋白的功能研究进展[J]. 微生物学通报, 2014, 41(4): 712-718.

[63] Dohlman HG, Song J, Ma D, et al. Sst2, a negative regulator of pheromone signaling in the yeast *Saccharomyces cerevisiae*: expression, localization, and genetic interaction and physical association with Gpa1(the G-protein alpha subunit)[J]. Molecular and Cellular Biology, 1996, 16(9): 5194-5209.

[64] Wang Y, Geng Z, Jiang D, et al. Characterizations and functions of regulator of G protein signaling (RGS) in fungi[J]. Appl Microbiol Biotechnol, 2013, 97(18): 7977-7987.

[65] Han KH, Seo JA, Yu JH. Regulators of G-protein signalling in *Aspergillus nidulans*: RgsA downregulates stress response and stimulates asexual sporulation through attenuation of GanB (Gα) signalling[J]. Molecular Microbiology, 2004, 53(2): 529-540.

[66] Yu JH, Wieser J, Adams T. The aspergillus FlbA RGS domain protein antagonizes G protein signaling to block proliferation and allow development[J]. The EMBO Journal, 1996, 15(19): 5184.

[67] Lee BN, Adams TH. Overexpression of FlbA, an early regulator of *Aspergillus* asexual sporulation, leads to activation of brlA and premature initiation of development[J]. Molecular Microbiology, 1994, 14(2): 323-334.

[68] Segers GC, Regier JC, Nuss DL. Evidence for a role of the regulator of G-protein signaling protein CPRGS-1 in G- subunit CPG-1-mediated regulation of fungal virulence, conidiation, and hydrophobin synthesis in the chestnut blight fungus *Cryphonectria parasitica*[J]. Eukaryotic Cell, 2004, 3(6): 1454-1463.

[69] Fang W, Pei Y, Bidochka MJ. A regulator of a G protein signalling (RGS) gene, cag8, from the insect-pathogenic fungus *Metarhizium anisopliae* is involved in conidiation, virulence and hydrophobin synthesis[J]. Microbiology, 2007, 153(4): 1017-1025.

[70] 张海峰. 稻瘟病菌 G 蛋白及 MAPK 信号途径相关基因的功能分析[D].南京农业大学博士学位论文, 2011.

[71] Zhang H, Tang W, Liu K, et al. Eight RGS and RGS-like proteins orchestrate growth, differentiation, and pathogenicity of *Magnaporthe oryzae*[J]. PLoS Pathogens, 2011, 7(12): e1002450.

[72] Mukherjee M, Kim JE, Park YS, et al. Regulators of G-protein signalling in *Fusarium verticillioides* mediate differential host-pathogen responses on nonviable versus viable maize kernels[J]. Molecular Plant Pathology, 2011, 12(5): 479-491.

[73] Park AR, Cho AR, Seo JA, et al. Functional analyses of regulators of G protein signaling in *Gibberella zeae*[J]. Fungal Genetics and Biology, 2012, 49(7): 511-520.

[74] Wang P, Cutler J, King J, et al. Mutation of the regulator of G protein signaling Crg1 increases virulence in *Cryptococcus neoformans*[J]. Eukaryotic Cell, 2004, 3(4): 1028-1035.

[75] Shen G, Wang YL, Whittington A, et al. The RGS protein Crg2 regulates pheromone and cyclic AMP signaling in *Cryptococcus neoformans*[J]. Eukaryotic Cell, 2008, 7(9): 1540-1548.

[76] Daniel PB, Walker WH, Habener JF. Cyclic AMP signaling and gene regulation[J]. Annual Review of Nutrition, 1998, 18(1): 353-383.

[77] Park JI, Grant CM, Dawes IW. The high-affinity cAMP phosphodiesterase of *Saccharomyces cerevisiae* is the major determinant of cAMP levels in stationary phase: involvement of different branches of the Ras-cyclic AMP pathway in stress responses[J]. Biochemical and Biophysical Research Communications, 2005, 327(1): 311-319.

[78] DeVoti J, Seydoux G, Beach D, et al. Interaction between ran1+ protein kinase and cAMP dependent protein kinase as negative regulators of fission yeast meiosis[J]. The EMBO Journal, 1991, 10(12): 3759.

[79] Hoyer L, Cieslinski L, McLaughlin M, et al. A candida albicans cyclic nucleotide phosphodiesterase: cloning and expression in *Saccharomyces cerevisiae* and biochemical characterization of the recombinant enzyme[J]. Microbiology, 1994, 140(7): 1533-1542.

[80] Lacombe ML, Wallet VR, Troll H, et al. Functional cloning of a nucleoside diphosphate kinase from *Dictyostelium discoideum*[J]. Journal of Biological Chemistry, 1990, 265(17): 10 012-10 018.

[81] 姜勇, 罗深秋. 细胞信号转导的分子基础与功能调控[M]. 北京: 科学出版社, 2005.

[82] Bahn YS, Xue C, Idnurm A, et al. Sensing the environment: lessons from fungi[J]. Nat Rev Microbiol, 2007, 5(1): 57-69.

[83] Gartner A, Nasmyth K, Ammerer G. Signal transduction in *Saccharomyces cerevisiae* requires tyrosine and threonine phosphorylation of FUS3 and KSS1[J]. Genes Dev, 1992, 6(7): 1280-1292.

[84] Romeis T. Protein kinases in the plant defence response[J]. Current Opinion in Plant Biology, 2001, 4(5): 407-414.

[85] Schaeffer HJ, Weber MJ. Mitogen-activated protein kinases: specific messages from ubiquitous messengers[J]. Mol Cell Biol, 1999, 19(4): 2435-2444.

[86] 李爱宁. 大豆疫霉促有丝分裂原蛋白激酶 PsSAK1 和 PsMPK1 的功能分析[D]. 南京农业大学博士学位论文, 2009.

[87] Kahmann R, Kämper J. Ustilago maydis: how its biology relates to pathogenic development[J]. New Phytologist, 2004, 164(1): 31-42.

[88] Xu JR. MAP kinases in fungal pathogens[J]. Fungal Genetics and Biology, 2000, 31(3): 137-152.

[89] Park G, Bruno KS, Staiger CJ, et al. Independent genetic mechanisms mediate turgor generation and penetration peg formation during plant infection in the rice blast fungus[J]. Molecular Microbiology, 2004, 53(6): 1695-1707.

[90] Ganem S, Lu SW, Lee BN, et al. G-Protein β subunit of *Cochliobolus heterostrophus* involved in virulence, asexual and sexual reproductive ability, and morphogenesis[J]. Eukaryotic Cell, 2004, 3(6): 1653-1663.

[91] Tsuji G, Fujii S, Tsuge S, et al. The *Colletotrichum lagenariu* Ste12-like gene CST1 is essential for appressorium penetration[J]. Mol Plant Microbe Interact, 2003, 16(4): 315-325.

[92] Moriwaki A, Kihara J, Mori C, et al. A MAP kinase gene, BMK1, is required for conidiation and pathogenicity in the rice leaf spot pathogen *Bipolaris oryzae*[J]. Microbiological Research, 2007, 162(2): 108-114.

[93] Lev S, Horwitz BA. A mitogen-activated protein kinase pathway modulates the expression of two cellulase genes in *Cochliobolus heterostrophus* during plant infection[J]. The Plant Cell, 2003, 15(4): 835-844.

[94] Lev S, Sharon A, Hadar R, et al. A mitogen-activated protein kinase of the corn leaf pathogen *Cochliobolus heterostrophus* is involved in conidiation, appressorium formation, and pathogenicity: diverse roles for mitogen-activated protein kinase homologs in foliar pathogens[J]. Proceedings of the National Academy of Sciences of the United States of America, 1999, 96(23): 13 542-13 547.

[95] Eliahu N, Igbaria A, Rose MS, et al. Melanin biosynthesis in the baize pathogen *Cochliobolus heterostrophus* depends on two mitogen-activated protein kinases, Chk1 and Mps1, and the transcription factor Cmr1[J]. Eukaryot Cell, 2007, 6(3): 421-429.

[96] Ruiz-Roldan MC, Maier FJ, Schafer W. PTK1, a mitogen-activated-protein kinase gene, is required for conidiation, appressorium formation, and pathogenicity of *Pyrenophora teres* on barley[J]. Mol Plant Microbe Interact, 2001, 14(2): 116-125.

[97] Solomon PS, Waters OD, Simmonds J, et al. The Mak2 MAP kinase signal transduction pathway is required for pathogenicity in *Stagonospora nodorum*[J]. Curr Genet, 2005, 48(1): 60-68.

[98] Rosenbaum DM, Rasmussen SG, Kobilka BK. The structure and function of G-protein-coupled receptors[J].

Nature, 2009, 459(7245): 356-363.

[99] Choi W, Dean RA. The adenylate cyclase gene *MAC1* of *Magnaporthe grisea* controls appressorium formation and other aspects of growth and development[J]. The Plant Cell Online, 1997, 9(11): 1973-1983.

[100] 申珅, 王晶晶, 佟亚萌, 等. 玉米大斑病菌腺苷酸环化酶基因的克隆与功能分析[J]. 中国农业科学, 2013, (5): 881-888.

[101] Alspaugh JA, Pukkila-Worley R, Harashima T, et al. Adenylyl cyclase functions downstream of the Gα protein Gpa1 and controls mating and pathogenicity of *Cryptococcus neoformans*[J]. Eukaryotic Cell, 2002, 1(1): 75-84.

[102] Kimura Y, Mishima Y, Nakano H, et al. An adenylyl cyclase, CyaA, of *Myxococcus xanthus* functions in signal transduction during osmotic stress[J]. Journal of Bacteriology, 2002, 184(13): 3578-3585.

[103] Ivey FD, Kays AM, Borkovich KA. Shared and independent roles for a $G\alpha_i$ protein and adenylyl cyclase in regulating development and stress responses in *Neurospora crassa*[J]. Eukaryotic Cell, 2002, 1(4): 634-642.

[104]Versele M, Lemaire K, Thevelein JM. Sex and sugar in yeast: two distinct GPCR systems[J]. EMBO Reports, 2001, 2(7): 574-579.

[105] Altschul SF, Madden TL, Schaffer AA, et al. Gapped BLAST and PSI-BLAST: a new generation of protein database search programs[J]. Nucleic Acids Res, 1997, 25(17): 3389-3402.

[106] Williams C, Hill SJ. GPCR Signaling: Understanding the Pathway to Successful Drug Discovery *in*: Leifert RW. G Protein-Coupled Receptors in Drug Discovery[M]. Totowa NJ: Humana Press, 2009: 39-50.

[107] Marchler-Bauer A, Lu S, Anderson JB, et al. CDD: a conserved domain database for the functional annotation of proteins[J]. Nucleic Acids Res, 2011, 39(Database issue): D225- D229.

[108] Marchler-Bauer A, Anderson JB, Chitsaz F, et al. CDD: specific functional annotation with the conserved domain database[J]. Nucleic acids Research, 2009, 37(suppl 1): D205-D210.

[109] Letunic I, Doerks T, Bork P. SMART 7: recent updates to the protein domain annotation resource[J]. Nucleic Acids Research, 2012, 40(D1): D302-D305.

[110] Finn RD, Bateman A, Clements J, et al. Pfam: the protein families database[J]. Nucleic Acids Research, 2014, 42(D1): D222-D230.

[111] Bendtsen JD, Nielsen H, von Heijne G, et al. Improved prediction of signal peptides: SignalP 3.0[J]. Journal of Molecular Biology, 2004, 340(4): 783-795.

[112] Tusnady GE, Simon I. The HMMTOP transmembrane topology prediction server[J]. Bioinformatics, 2001, 17(9): 849-850.

[113] Gasteiger E, Hoogland C, Gattiker A, et al. Protein Identification and Analysis Tools on the ExPASy Aerver *in*: Wallker JM. The Proteomics Protocols Handbook[M]. Totowa NJ: Humana Press, 2005: 571-607.

[114] Kyte J, Doolittle RF. A simple method for displaying the hydropathic character of a protein[J]. J Mol Biol, 1982, 157(1): 105-132.

[115] Emanuelsson O, Brunak S, von Heijne G, et al. Locating proteins in the cell using TargetP, SignalP and related tools[J]. Nature Protocols, 2007, 2(4): 953-971.

[116] Kelley LA, Sternberg MJ. Protein structure prediction on the web: a case study using the Phyre server[J]. Nat Protoc, 2009, 4(3): 363-371.

[117] Jones DT. Protein secondary structure prediction based on position-specific scoring matrices[J]. J Mol Biol, 1999, 292(2): 195-202.

[118] Buchan DW, Minneci F, Nugent TC, et al. Scalable web services for the PSIPRED protein analysis workbench[J]. Nucleic Acids Res, 2013, 41(Web Server issue): W349-357.

[119]Cole C, Barber JD, Barton GJ. The Jpred 3 secondary structure prediction server[J]. Nucleic Acids Res, 2008, 36(Web Server issue): W197-201.

[120] Thompson JD, Gibson TJ, Higgins DG. Multiple sequence alignment using ClustalW and ClustalX[J]. Current Protocols in Bioinformatics, 2002, Chapter 2, Unit 2.3.

[121] Tamura K, Peterson D, Peterson N, et al. MEGA5: molecular evolutionary genetics analysis using maximum likelihood, evolutionary distance, and maximum parsimony methods[J]. Mol Biol Evol, 2011, 28(10): 2731-2739.

附　　录

附录 1　禾谷炭疽菌 PKA-C Blastp 比对结果

蛋白质 ID	得分 Score（bits）	期望值 Expect	匹配长度 Alignmentlength	同一率 Identities	位置 Positives	酿酒酵母 *Saccharomyces cerevisiae* S288c
GLRG_00112.1	98.9821	3.60×10^{-21}	201	62	103	PKA 1
	95.5153	4.31×10^{-20}	147	52	81	PKA 2
	97.8265	8.45×10^{-21}	199	61	102	PKA 3
GLRG_00115.1	97.0561	1.45×10^{-20}	231	56	119	PKA 1
	107.842	7.60×10^{-24}	232	64	124	PKA 2
	101.293	8.38×10^{-22}	332	77	150	PKA 3
GLRG_00150.1	121.324	7.74×10^{-28}	275	75	130	PKA 1
	119.398	2.48×10^{-27}	274	72	126	PKA 2
	119.783	2.35×10^{-27}	272	76	129	PKA 3
GLRG_00160.1	118.627	5.50×10^{-27}	254	71	128	PKA 1
	110.923	9.05×10^{-25}	199	62	102	PKA 2
	114.390	1.02×10^{-25}	217	66	111	PKA 3
GLRG_00198.1	115.161	5.83×10^{-26}	303	83	146	PKA 1
	106.686	1.84×10^{-23}	313	81	141	PKA 2
	114.390	1.02×10^{-25}	303	83	143	PKA 3
GLRG_00747.1	142.510	2.93×10^{-34}	323	100	155	PKA 1
	123.635	1.63×10^{-28}	312	88	138	PKA 2
	144.436	7.94×10^{-35}	308	98	152	PKA 3
GLRG_00804.1	132.109	3.93×10^{-31}	319	94	156	PKA 1
	122.479	3.73×10^{-28}	299	84	140	PKA 2
	124.790	6.96×10^{-29}	284	83	143	PKA 3
GLRG_01215.1	102.4490	3.75×10^{-22}	321	85	145	PKA 1
	86.6557	1.81×10^{-17}	168	50	85	PKA 2
	98.9821	3.96×10^{-21}	322	87	142	PKA 3
GLRG_01390.1	145.591	4.23×10^{-35}	277	83	149	PKA 1
	147.132	1.39×10^{-35}	276	88	141	PKA 2
	147.517	1.04×10^{-35}	330	101	166	PKA 3

续表

蛋白质 ID	得分 Score（bits）	期望值 Expect	匹配长度 Alignmentlength	同一率 Identities	位置 Positives	酿酒酵母 *Saccharomyces cerevisiae* S288c
GLRG_01561.1	248.825	0	321	124	199	PKA 1
	223.402	0	323	119	188	PKA 2
	258.070	0	300	126	192	PKA 3
GLRG_01564.1	248.44	0	306	125	193	PKA 1
	220.32	0	296	119	177	PKA 2
	249.21	0	296	127	187	PKA 3
GLRG_01668.1	127.487	1.15×10^{-29}	263	79	133	PKA 1
	119.398	2.81×10^{-27}	262	78	123	PKA 2
	127.102	1.29×10^{-29}	264	83	129	PKA 3
GLRG_02000.1	109.383	3.20×10^{-24}	244	77	125	PKA 1
	106.686	1.81×10^{-23}	232	70	116	PKA 2
	116.316	2.81×10^{-26}	226	71	117	PKA 3
GLRG_02221.1	88.1965	8.22×10^{-18}	214	64	100	PKA 1
	91.2781	7.93×10^{-19}	156	59	84	PKA 2
	87.0409	1.84×10^{-17}	206	61	96	PKA 3
GLRG_02522.1	164.851	6.36×10^{-41}	345	104	174	PKA 1
	154.451	8.44×10^{-38}	347	100	165	PKA 2
	166.007	2.84×10^{-41}	343	105	168	PKA 3
GLRG_02558.1	144.821	6.53×10^{-35}	263	80	134	PKA 1
	138.658	4.56×10^{-33}	263	84	129	PKA 2
	142.124	4.43×10^{-34}	328	89	151	PKA 3
GLRG_02789.1	79.7221	2.68×10^{-15}	191	55	94	PKA 2
	83.9593	1.20×10^{-16}	222	65	108	PKA 3
GLRG_02965.1	98.5969	4.94×10^{-21}	220	62	107	PKA 1
	100.1380	1.80×10^{-21}	229	63	110	PKA 2
	102.0640	4.37×10^{-22}	221	64	108	PKA 3
GLRG_03041.1	83.5741	1.62×10^{-16}	349	86	153	PKA 3
GLRG_03046.1	120.939	1.08×10^{-27}	248	74	122	PKA 1
	109.383	3.27×10^{-24}	245	74	107	PKA 2
	116.316	2.76×10^{-26}	246	72	120	PKA 3
GLRG_03253.1	81.6481	6.04×10^{-16}	228	69	105	PKA 1
	82.0333	4.57×10^{-16}	230	63	103	PKA 3

续表

蛋白质 ID	得分 Score（bits）	期望值 Expect	匹配长度 Alignmentlength	同一率 Identities	位置 Positives	酿酒酵母 *Saccharomyces cerevisiae* S288c
GLRG_03586.1	129.798	2.29×10^{-30}	280	91	146	PKA 1
	105.916	3.01×10^{-23}	286	80	132	PKA 2
	129.413	2.51×10^{-30}	283	84	144	PKA 3
GLRG_03603.1	198.749	0	265	104	160	PKA 1
	180.259	1.40×10^{-45}	262	98	146	PKA 2
	204.912	0	265	108	160	PKA 3
GLRG_03738.1	490.345	0	325	221	268	PKA 1
	476.478	0	326	220	259	PKA 2
	494.582	0	325	227	270	PKA 3
GLRG_03794.1	89.3521	2.85×10^{-18}	205	54	97	PKA 1
	87.0409	1.42×10^{-17}	256	60	118	PKA 2
	88.1965	7.16×10^{-18}	205	54	95	PKA 3
GLRG_03909.1	118.627	4.39×10^{-27}	274	82	131	PKA 1
	115.546	3.64×10^{-26}	269	82	127	PKA 2
	127.102	1.38×10^{-29}	269	84	129	PKA 3
GLRG_03945.1	126.716	1.62×10^{-29}	151	58	99	PKA 1
	106.301	2.16×10^{-23}	151	51	88	PKA 2
	123.635	1.67×10^{-28}	151	57	95	PKA 3
GLRG_04000.1	104.375	1.09×10^{-22}	296	80	138	PKA 1
	102.449	3.97×10^{-22}	285	79	133	PKA 2
	105.531	4.71×10^{-23}	301	82	142	PKA 3
GLRG_04232.1	168.318	4.99×10^{-42}	258	84	142	PKA 1
	159.073	2.90×10^{-39}	260	90	141	PKA 2
	168.703	4.20×10^{-42}	261	87	143	PKA 3
GLRG_04259.1	105.1450	5.88×10^{-23}	222	75	114	PKA 1
	95.9005	2.91×10^{-20}	239	70	116	PKA 2
	105.1450	5.71×10^{-23}	214	72	110	PKA 3
GLRG_04420.1	117.8570	8.34×10^{-27}	307	90	143	PKA 1
	98.2117	6.49×10^{-21}	150	51	80	PKA 2
	112.0790	5.34×10^{-25}	337	88	144	PKA 3
GLRG_04491.1	126.331	2.14×10^{-29}	272	73	142	PKA 1
	113.620	1.60×10^{-25}	225	64	116	PKA 2
	123.635	1.48×10^{-28}	227	70	123	PKA 3

续表

蛋白质 ID	得分 Score (bits)	期望值 Expect	匹配长度 Alignmentlength	同一率 Identities	位置 Positives	酿酒酵母 *Saccharomyces cerevisiae* S288c
GLRG_05135.1	213.386	0	331	120	179	PKA 1
	189.889	0	341	117	168	PKA 2
	213.001	0	345	122	182	PKA 3
GLRG_05387.1	172.940	2.14×10^{-43}	307	104	170	PKA 1
	160.614	1.18×10^{-39}	284	94	147	PKA 2
	175.252	4.60×10^{-44}	305	106	170	PKA 3
GLRG_05474.1	114.005	1.17×10^{-25}	216	66	116	PKA 1
	112.079	4.60×10^{-25}	161	56	95	PKA 2
	109.383	3.32×10^{-24}	216	67	112	PKA 3
GLRG_06392.1	107.0710	1.34×10^{-23}	288	81	142	PKA 1
	88.9669	3.87×10^{-18}	265	71	124	PKA 2
	100.5230	1.24×10^{-21}	263	72	129	PKA 3
GLRG_06706.1	138.658	5.05×10^{-33}	267	82	133	PKA 1
	124.790	5.81×10^{-29}	229	78	116	PKA 2
	134.420	9.39×10^{-32}	269	86	136	PKA 3
GLRG_06773.1	78.9518	4.39×10^{-15}	207	52	102	PKA 2
GLRG_07300.1	191.045	0	314	110	177	PKA 1
	175.637	3.50×10^{-44}	279	94	151	PKA 2
	189.119	0	325	112	177	PKA 3
GLRG_07463.1	117.087	1.29×10^{-26}	267	74	130	PKA 1
	113.235	1.98×10^{-25}	262	68	123	PKA 2
	122.094	4.36×10^{-28}	265	74	130	PKA 3
GLRG_07565.1	83.5741	1.76×10^{-16}	248	67	106	PKA 1
	80.4925	1.45×10^{-15}	167	51	81	PKA 2
GLRG_07772.1	189.504	0	369	113	195	PKA 1
	183.341	0	349	105	178	PKA 2
	189.119	0	327	104	176	PKA 3
GLRG_07797.1	294.278	0	332	148	209	PKA 1
	265.774	0	340	142	200	PKA 2
	291.967	0	327	150	203	PKA 3
GLRG_07821.1	93.2041	2.02×10^{-19}	270	76	126	PKA 1
	88.1965	6.89×10^{-18}	248	62	109	PKA 2
	92.4337	3.83×10^{-19}	291	79	124	PKA 3

续表

蛋白质 ID	得分 Score(bits)	期望值 Expect	匹配长度 Alignmentlength	同一率 Identities	位置 Positives	酿酒酵母 *Saccharomyces cerevisiae* S288c
GLRG_08408.1	82.4185	3.69×10^{-16}	302	77	136	PKA 1
	78.5666	6.18×10^{-15}	302	70	125	PKA 2
	86.2705	2.79×10^{-17}	298	76	135	PKA 3
GLRG_08426.1	82.0333	4.63×10^{-16}	272	71	125	PKA 1
GLRG_08751.1	147.902	7.85×10^{-36}	307	90	152	PKA 1
	124.020	1.03×10^{-28}	268	74	129	PKA 2
	134.806	6.62×10^{-32}	278	79	137	PKA 3
GLRG_09002.1	124.790	7.36×10^{-29}	272	79	132	PKA 1
	111.694	5.31×10^{-25}	205	62	105	PKA 2
	114.005	1.38×10^{-25}	271	75	128	PKA 3
GLRG_09877.1	239.195	0	302	117	180	PKA 1
	213.001	0	296	113	168	PKA 2
	240.736	0	313	124	187	PKA 3
GLRG_09918.1	276.559	0	303	134	196	PKA 1
	251.906	0	299	127	181	PKA 2
	280.026	0	315	143	200	PKA 3
GLRG_10409.1	87.0409	1.83×10^{-17}	279	65	130	PKA 1
	85.5001	5.35×10^{-17}	207	54	102	PKA 3
GLRG_10705.1	124.020	1.28×10^{-28}	291	84	146	PKA 1
	122.865	2.42×10^{-28}	252	81	130	PKA 2
	128.257	6.51×10^{-30}	243	82	133	PKA 3

附录 2　禾谷炭疽菌 PKC Blastp 比对结果

蛋白质 ID	得分 Score（bits）	期望值 Expect	匹配长度 Alignment length	同一率 Identities	位置 Positives
GLRG_01564.1	251.906	0	299	120	191
GLRG_09877.1	462.996	0	670	252	374
GLRG_09877.1	459.529	0	329	207	261
GLRG_09918.1	248.825	0	334	130	199
GLRG_00112.1	94.7449	2.39×10^{-19}	281	80	137
GLRG_00115.1	100.523	4.33×10^{-21}	172	55	99
GLRG_00150.1	89.7373	8.95×10^{-18}	218	60	110
GLRG_00160.1	98.9821	1.36×10^{-20}	229	57	114
GLRG_00198.1	97.0561	4.67×10^{-20}	303	73	133
GLRG_00747.1	110.538	4.78×10^{-24}	290	77	134
GLRG_00804.1	107.457	3.45×10^{-23}	316	93	144
GLRG_01215.1	81.2629	3.35×10^{-15}	248	63	107
GLRG_01390.1	131.724	2.20×10^{-30}	267	88	138
GLRG_01561.1	207.608	0	336	117	183
GLRG_01668.1	102.834	1.07×10^{-21}	287	81	135
GLRG_02000.1	85.5001	1.80×10^{-16}	218	55	106
GLRG_02221.1	87.4261	4.55×10^{-17}	222	68	105
GLRG_02522.1	146.747	5.92×10^{-35}	343	93	158
GLRG_02558.1	125.946	9.94×10^{-29}	296	88	144
GLRG_02789.1	77.411	4.71×10^{-14}	212	61	108
GLRG_02965.1	99.3673	9.80×10^{-21}	250	66	123
GLRG_03041.1	78.1814	2.81×10^{-14}	212	54	97
GLRG_03046.1	109.383	9.24×10^{-24}	249	68	121
GLRG_03586.1	94.7449	2.37×10^{-19}	285	75	140
GLRG_03603.1	147.132	4.61×10^{-35}	255	85	139
GLRG_03738.1	214.542	0	306	117	179
GLRG_03794.1	111.309	2.83×10^{-24}	262	79	129
GLRG_03909.1	97.4413	4.36×10^{-20}	258	68	126
GLRG_03945.1	111.309	2.53×10^{-24}	153	52	95
GLRG_03945.1	90.5077	5.20×10^{-18}	141	45	79
GLRG_04000.1	96.2857	8.65×10^{-20}	275	81	133
GLRG_04232.1	135.576	1.51×10^{-31}	261	81	143
GLRG_04259.1	79.337	1.09×10^{-14}	216	58	104

续表

蛋白质 ID	得分 Score（bits）	期望值 Expect	匹配长度 Alignment length	同一率 Identities	位置 Positives
GLRG_04420.1	114.39	3.39×10^{-25}	340	95	166
GLRG_04491.1	104.76	2.54×10^{-22}	217	63	108
GLRG_05135.1	199.904	0	330	122	178
GLRG_05387.1	166.007	9.58×10^{-41}	287	85	160
GLRG_05474.1	121.324	2.53×10^{-27}	250	76	120
GLRG_06392.1	77.411	4.67×10^{-14}	261	67	122
GLRG_06603.1	78.5666	1.93×10^{-14}	229	67	110
GLRG_06706.1	112.079	1.56×10^{-24}	275	90	133
GLRG_06773.1	80.4925	5.08×10^{-15}	217	62	105
GLRG_07300.1	140.584	4.42×10^{-33}	269	89	137
GLRG_07463.1	93.5893	6.25×10^{-19}	252	68	119
GLRG_07772.1	156.762	5.35×10^{-38}	342	100	168
GLRG_07797.1	212.616	0	305	113	175
GLRG_08408.1	77.0258	5.39×10^{-14}	220	57	112
GLRG_08751.1	130.954	3.07×10^{-30}	275	81	140
GLRG_09002.1	112.849	8.64×10^{-25}	263	70	125
GLRG_10252.1	75.8702	1.28×10^{-13}	151	42	75
GLRG_10409.1	91.6633	2.11×10^{-18}	278	69	129
GLRG_10705.1	142.51	1.05×10^{-33}	246	80	134

附录 3　禾谷炭疽菌 GPCR 信号肽分析结果

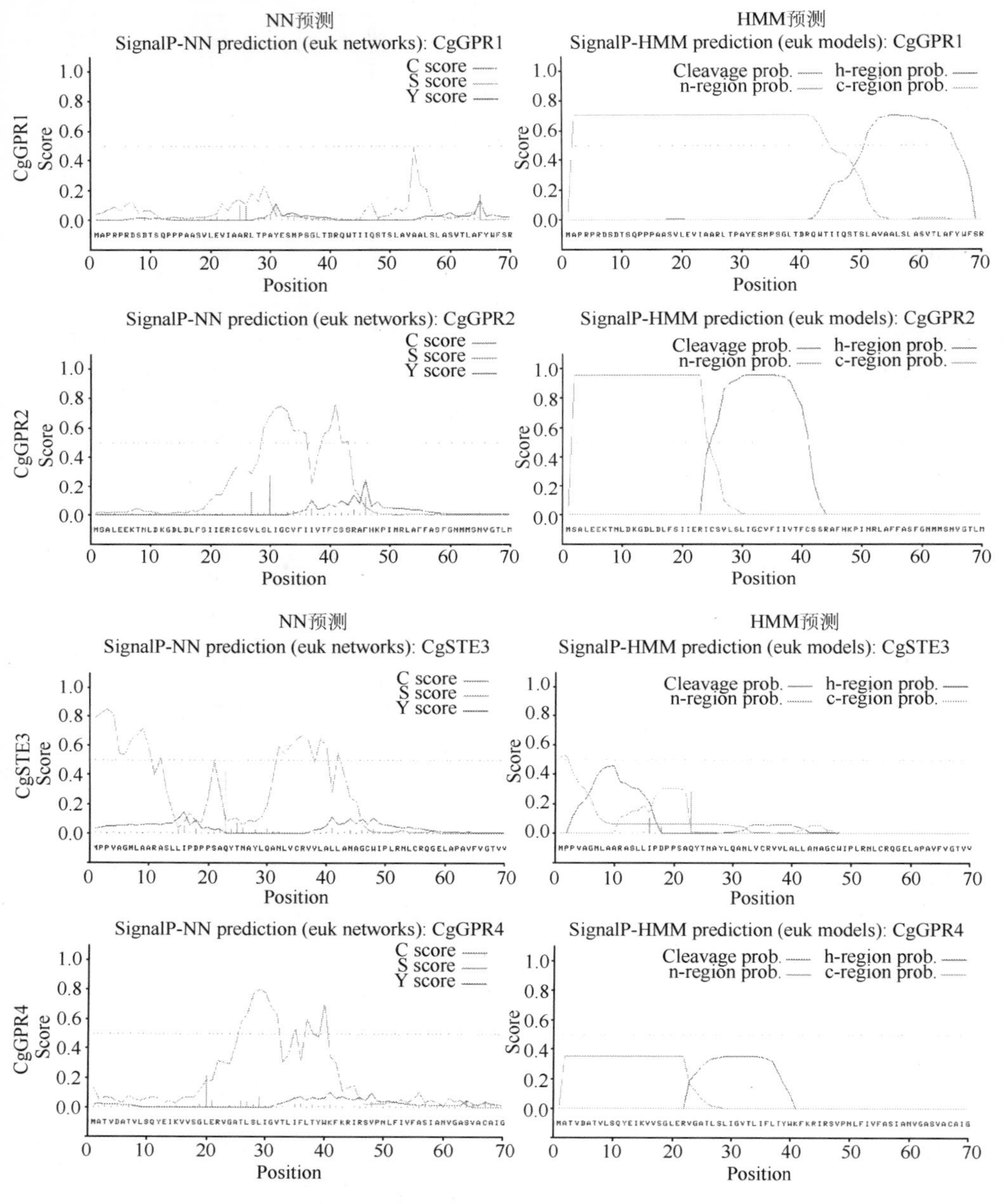

附图 3-1　禾谷炭疽菌 GPCR 信号肽预测（彩图请扫封底二维码）

Supplemental figure 3-1　The potential signal peptide of GPCR in *C. graminicola*

附录 4 禾谷炭疽菌 G 蛋白亚基遗传关系分析结果

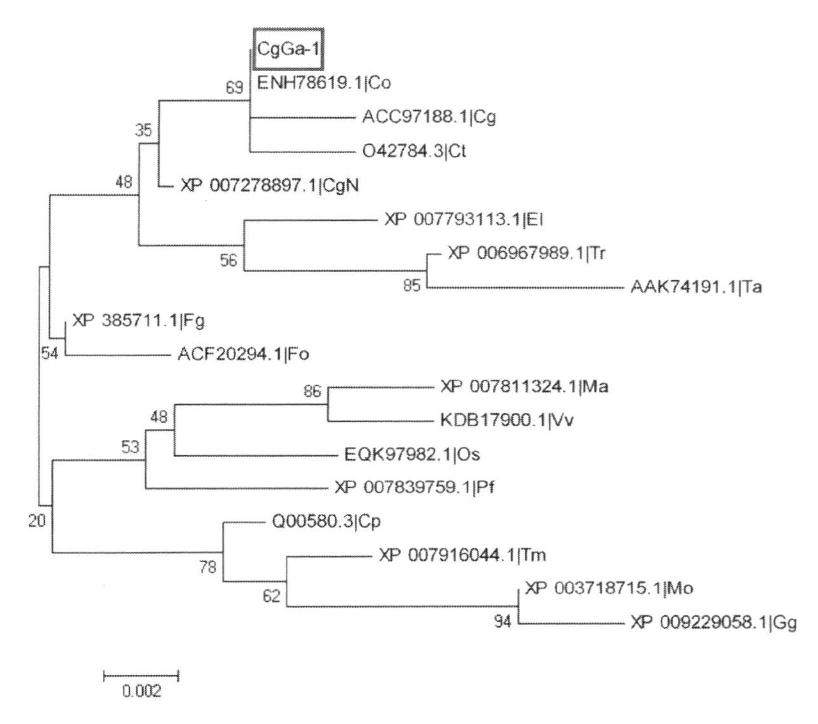

附图 4-1 禾谷炭疽菌中不同 Gα-1 亚基与其他物种中同源序列之间的遗传关系
（彩图请扫封底二维码）

Supplemental figure 4-1 The genetic relationships of G protein α subunit 1 in *C. graminicola* compared with its homologous sequences from other species

Co. *Colletotrichum orbiculare* MAFF 240422；Ct. *Colletotrichum trifolii*；CgN. *Colletotrichum gloeosporioides* Nara gc5；Cg.*Colletotrichum graminicola*；Fg. *Fusarium graminearum* PH-1；Fo. *Fusarium oxysporum* f. *cubense*；El. *Eutypa lata* UCREL1；Cp. *Cryphonectria parasitica*；Tr. *Trichoderma reesei* QM6a；Tm. *Togninia minima* UCRPA7；Os. *Ophiocordyceps sinensis* CO18；Pf. *Pestalotiopsis fici* W106-1；Ma. *Metarhizium acridum* CQMa 102；Vv. *Villosiclava virens*

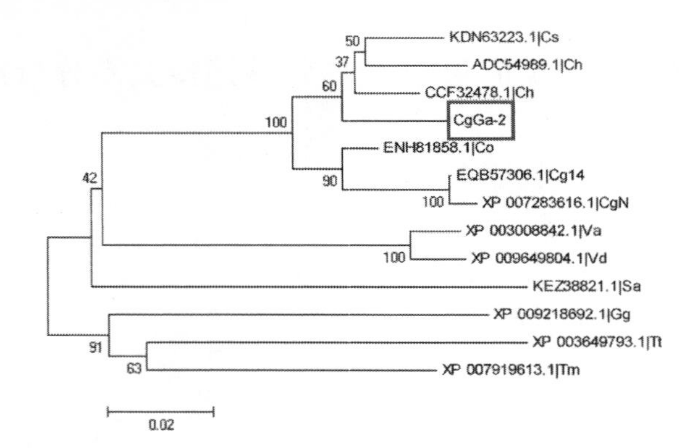

附图 4-2　禾谷炭疽菌中不同 Gα-2 亚基与其他物种中同源序列之间的遗传关系（彩图请扫封底二维码）

Supplemental figure 4-2　The genetic relationships of G protein α subunit 2 in *C. graminicola* compared with its homologous sequences from other species

Cs. *Colletotrichum sublimeola*；Cha. *Colletotrichum hanaui*；Ch. *Colletotrichum higginsianum*；Cg14.*Colletotrichum gloeosporioides* Cg-14；Va. *Verticillium alfalfae* VaMs.102；Vd. *Verticillium dahliae* VdLs.17；Sa.*Scedosporium apiospermum*；Tt. *Thielavia terrestris* NRRL 8126；CgN. *Colletotrichum gloeosporioides* Nara gc5；Co.*Colletotrichum orbiculare* MAFF 240422；Tm. *Togninia minima* UCRPA7；Gg. *Gaeumannomyces graminis* var. *tritici* R3-111a-1

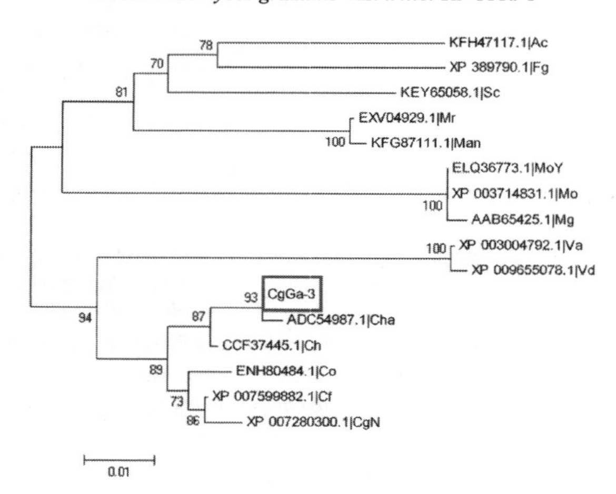

附图 4-3　禾谷炭疽菌中不同 Gα-3 亚基与其他物种中同源序列之间的遗传关系（彩图请扫封底二维码）

Supplemental figure 4-3　The genetic relationships of G protein α subunit 3 in *C. graminicola* compared with its homologous sequences from other species

Mo. *Magnaporthe oryzae* 70-15；Fg. *Fusarium graminearum* PH-1；CgN. *Colletotrichum gloeosporioides* Nara gc5；Cha. *Colletotrichum hanaui*；Ch. *Colletotrichum higginsianum*；Co. *Colletotrichum orbiculare* MAFF 240422；Va. *Verticillium alfalfae* VaMs.102；Vd. *Verticillium dahliae* VdLs.17；Cf. *Colletotrichum fioriniae* PJ7；Mr. *Metarhizium robertsii*；Man. *Metarhizium anisopliae*；MoY. *Magnaporthe oryzae* Y34；Mg. *Magnaporthe grisea*；Ac. *Acremonium chrysogenum* ATCC 11550；Sc. *Stachybotrys chartarum* IBT 7711

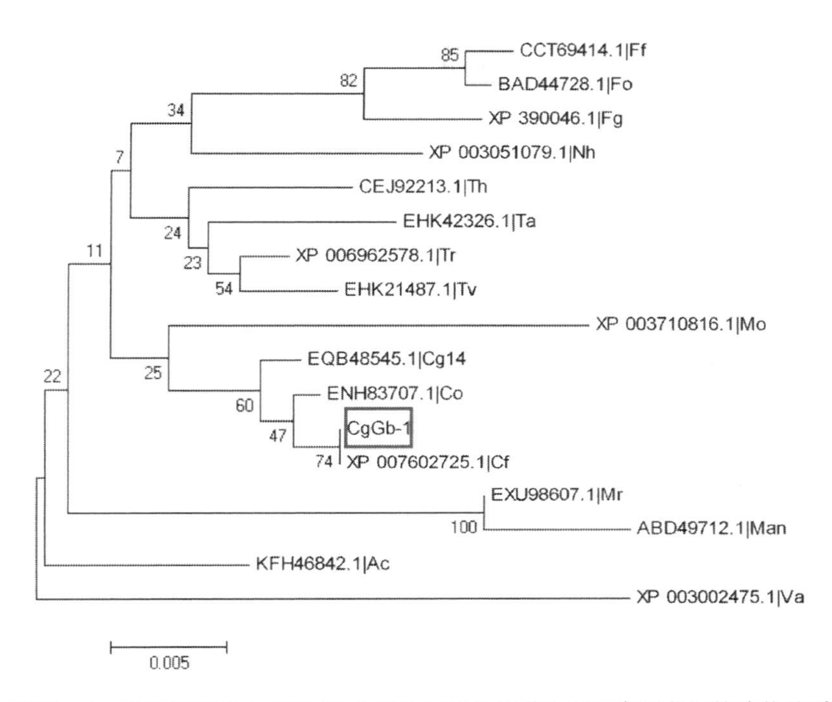

附图 4-4 禾谷炭疽菌中不同 Gβ-1 亚基与其他物种中同源序列之间的遗传关系（彩图请扫封底二维码）

Supplemental figure 4-4 The genetic relationships of G protein β subunit 1 in *C. graminicola* compared with its homologous sequences from other species

Cf. *Colletotrichum fioriniae* PJ7; Co. *Colletotrichum orbiculare* MAFF 240422; Cg14. *Colletotrichum gloeosporioides* Cg-14; Tr. *Trichoderma reesei* QM6a; Ac. *Acremonium chrysogenum* ATCC 11550; Mo. *Magnaporthe oryzae* 70-15; Th. *Torrubiella hemipterigena*; Ff. *Fusarium fujikuroi* IMI 58289; Ta. *Trichoderma atroviride* IMI 206040; Mr. *Metarhizium robertsii*; Fo. *Fusarium oxysporum*; Nh. *Nectria haematococca* mpVI 77-13-4; Tv. *Trichoderma virens* Gv29-8; Fg. *Fusarium graminearum* PH-1; Man. *Metarhizium anisopliae*; Va. *Verticillium alfalfae* VaMs.102

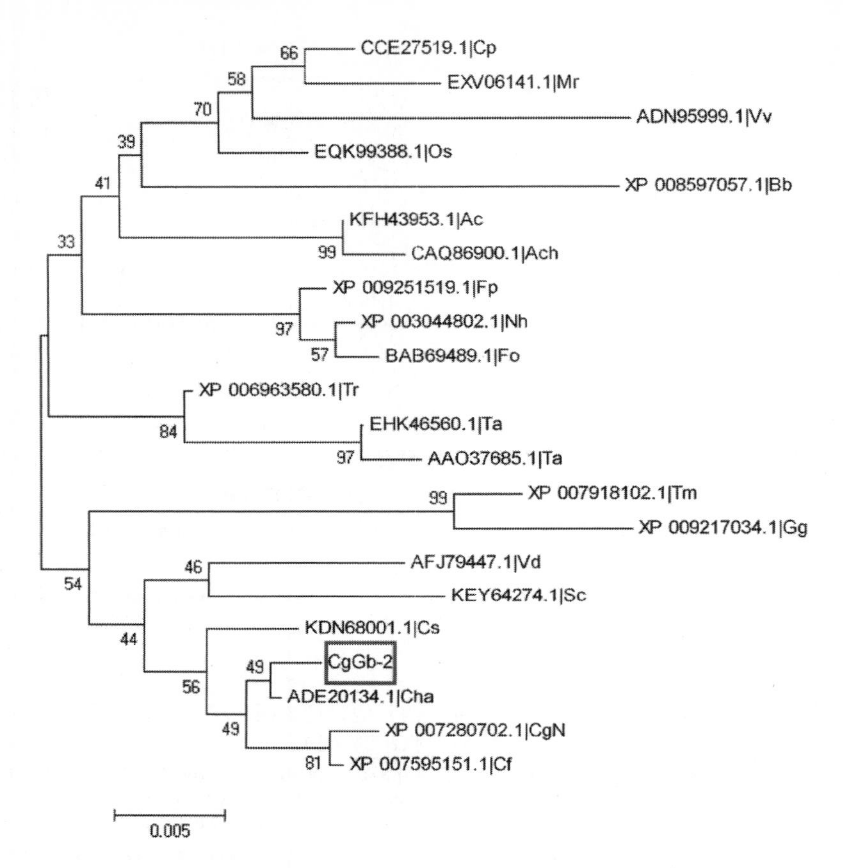

附图 4-5　禾谷炭疽菌中不同 Gβ-2 亚基与其他物种中同源序列之间的遗传关系
（彩图请扫封底二维码）

Supplemental figure 4-5　The genetic relationships of G protein β subunit 2 in *C. graminicola* compared with its homologous sequences from other species

Cha. *Colletotrichum hanaui*；Cs. *Colletotrichum sublimeola*；CgN.*Colletotrichum gloeosporioides* Nara gc5；Cf *Colletotrichum fioriniae* PJ7；Vd. *Verticillium dahliae*；Sc. *Stachybotrys chartarum* IBT 7711；Ac. *Acremonium chrysogenum* ATCC 11550；Os. *Ophiocordyceps sinensis* CO18；Tr. *Trichoderma reesei* QM6a；Nh. *Nectria haematococca* mpVI 77-13-4；Ach. *Acremonium chrysogenum*；Cp. *Claviceps purpurea* 20.1；Fp. *Fusarium pseudograminearum* CS3096；Mr. *Metarhizium robertsii*；Fo. *Fusarium oxysporum*；Ta. *Trichoderma atroviride* IMI 206040；Tm. *Togninia minima* UCRPA7；Bb.*Beauveria bassiana* ARSEF 2860；Ta. *Trichoderma atroviride*；Gg. *Gaeumannomyces graminis* var. *tritici* R3-111a-1；Vv. *Villosiclava virens*

附录 5　禾谷炭疽菌 MAPK 信号途径相关蛋白遗传关系分析结果

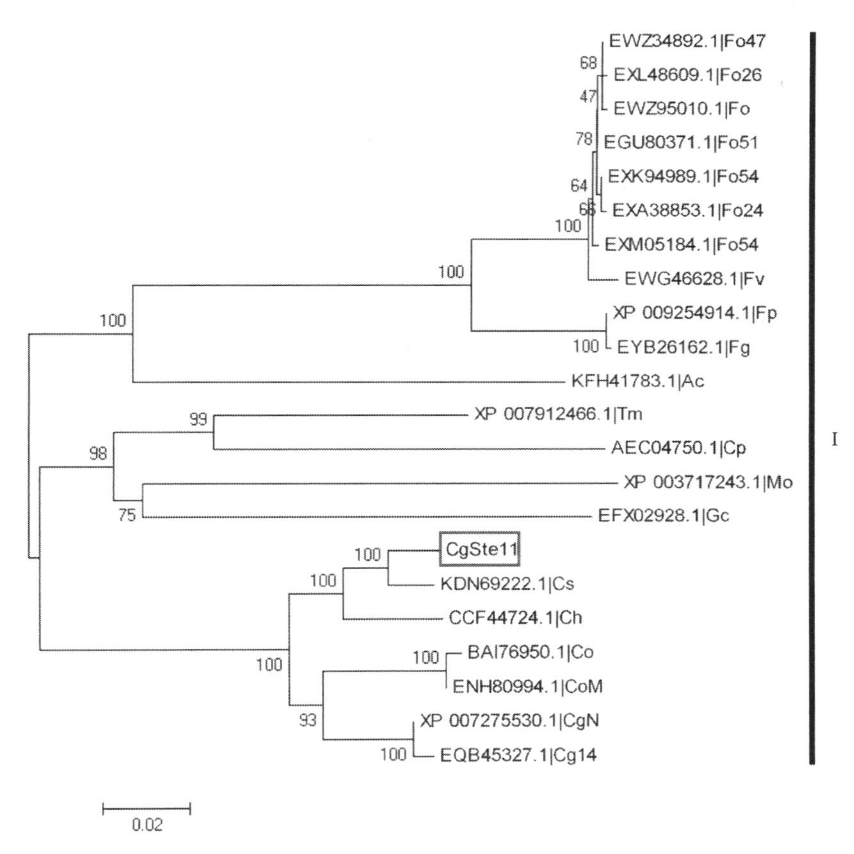

附图 5-1　禾谷炭疽菌 CgSte11 蛋白与其他物种中同源序列之间的遗传关系分析
（彩图请扫封底二维码）

Supplemental figure 5-1　The genetic relationships of CgSte11 in *C. graminicola* compared with its homologous sequences from other species

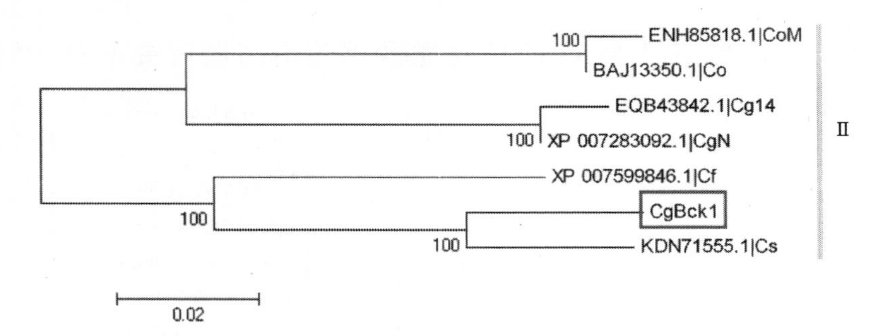

附图 5-2　禾谷炭疽菌 CgBck1 蛋白与其他物种中同源序列之间的遗传关系分析（彩图请扫封底二维码）

Supplemental figure 5-2　The genetic relationships of CgBck1 in *C. graminicola* compared with its homologous sequences from other species

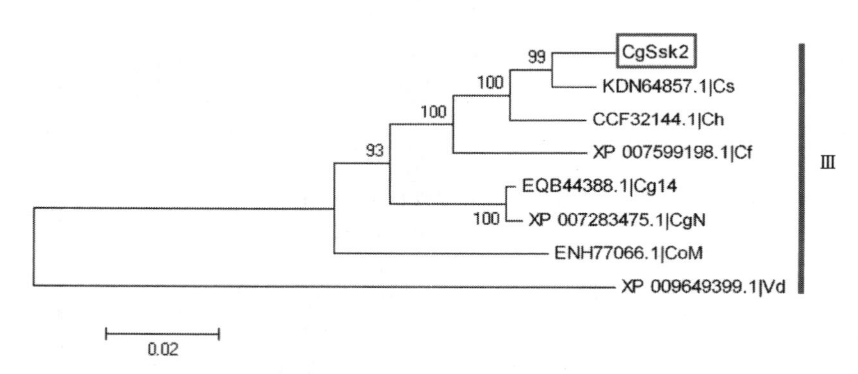

附图 5-3　禾谷炭疽菌 CgSsk2 蛋白与其他物种中同源序列之间的遗传关系分析（彩图请扫封底二维码）

Supplemental figure 5-3　The genetic relationships of CgSsk2 in *C. graminicola* compared with its homologous sequences from other species

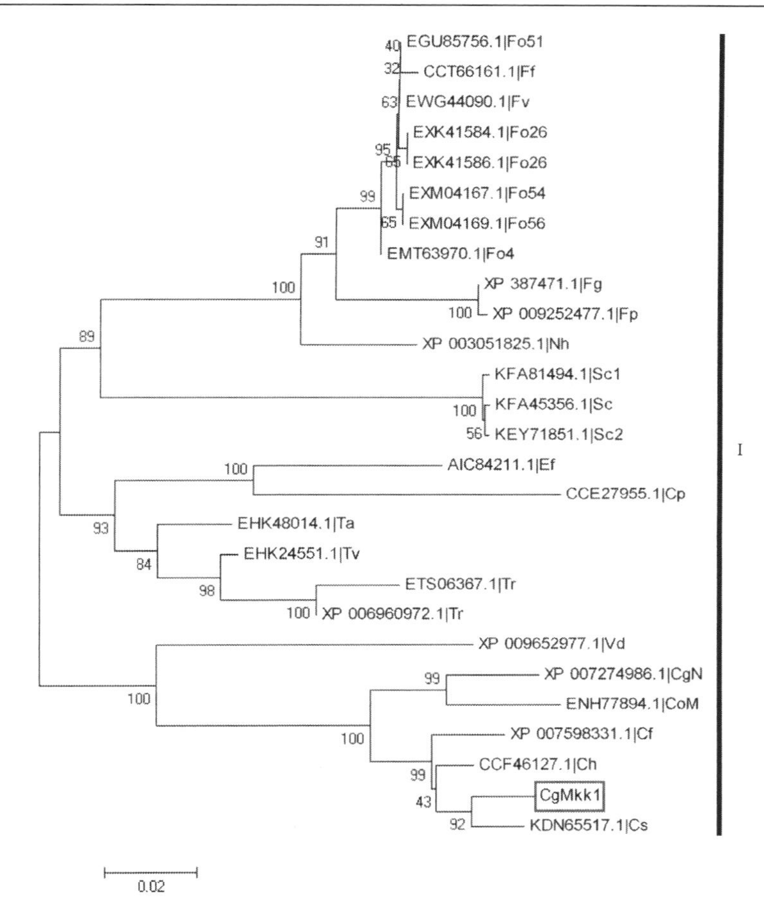

附图 5-4　禾谷炭疽菌 CgMkk1 蛋白与其他物种中同源序列之间的遗传关系分析（彩图请扫封底二维码）

Supplemental figure 5-4　The genetic relationships of CgMkk1 in *C. graminicola* compared with its homologous sequences from other species

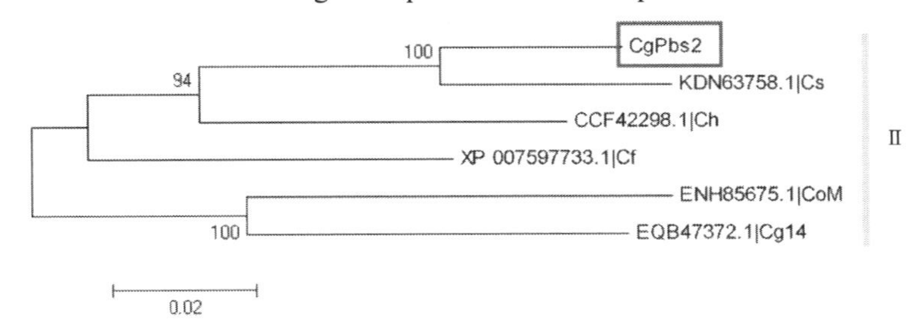

附图 5-5　禾谷炭疽菌 CgPbs2 蛋白与其他物种中同源序列之间的遗传关系分析（彩图请扫封底二维码）

Supplemental figure 5-5　The genetic relationships of CgPbs2 in *C. graminicola* compared with its homologous sequences from other species

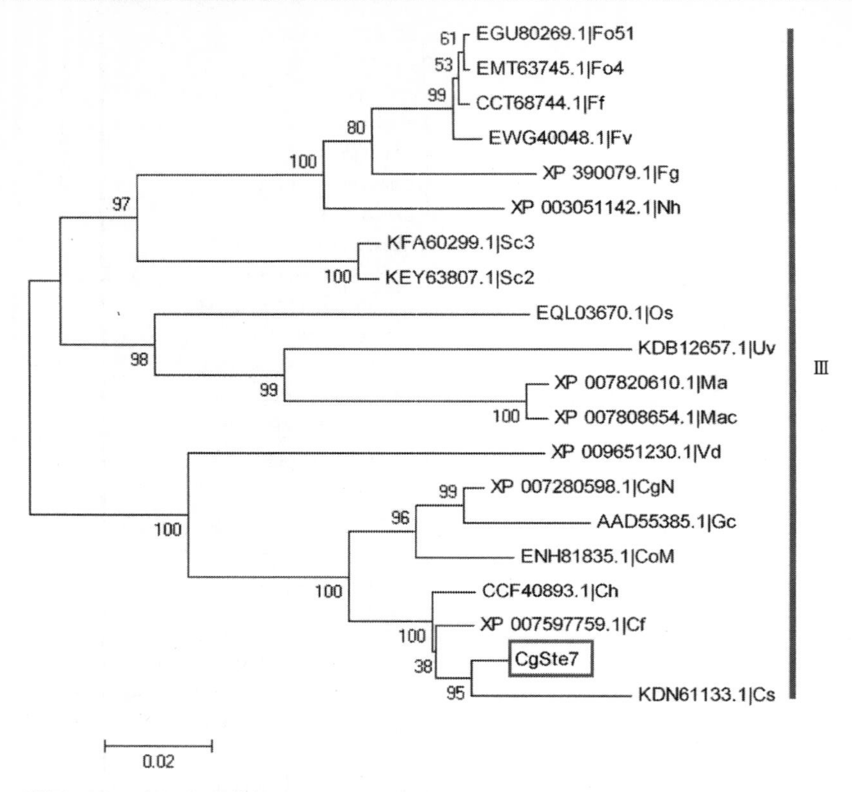

附图 5-6　禾谷炭疽菌 CgSte7 蛋白与其他物种中同源序列之间的遗传关系分析
（彩图请扫封底二维码）

Supplemental figure 5-6　The genetic relationships of CgSte7 in *C. graminicola* compared with its homologous sequences from other species

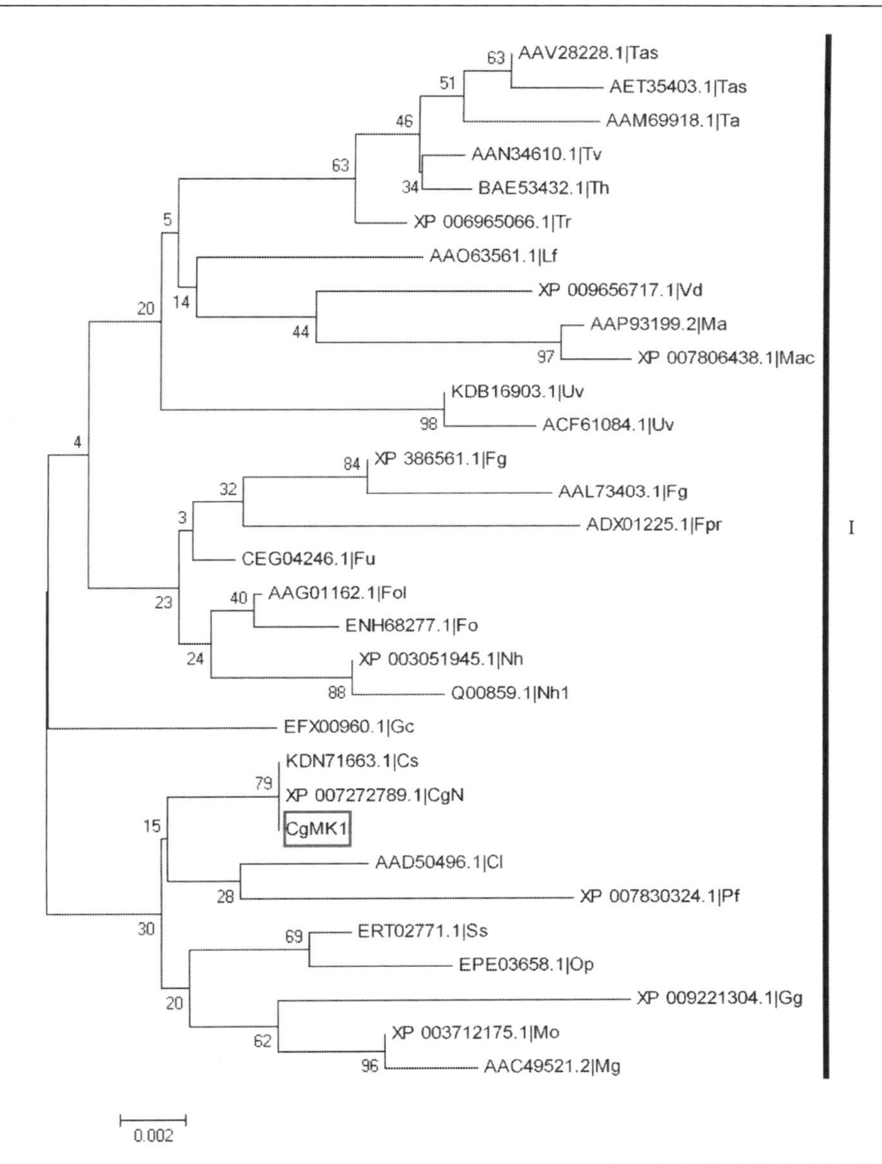

附图 5-7　禾谷炭疽菌 CgMK1 蛋白与其他物种中同源序列之间的遗传关系分析
（彩图请扫封底二维码）

Supplemental figure 5-7　The genetic relationships of CgMK1 in *C. graminicola* compared with its homologous sequences from other species

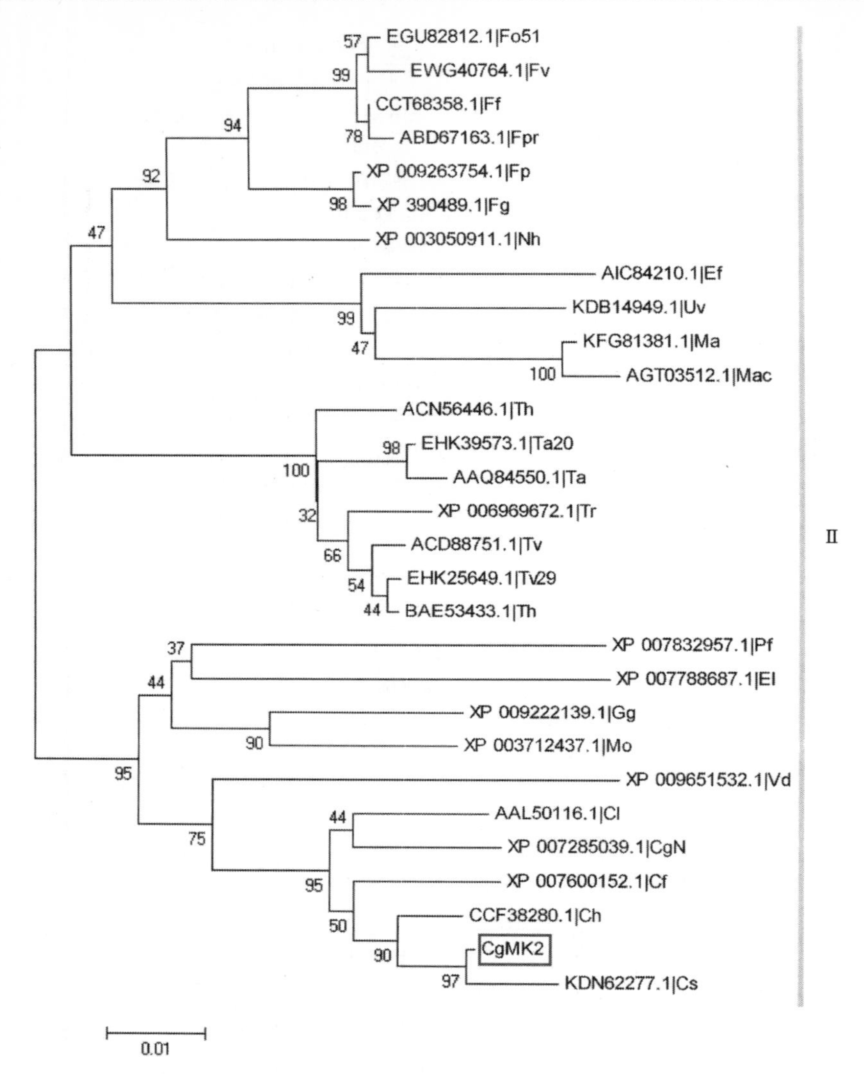

附图 5-8　禾谷炭疽菌 CgMK2 蛋白与其他物种中同源序列之间的遗传关系分析
（彩图请扫封底二维码）

Supplemental figure 5-8　The genetic relationships of CgSte11 in *C. graminicola* compared with its homologous sequences from other species

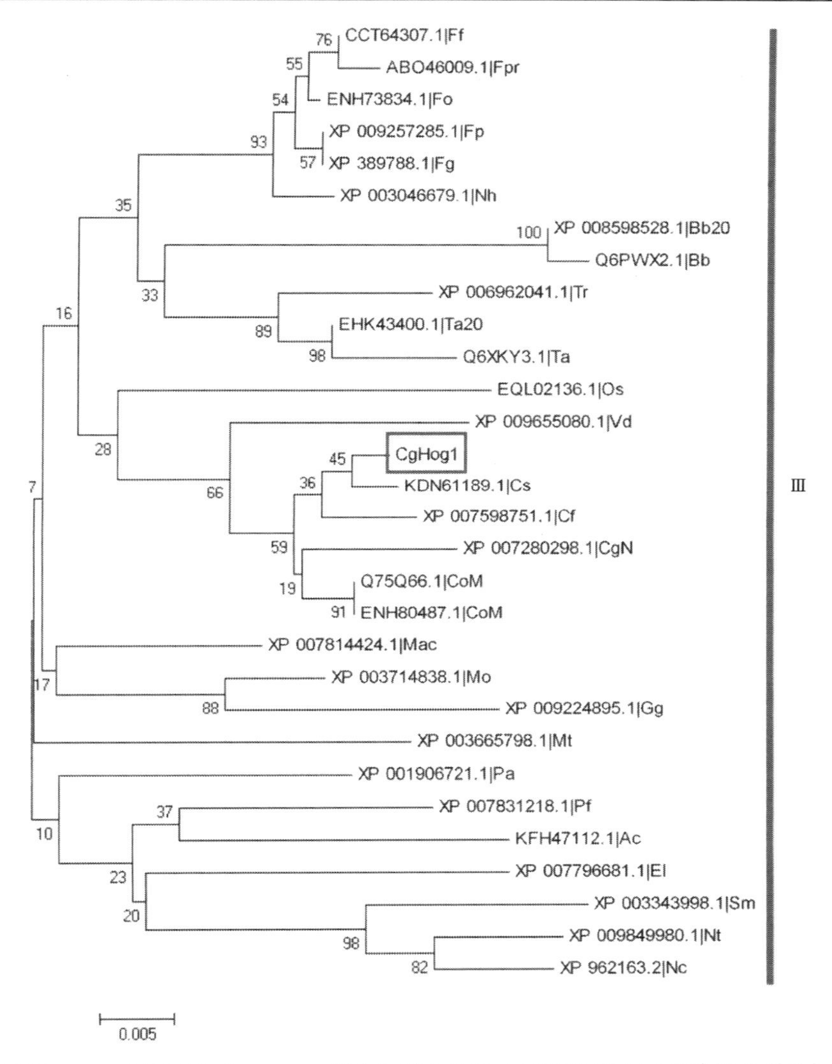

附图 5-9　禾谷炭疽菌 CgHog1 蛋白与其他物种中同源序列之间的遗传关系分析
（彩图请扫封底二维码）

Supplemental figure 5-9　The genetic relationships of CgHog1 in *C. graminicola* compared with its homologous sequences from other species

致　谢

时光荏苒，日月如梭，从本书思路构建到出版已整整过去了 3 年时间。期间有太多太多的无奈和感慨，曾经为了找寻酿酒酵母中 G 蛋白信号途径相关蛋白的序列而挑灯夜读相关文献资料，曾经为了绘制书中一张图片及完善一个表格而花费数十天时间，曾经为了降低《微生物学通报》论文版面费而将禾谷炭疽菌 RGS 蛋白二级结构图片进行了缩小处理，诸如此类的无奈和感慨，都随着本书全部内容的撰写完成而消失的无影无踪。心中有梦想就要坚持，而行动上有坚持就能成功。

在本书出版之际，由衷感谢一些曾经帮助过我的人。

感谢云南省森林灾害预警与控制实验室、云南省高层次人才教学名师计划项目（51400669）、国家自然科学基金项目（31560211）、云南省教育厅科学研究基金项目（2014Y330）等对本书出版所给予的资助。

特别感谢西南林业大学生命科学学院王昌命教授对本书出版所给予的诸多关心。

本书中关于禾谷炭疽菌、希金斯炭疽菌及其他炭疽菌的蛋白质序列数据均来源于 BROAD 研究中心及 NCBI 数据库，所使用的方法来自于网络在线分析，在此表示感谢。

感谢我的爱人李娅在生活中无怨无悔的付出，感谢她对我和儿子在生活方面所给予的照顾。

衷心感谢科学出版社编辑为书稿校对和编辑工作付出的努力。

韩长志

2016 年 4 月 26 日于昆明